FORTSCHRITTE DER CHEMIE ORGANISCHER NATURSTOFFE

PROGRESS IN THE CHEMISTRY OF ORGANIC NATURAL PRODUCTS

PROGRÈS DANS LA CHIMIE DES SUBSTANCES ORGANIQUES NATURELLES

HERAUSGEGEBEN VON EDITED BY RÉDIGÉ PAR

L. ZECHMEISTER
CALIFORNIA INSTITUTE OF TECHNOLOGY, PASADENA

FÜNFZEHNTER BAND
FIFTEENTH VOLUME QUINZIÈME VOLUME

VERFASSER AUTHORS AUTEURS

J. L. HARTWELL · D. C. HODGKIN · H. H. SCHLUBACH
A. W. SCHRECKER · L. ZECHMEISTER

MIT 81 ABBILDUNGEN WITH 81 FIGURES AVEC 81 ILLUSTRATIONS

WIEN · SPRINGER-VERLAG · 1958

Softcover reprint of the hardcover 1st edition 1958

ISBN-13: 978-3-7091-7163-9 e-ISBN-13: 978-3-7091-7162-2
DOI: 10.1007/978-3-7091-7162-2

Inhaltsverzeichnis.
Contents. — Table des matières.

Der Kohlenhydratstoffwechsel der Gräser.

Von **H. H. Schlubach**, Hamburg.

Mit 26 Abbildungen.

Inhaltsübersicht.

I. Einleitung.

Bei dem Wettlauf zwischen der in ständig steigendem Tempo erfolgenden Bevölkerungsvermehrung der Erde und den für eine ausreichende Ernährung erzeugten Mengen an Nahrungsmitteln, drohen die letzteren ins Hintertreffen zu geraten und sich der Mangel an ihnen weiter zu verschärfen, der heute schon in großen und dichtbevölkerten Gebieten herrscht. Dieser Gefahr zu begegnen, sind eine Reihe von Möglichkeiten gegeben. Unter ihnen ist der Versuch einer Steigerung des Ertrages der Grünlandflächen eine der naheliegendsten. Während dort, wo sie eine nachhaltige Förderung erfahren haben, die unter den Pflug gebrachten Ländereien im Laufe eines Jahrhunderts eine Erhöhung ihrer Ernteerträge auf das Dreifache erreichen konnten, ist auf dem Grünland nur eine solche um etwa ein Drittel zu verzeichnen. Da die Wiesen und Weiden aber auf der ganzen Erde mehr als ein Drittel der landwirtschaftlich genutzten Flächen ausmachen, ist hier noch eine bedeutende Reserve gegeben. Um diese ausschöpfen zu können, bedarf es neben anderen Maßnahmen einer genaueren Kenntnis der in den Gräsern gebildeten und angesammelten Nahrungsmittel, in erster Linie der Kohlenhydrate und der Eiweißstoffe. Während in die Natur der letzteren schon wertvolle Einblicke gewonnen werden konnten, hat es bisher an einer näheren Kenntnis der in den Gräsern angetroffenen leichtverdaulichen Kohlenhydrate gefehlt. Diese Lücke auszufüllen und damit eine der Voraussetzungen für eine Ertragssteigerung des Grünlandes zu schaffen, ist das Ziel der Untersuchungen gewesen, die in der Hauptsache in den Jahren 1950—1956 im Chemischen Staatsinstitut in Hamburg durchgeführt worden sind.

II. Das Pflanzenmaterial.

Die Botaniker unterscheiden mehrere hundert Grasarten. Unter ihnen sind es aber nur wenig mehr als ein Dutzend, die praktisch für die Ernährung unserer Haustiere von Bedeutung sind. Da auf den Wiesen und Weiden im allgemeinen Mischungen verschiedener Grasarten angetroffen werden, wurden zu einem vertieften Studium zunächst von den wichtigsten in Europa einheimischen Grasarten Reinkulturen angelegt, Zusammensetzung und Bau der in ihnen gebildeten löslichen Kohlenhydrate festgestellt, der Weg ihrer Biogenese aufgeklärt und ihre Abwandlung im Laufe einer Vegetationsperiode verfolgt. Es sind dies, in der alphabetischen Reihenfolge ihrer lateinischen Namen angeordnet, die folgenden Grasarten:

Alopecurus pratensis L. (Wiesenfuchsschwanz).
Avena flavescens L. (Goldhafer).
Dactylis glomerata L. (Knaulgras).
Festuca pratensis L. (Wiesenschwingel).
F. rubra L. (Rotschwingel).
Lolium multiflorum LAM. (Italienisches Raygras).
L. perenne L. (Deutsches Weidelgras; Englisches Raygras).
Phleum pratense L. (Wiesenlieschgras; Timothe).
Poa pratensis L. (Wiesenrispengras).

Darüber hinaus ist begonnen worden, eine Reihe von ausländischen Grasarten auf ihren Gehalt an löslichen Kohlenhydraten zu untersuchen. Um eine Gewähr für die Identität und Reinheit des verwendeten Saatgutes zu haben, wurde diese von der Samenkontrollstelle des Instituts für Angewandte Botanik der Universität Hamburg geprüft. Wir sind dem Leiter der Stelle, Herrn Dr. O. NIESER, für die damit geleistete wertvolle Hilfe zu Dank verpflichtet.

Der Anbau der Reinkulturen erfolgte unter normalen Bedingungen der Pflege und Düngung, d. h. ohne Stimulierung durch erhöhte Düngergaben, um zunächst den Stoffwechsel ohne eine künstliche Steigerung kennenzulernen.

III. Die Isolierung der löslichen Kohlenhydrate.

Das frisch geschnittene Gras wurde gehäckselt und sogleich in siedendes 70%iges Äthanol eingetragen, um damit zugleich eine Inaktivierung der Enzyme und die Extraktion zu erreichen. Nachdem wir festgestellt hatten, daß damit keine Denaturierung verbunden ist, haben wir anstatt des Alkohols Wasser von 80° verwendet. Höhere Temperaturen sind zu vermeiden, weil bei ihnen ein Abbau einsetzt. Es wurde eine halbe Stunde lang extrahiert, dann abfiltriert und abgepreßt. Die Lösungen wurden bei einer 30° nicht übersteigenden Innentemperatur unter vermindertem Druck stark eingeengt, wobei uns, insbesondere bei stark schäumenden Extrakten, ein von dem Leiter der technologischen Abteilung am Chemischen Staatsinstitut in Hamburg, Herrn Professor Dr. E. JANTZEN, konstruierter Schaumscheider gute Dienste geleistet hat.

Wir halten diese Methode der Gewinnung für geeigneter, die Kohlenhydrate in dem nativen Zustand, in dem sie sich in den Gräsern befinden, zu erhalten, als die von NORMAN (*18*) und anderen Forschern angewandte, die Gräser zunächst im Trockenschrank zu entwässern. Denn es ist dabei wegen der langsamen Aufwärmung im Innern der Grasmasse ein enzymatischer Abbau nicht zu vermeiden, ein Nachteil, auf den schon DE MAN und DE HEUS hingewiesen haben (*15*).

Aus den Konzentraten wurden, nachdem zuvor das Eiweiß mit basischem Bleiacetat entfernt war, die Kohlenhydrate durch Zusatz von 96%igem Äthanol fraktioniert gefällt. Der zuerst ausfallende, in Äthanol am schwersten lösliche Anteil, macht die Hauptmenge des Extraktes aus. Bei *Lolium perenne* z. B. hat er 80%, bei *Dactylis glomerata* 85% betragen. Zur weiteren Reinigung wurde die Fraktionierung so lange fortgesetzt, bis zwischen der Drehung der Hauptmenge der Fällung und derjenigen eines kleinen Restes der Mutterlauge kein Unterschied mehr zu erkennen war. In manchen Fällen waren bis zu 300 Umfällungen erforderlich, bis dieses Ziel erreicht war.

Aber auch auf diese Weise ist es nur möglich, zu einem polymereinheitlichen Verbindungsgemisch zu gelangen. Dies läßt sich am besten aus einem Versuch erkennen, bei dem ein künstliches Gemisch von Polysacchariden mit den Polymerisationsgraden 15 und 30 im Verhältnis 60 : 40 fraktioniert wurde (*37*). Wie aus *Abb. 1* ersichtlich, ließ sich das Gemisch nur in 10 Fraktionen mit fallenden Drehungen aufteilen.

Um einen höheren Grad der Einheitlichkeit zu erreichen, ist es notwendig, die assoziierende Wirkung der freien Hydroxylgruppen der Polysaccharide auszuschalten. Dies ist durch *Acetylierung*, Fraktionierung der Acetylverbindungen aus benzolischen Lösungen mit Petroläther oder aus methanolischen mit Wasser und nachfolgende Entacetylierung möglich. In besonderen Versuchen wurde festgestellt, daß dies in polymer-analoger Weise, d. h. ohne Abbau gelingt, wenn die Acetylierung in schonender Weise (*5*) und die Entacetylierung ebenso (*51*) erfolgt.

Bei Verbindungen, die in reinem Pyridin schwerlöslich sind, wurde zunächst in möglichst wenig Wasser gelöst, bis zur beginnenden Trübung Pyridin hinzugesetzt und anacetyliert. Nach Ausfällung in Eiswasser wurde getrocknet und in reinem Pyridin nachacetyliert. In einzelnen Fällen (*33*) wurde durch Schütteln mit N/2 Kalilauge entacetyliert. Die fraktionierte Fällung der Acetylverbindungen wurde ebenfalls so lange fortgesetzt, bis zwischen der Hauptmenge der Fällung und der restlichen Mutterlauge keine Drehungsunterschiede mehr festzustellen waren. Da die letzteren weit geringer sind als diejenigen der freien Polysaccharide, ist der Meßfehler hierbei ein größerer. Nach der Entacetylierung wurde erneut bis zur Drehungskonstanz fraktioniert und, wenn erforderlich, mittels Durchlauf durch eine Säule mit Duolit S 30 entfärbt. Die Trocknung erfolgte durch mehrstündiges Erwärmen nicht über 60°, bei Drucken unter 0,01 mm.

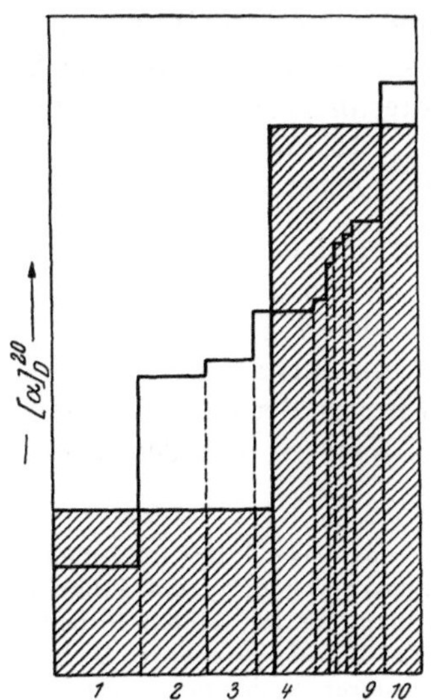

Abb. 1. Fraktionierung eines künstlichen Polysaccharid-Gemisches. Die Summe der beiden großen schraffierten Rechtecke entspricht dem Ausgangsmaterial, die zehn schmalen Rechtecke den erhaltenen 10 Fraktionen. [Aus: Liebigs Ann. Chem. 594, 41 (1955).]

Die so herausgearbeiteten Polysaccharide der Gräser sind weiße, mehlartige, nicht hygroskopische Pulver.

Bei *Dactylis glomerata* (*44*) gelang es, außer der am schwersten löslichen Komponente noch stufenweise zwei leichter lösliche Polysaccharide zu isolieren.

Die Feststellung des Gehaltes der Extrakte an Monosacchariden erfolgte nach den üblichen Methoden. Schwieriger gestaltete sich die Isolierung der in ihnen enthaltenen Oligosaccharide. Hier hat die Methode einer selektiven Desorption von einer Kohle-Celite-Säule (*48*) die besten Dienste geleistet. An Stelle der zunächst angewandten stufenweisen Steigerung der Alkoholkonzentration wurde später eine kontinuierlich ansteigende verwendet (*7*).

Die Einheitlichkeit der Fraktionen wurde papierchromatographisch kontrolliert. In einzelnen Fällen (*41*) wurden durch papierchromatographische Trennung einer großen Anzahl von Bahnen und Extraktion der ausgeschnittenen Flecke auch präparativ ausreichende Mengen gewonnen. Während auf diese Weise Oligosaccharide bis zur Stufe der Tetrasaccharide abgetrennt werden konnten, gelang es bei Anwendung der Borate bei einem pH von 10 bis zur Hexasaccharidstufe vorzudringen (*35*).

IV. Die analytischen Methoden.

In erster Linie hat zur Kontrolle des Reinheitsgrades und zur Charakterisierung die Drehung gedient. Für die freien Polysaccharide wurde sie in Wasser, für die Acetylverbindungen in Chloroform gemessen. Im Gegensatz zu den negativ drehenden freien Polysacchariden drehen die Acetylverbindungen positiv.

Der Reduktionswert wurde vor und nach der Säurehydrolyse nach BERTRAND (*8*) bestimmt. Hierbei wurden für die Fructose die neueren Werte von WEIDENHAGEN (*46*) benutzt. Der Aldosewert wurde nach der Methode von AUERBACH und BODLÄNDER (*3*) bestimmt.

Zur einheitlichen Feststellung der Halbumsatzzeit der Säurehydrolyse (HUZ) wurden die von KNOOP (*13*) angegebenen Normalbedingungen gewählt. Der Fortschritt der Hydrolyse wurde hierbei entweder durch die Zunahme des Reduktionswertes oder die Änderung der Drehung verfolgt. Beide Werte fallen, insbesondere zu Beginn der Hydrolyse, auseinander. Der Grund dieser Erscheinung wird später erörtert.

Der Zeitwert der Hydrolyse durch ein aus Hefe gewonnenes Enzym (ZW) wurde unter den von SCHLUBACH und HOLZER (*30*) angegebenen Normalbedingungen gemessen. Da die Zeitwerte mit steigendem Molekulargewicht stark ansteigen, ist diese Methode besonders geeignet, die Unterschiede bei den höheren Polymerisationsgraden herauszustellen. Die Werte für die Hydrolyse nach der Drehung oder dem Reduktionswert fallen hier zusammen.

Als ein wertvolles Kennzeichen hat sich auch die Messung der Viskosität erwiesen, nachdem festgestellt war, daß für die Beziehung zwischen ihr und der Molekulargröße die folgende STAUDINGERsche Beziehung

$$\frac{\eta_{sp}}{cgm} = K_m \cdot M$$

gilt*. Für die Errechnung der K_m-Konstante wurde der für das Phlein osmometrisch gemessene Wert herangezogen. Mit $3,7 \cdot 10^{-4}$ ist er von demjenigen der Cellulose von $5,0 \cdot 10^{-4}$ nicht weit verschieden. Diese Methode besitzt den Vorzug der leichten Durchführbarkeit; sie ist aber gegen geringe Verunreinigungen sehr empfindlich.

---

* Darin bedeuten: η_{sp} = spezifische Viskosität; cgm = Konzentration in „Grundmolen" je 1000 ccm; K_m = die für jede polymerhomologe Reihe charakteristische Konstante; M = Molekulargewicht.

Bei den kryoskopischen Molekulargewichtsbestimmungen traten die gleichen Anomalien auf, wie sie schon früher bei anderen Polysacchariden beobachtet sind. Die Werte fallen im allgemeinen zu niedrig aus. Bei der osmometrischen Methode erhält man umgekehrt zu hohe Werte, wenn die Membrane nicht wirklich nur halbdurchlässig sind, weil dann die Steighöhen zurückbleiben. Bei Anwendung der „Ultracella-Filter feinst" der Membrangesellschaft in Göttingen konnten erst bei Molekulargrößen über 5000 zuverlässige Werte erhalten werden. Während bei den zunächst verwendeten Osmometern nach Schulz (*45*) die Einstellung mehrere Tage in Anspruch nimmt und daher durch Zersetzungen Fehler entstehen können, erlaubt die von Zimm und Myerson (*52*) angegebene Apparatur, die Messungen in 3—4 Stunden durchzuführen.

Bell und Palmer (*6*) haben beim Dactylin die Molekulargröße durch Messung der Diffusionsgeschwindigkeit und der Sedimentation in der Ultrazentrifuge bestimmt.

Die *Bausteinanalyse* nach der Methylierungsmethode hat sich für die Konstitutionsbestimmung der Oligo- und Polysaccharide der Gräser als besonders wertvoll erwiesen.

Die Methylierung der Acetylverbindungen wurde unter Stickstoff im allgemeinen nach den Angaben von Haworth und Streight (*11*) vorgenommen. Die Nachmethylierung wurde gewöhnlich mit Silberoxyd und Methyljodid nach Purdie und Irvine (*20*), in einzelnen Fällen mit Natrium und Methyljodid in flüssigem Ammoniak nach Hendricks und Rundle (*12*), neuerdings auch nach der von Kuhn, Trischmann und Löw (*14*) angegebenen Modifikation durchgeführt. Die Trennung der Spaltprodukte der Säurehydrolyse der Methyläther erfolgte zunächst durch fraktionierte Destillation bei stark vermindertem Druck. Um die Siedepunkte der verschiedenen Stufen der methylierten Hexosen weiter auseinander zu ziehen, wurden diese zunächst benzoyliert (*36*), die Benzoylverbindungen destilliert und entbenzoyliert. Später wurden durch β-Naphtoylierung (*22*) die Siedepunktsunterschiede noch weiter vergrößert.

Eine weitere, wesentliche Steigerung der Trennungsschärfe wurde erst durch Anwendung der Verteilungschromatographie (*28*) erreicht. Durch selektive Desorption von einer Silicagel-Säule konnte die Genauigkeit auf einen hohen Grad gesteigert werden. Anfangs wurden die Tetramethyl-hexosen durch Chloroform eluiert, die ausgestoßene Säule zerschnitten und die Abschnitte, welche die Tri- und die Dimethylhexosen enthielten, getrennt mit Wasser extrahiert. Neuerdings wurden die Trimethyl-hexosen mit Chloroform/*n*-Butanol (19 : 1), die Dimethylhexosen mit Methanol nacheinander eluiert (*27*). Die Fraktionen wurden gravimetrisch bestimmt, die Tetramethyl-hexosen wegen ihrer Leichtflüchtigkeit neuerdings auch photometrisch, nach Arni und Percival (*2*).

V. Die Konstitution der Polysaccharide der Gräser.

Da die am schwersten lösliche Komponente die Hauptmenge der Kohlenhydrate aus den wäßrigen Extrakten der Gräser bildet, wurde zuerst ihre Konstitution bestimmt. Sie wurden zunächst nach den Grasarten, aus denen sie isoliert waren, benannt, z. B. Loliin P aus *Lolium perenne*.

Da sie bei der Säurehydrolyse Fructose neben bisweilen geringen Mengen Glucose ergaben, handelt es sich um Polyfructosane. Die Größenordnung der Geschwindigkeit, mit der die Hydrolyse erfolgt, führt zu dem Schluß, daß es sich um Verbindungen der Fructo-furanose handelt.

Die abgekürzte Formel der glucosefreien Polyfructosane lautet: Fr 2 — 2 Fr 6 — (2 Fr 6)n — 2 Fr und diejenige der glucosehaltigen Polyfructosane: Gl 1 — 2 Fr 6 — (2 Fr 6)n — 2 Fr.

Bei der Bausteinanalyse nach der Methylierungsmethode ergab es sich, daß das Verhältnis der Tetramethyl-hexose zur Dimethyl-hexose, umgerechnet auf Fructosen, stets genau 1 : 1 betrug. Einige charakteristische Beispiele werden in *Tabelle 1* angeführt:

Tabelle 1. Komponentenverhältnis der Bausteinanalyse nach der Methylierungsmethode.

Polysaccharid	Dimethyl-	Trimethyl- fructosen (mg)	Tetramethyl-	Verhältnis der Komponenten
Festucin R	88,0	1312,0	106,0	1 : 14 : 1
Loliin P	34,4	1170,2	38,9	1 : 32 : 1
Poain P	32,2	1399,8	38,5	1 : 39 : 1
Phlein	18,5	937,0	20,6	1 : 48 : 1

Wie ersichtlich, unterscheiden sich die verschiedenen Graspolysaccharide nur durch ihren Gehalt an Trimethyl-fructosen. Und die Mindestpolymerisationsgrade betragen bei den angezogenen Beispielen: P_{Bau} 16, 34, 41 und 50*.

Parallel mit diesen Unterschieden verändern sich auch die *Drehungen*, und zwar sowohl für die freien Polysaccharide als auch für ihre Methyl- und Acetylverbindungen (vgl. *Abb. 2*, S. 8).

Für die Differenz der spez. Drehungen der freien Polysaccharide und der zugehörigen Acetylverbindungen ist schon früher (*34*) die folgende Beziehung erkannt worden: Die Differenz $A - K$ ist um so größer, je

* P_{Bau} ist der Polymerisationsgrad, wie er sich aus den Berechnungen der Bausteinanalyse nach der Methylierungsmethode ergibt.

Tabelle 2. Beziehungen zwischen den Polymerisationsgraden und den Drehungen bei den Polyfructosanen, ihren Acetyl- und Methylverbindungen.

Polysaccharid	$A—K$ (°)	% Trimethylfructose	P_{Bau}
Festucin R	54	87,5	16
Loliin P	67	93	34
Poain P	69,7	95	41
Phlein	70,7	96	50

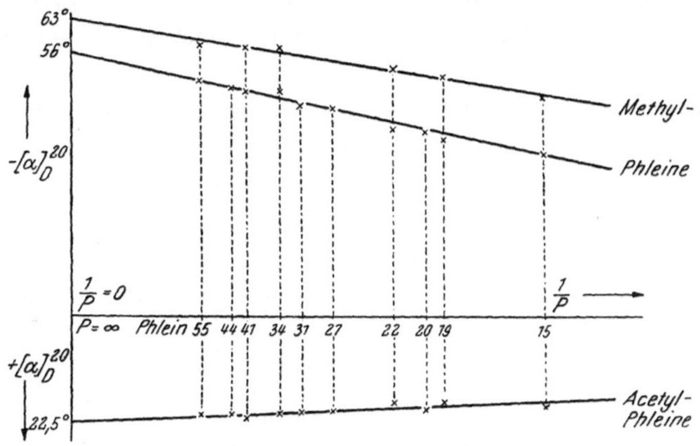

Abb. 2. Beziehungen zwischen den Drehungen und den Polymerisationsgraden bei den Graspolyfructosanen. Die Grenzwerte bei $P = \infty$ sind die spezifischen Drehungen der Kettenglieder. [Aus: Liebigs Ann. Chem. *594*, 41 (1955).]

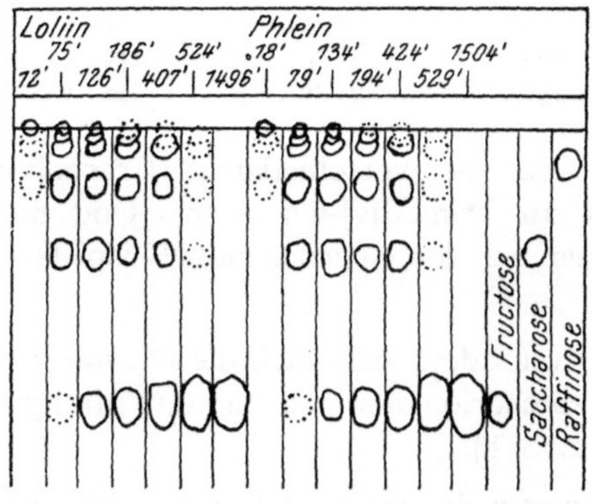

Abb. 3. Spaltung von Loliin und Phlein durch Säurehydrolyse. [Aus: Liebigs Ann. Chem. *578*, 213 (1952).]

größer der relative Gehalt an Trimethyl-hexose und je höher der Polymerisationsgrad *(Tabelle 2)*. Da die Drehungen der Acetylverbindungen nahezu konstant bleiben, während diejenigen der freien Polysaccharide mit steigendem Polymerisationsgrad stark abfallen, ist diese Beziehung ohne weiteres verständlich. Wenn die Drehung der Acetylverbindung eines neuen Graspolysaccharids mit gegen + 20° gemessen ist, kann vermutet werden, daß es der gleichen Reihe angehört. Und wenn die Drehung des freien Polysaccharids bekannt ist, kann der Polymerisationsgrad abgeschätzt werden.

Außer durch Säuren lassen sich die Polysaccharide auch durch ein aus Hefe gewinnbares Enzym spalten. Der Mechanismus der Hydrolyse auf beiden Wegen ist ein verschiedener. Aus dem Papierchromatogramm folgt, daß bei der Säurehydrolyse die Spaltung an verschiedenen Stellen der Gesamtmoleküle nach statistischen Regeln erfolgt *(Abb. 3)*. Da die dabei intermediär auftretenden Spaltprodukte positiver drehen als das Ausgangs- und das Endprodukt (die Fructose), folgt, daß die Kurven des Spaltungsgrades, gemessen nach der Zunahme des Reduktionswertes und der Drehungsänderung, zunächst auseinanderfallen und erst gegen Ende der Hydrolyse wieder zusammentreffen *(Abb. 4)*.

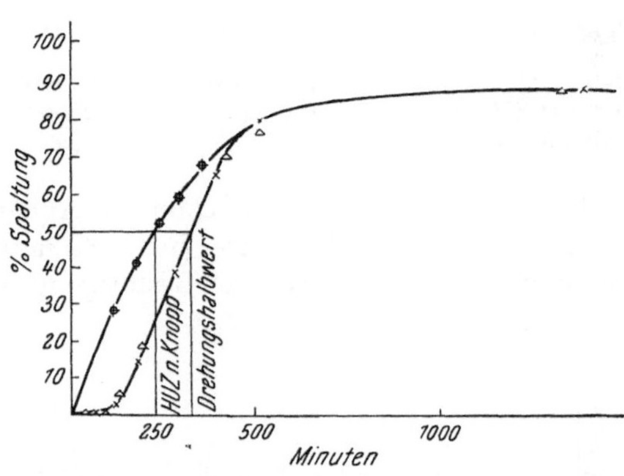

Abb. 4. Kurven des Spaltungsgrades, gemessen nach der Drehungsänderung und der Zunahme des Reduktionswertes bei der Säurehydrolyse von Loliin und Phlein. Halbumsatzzeit nach KNOOP: + Loliin; o Phlein. Drehungsverlauf: × Loliin; △ Phlein. [Aus: Liebigs Ann. Chem. *578*, 213 (1952).]

Ganz anders ist der Verlauf bei der enzymatischen Hydrolyse. Wie aus dem Papierchromatogramm zu erkennen ist, treten hier sofort Fructosemoleküle auf und erst später, infolge einer Sekundärreaktion, geringe Mengen von Oligosacchariden *(Abb. 5)*. Die Kette wird also hierbei in der Weise abgebaut, daß Endglied nach Endglied abgetrennt wird und daher außer dem Ausgangsmaterial nur Fructose anwesend ist. Infolgedessen fallen auch bei der enzymatischen Hydrolyse die Kurven der Zunahme des Reduktionswertes und der Drehungsänderung zusammen *(Abb. 6)*. Die Zeitwerte (ZW) der enzymatischen Hydrolyse sollten sich daher direkt wie die Polymerisationsgrade verhalten. Dies ist in der Tat der Fall *(Tabelle 3)*.

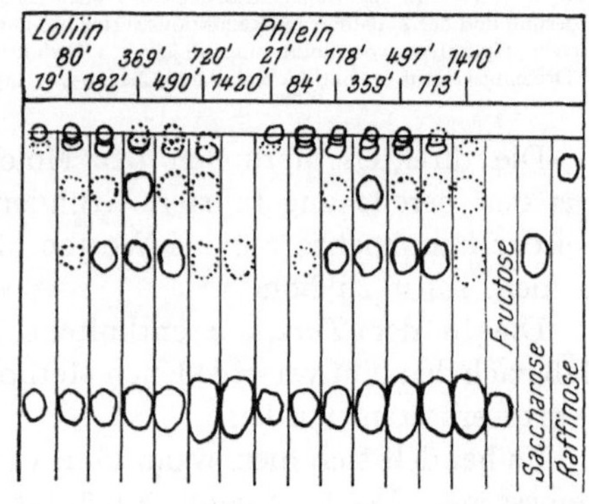

Abb. 5. Enzymatische Hydrolyse von Loliin und Phlein. [Aus: Liebigs Ann. Chem. *578*, 213 (1952).]

Bei der Säurehydrolyse ist ebenfalls ein Ansteigen der Halbumsatzzeit (HUZ) zu verzeichnen, aber nicht so regelmäßig wie bei der Invertinspaltung.

Tabelle 3. Polymerisationsgrade und Zeitwerte der Invertinspaltung.

	Festucin R	Loliin P	Poain P	Phlein
P_{Bau}	16	34	41	50
$[\alpha]_D^{20}$	— 34,5°	— 47,7°	— 48,2°	— 50,0°
Zeitwert (Min.)	480	1060	1520	1980
Halbumsatzzeit (Min.) ...	138	231	235	231

Legen diese Beziehungen schon die Annahme nahe, daß es sich bei den Polysacchariden der Gräser um *unverzweigte Kettenmoleküle* handelt, so findet diese eine weitere Bestätigung durch das Verhältnis der Viscositäten. Mißt man die spezifischen Viscositäten und berechnet unter Zugrundelegung der Formel, welche STAUDINGER für unverzweigte Kettenmoleküle aufgestellt hat, und dem Wert der K_m-Konstante von $3{,}7 \cdot 10^{-4}$, die nach dem osmometrisch gemessenen Molekulargewicht des Phleins bestimmt wurde, so erhält man die gleichen Abstufungen der Graspolyfructosane wie nach den drei genannten Methoden.

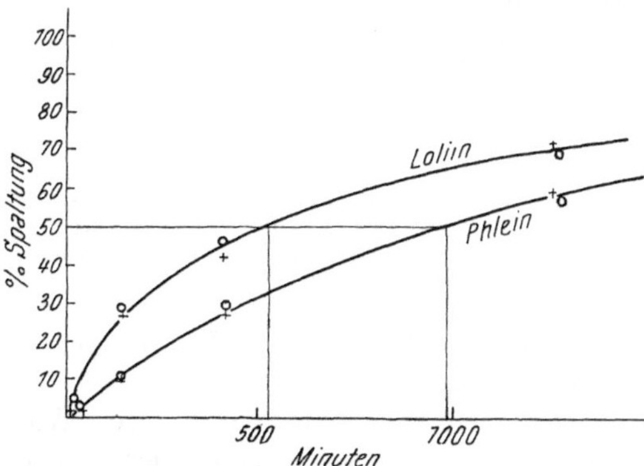

Abb. 6. Kurve des Spaltungsgrades, gemessen nach der Drehungsänderung und der Zunahme des Reduktionswertes bei der enzymatischen Hydrolyse von Loliin und Phlein. o Reduktionswerte; + Drehungsverlauf. [Aus: Liebigs Ann. Chem. *578*, 213 (1952).]

Die direkten Methoden der Molekulargewichtsbestimmung ergeben aus den bereits angeführten Gründen bei der Kryoskopie zu niedrige, bei der Osmometrie nur bei Werten über 5000 einigermaßen zuverlässige Zahlen, sonst zu hohe.

Die in der *Tabelle 4* enthaltene Zusammenstellung läßt erkennen, daß nach den fünf verschiedenen Methoden befriedigend übereinstimmende Werte erhalten wurden.

Es handelt sich hier, wenn man von dem für das Phlein osmometrisch gemessenen Wert absieht, zunächst nur um Relativwerte. Da aber BELL und PALMER (*6*) für ein Dactylin, das unserem Dactylin III weitgehend entsprechen dürfte, in der Ultrazentrifuge einen P-Wert von 31 erhalten haben, der in der Größenordnung dem unsrigen von 29 entspricht, handelt es sich um Absolutwerte.

Es mag erwähnt werden, daß sich die Abstufungen auch in den Löslichkeiten in Wasser erkennen lassen. Während die niedermolekularen

Tabelle 4. Übereinstimmung der nach den verschiedenen Methoden erhaltenen Molekulargewichte.

	$[\alpha]_D^{20}$	$\bar{P}_\alpha$	Z_η	$\bar{P}_\eta$	ZW	$\bar{P}_{ZW}$	$\bar{P}_{Osm}$	$\bar{P}_{Bau}$
Phlein	— 50,0	55	0,0210	57	1980	56	56	50
Loliin III	— 48,7	45	0,0157	42	1620	46	45	
Poain..........	— 48,2	42	0,0143	39	1520	43	47	41
Loliin II.......	— 47,7	40	0,0090	24	1060	30	40	34
Loliin Ib	— 45,0	30	0,0130	33	1080	31		
Dactylin III ...	— 45,0	30	0,0108	29				28
Festucin P.....	— 44,0	28	0,0118	31,9			37	29,5
Loliin I........	— 44,2	28	0,0084	23	1020	29		
Loliin M.......	— 40,5	21,3	0,0084	22,7				19
Avenarin F	— 40,0	21	0,0074	20	800	23		23
Dactylin II	— 40,0	20	0,0074	20				19
Festucin R 2 ...	— 39,4	20	0,0074	20	680	20		
Alopecurin	— 37,5	18	0,0068	18	720	21		21
Festucin R.....	— 34,5	15	0,0063	17	480	14		16
Dactylin I	— 34,0	15	0,0044	12				14

Glieder sehr leicht bis leicht löslich sind, ist das Poain P schon deutlich schwerer, das Phlein noch schwerer löslich. Die pflanzlichen Polyfructosane bleiben also in ihren Polymerisationsgraden hinter den Polyglucosanen wie der Stärke oder der Cellulose zurück. Die bakteriellen Lävane scheinen allerdings höher-polymer zu sein.

Als Beweis für die Kettenstruktur der Cellulose sind von FREUDENBERG und Mitarbeitern (*10*) sowie von ZECHMEISTER und TÓTH (*50*) die Oligosaccharide der Cellobiosereihe angesehen worden. Das gleiche haben WHISTLER und TU (*49*) für die aus Xylan erhaltenen Oligosaccharide und WHELAN, BAILEY und ROBERTS (*47*) für die aus Kartoffelamylase erhaltenen Maltodextrine angenommen. In analoger Weise konnte durch partielle Säurehydrolyse eines Loliins vom $\bar{P}$ 28 eine Di- und eine Trifructose isoliert und damit ein weiteres Argument für die Kettenstruktur der Graspolyfructosane erbracht werden (*24*).

Die Polysaccharide der Gräser sind also aus *Fructo-furanosen aufgebaute Kettenmoleküle,* die sich nur durch ihre zwischen 15 und 50 liegende Anzahl von Kettengliedern unterscheiden. Sie bilden eine natürliche polymer-homologe Reihe, wie sie bisher in der gleichen Vollständigkeit in der Natur nicht angetroffen wurde.

Man kann daher jetzt die *Benennung* der aus den verschiedenen Grasarten isolierten Polyfructosane dahingehend vereinfachen, daß man sie alle nach dem zunächst näher untersuchten Phlein aus *Phleum pratense* unter dem gemeinsamen Namen der *Phleine* zusammenfaßt und die verschiedenen Polymerisationsstufen, durch die sie sich allein unterscheiden, durch den hinzugefügten Index des Polymerisationsgrades, also z. B. ein Loliin als „Phlein$_{28}$“ oder das Festucin R als „Phlein$_{15}$“ kennzeichnet.

Die allgemeine Konstitution dieser Ketten ergibt sich daraus, daß als Spaltstücke der Methyläther die 1,3,4,6-Tetramethyl-fructose, die 1,3,4-Trimethyl-fructose und die 3,4-Dimethyl-fructose erhalten wurden. Danach sind die einzelnen Glieder über das 2. und 6. Kohlenstoffatom durch die Sauerstoffbrücken verbunden. Die eine Endgruppe wird durch die Tetramethyl-fructose gebildet. Die Natur der anderen Endgruppe wird weiter unten erörtert.

VI. Die niedermolekularen Kohlenhydrate in den Gräsern.

Unter den leichtlöslichen Anteilen der Extrakte aus *Lolium perenne* wurde neben Glucose und Fructose sowie Saccharose zunächst ein *Trisaccharid* isoliert (*41*), das sich als die *Kestose* (I) identifizieren ließ (Gl 1 — 2 Fr 6 — 2 Fr). Diese ist von ALBON, BELL, BLANCHARD, GROSS und RUNDELL (*1, 4*) bei der Einwirkung von Hefeinvertin auf eine konzentrierte Saccharoselösung erhalten worden. Sie ist durch Angliederung eines Fructo-furanoserestes an die am 6. Kohlenstoffatom der Fructosehälfte der Saccharose befindliche Hydroxylgruppe entstanden. Neben dieser Kestose wurden in *L. perenne* auch höhere Homologe dieses Trisaccharids wahrscheinlich gemacht.

(I.) Kestose.

Solche höheren Homologen konnten denn auch aus den Extrakten aus *Avena flavescens* bis zur Stufe des Hexasaccharids mit Hilfe der Boratmethode (*35*) isoliert werden.

Neben diesen Oligosacchariden der Kestosereihe konnte zunächst aus *L. perenne*, dann auch aus *A. flavescens* ein nur aus Fructoseresten aufgebautes, nicht reduzierendes Tetrasaccharid abgetrennt werden, aus der letzteren Grasart auch ein Pentasaccharid der gleichen Bauart.

Trägt man die Drehungswerte der beiden letztgenannten Verbindungen auf gegen 1/P und verlängert die Verbindungslinie zu den höheren Polymeren, so trifft sie auf die die Drehungen dieser Reihe verbindende

Linie *(Abb. 7)*. Das Tetra- und das Pentasaccharid können daher als die niederen Homologen dieser Reihe angesehen werden. Die Verbindungslinie der Drehungswerte der Oligosaccharide der Kestosereihe

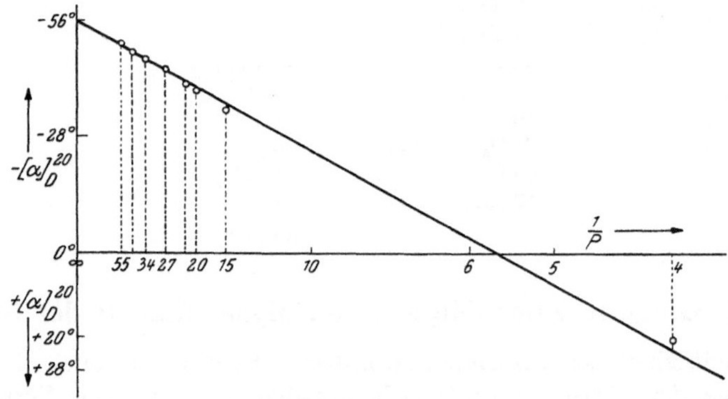

Abb. 7. Drehungen der glucosefreien Oligo- und Polyfructosane. [Aus: Liebigs Ann. Chem. *595*, 229 (1955).]

ergibt eine schwach gekrümmte Kurve, wenn man die Saccharose als Anfangsglied einsetzt. Sie nähert sich in ihrer Verlängerung asymptotisch der Geraden der glucosefreien Polyfructosanreihe *(Abb. 8)*.

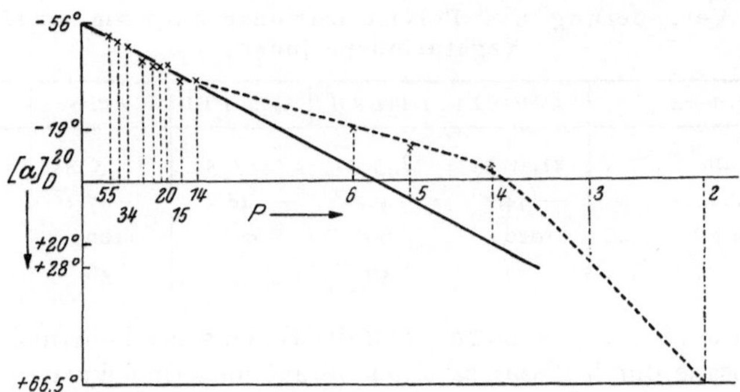

Abb. 8. Kurve der Drehungen der glucosehaltigen Fructosane. [Aus: Liebigs Ann. Chem. *606*, 130 (1957).]

Ein von Eiweiß und der Hauptmenge der Mineralsalze befreiter Extrakt aus einem im Frühjahr geschnittenen *Lolium perenne* hatte die folgende Zusammensetzung:

Glucose	2,0%
Fructose	1,5%
Saccharose	1,2%
Trisaccharide	0,5%
Tetrasaccharide	0,1%
Niedere Polyfructosane	12,2%
Höhere Polyfructosane	80,0%
Asche	2,5%
	100,0%

Eine Analyse der Asche, welche im Rohextrakt über 20% der Trockensubstanz ausmachte, ergab die folgenden Zahlen. Die Asche enthielt in der Hauptsache Kalium.

K_2O	52,98%
Na_2O	3,81%
Al_2O_3	1,86%
MgO	1,74%
CaO	2,16%
SO_3	6,00%
SiO_2	4,40%
P_2O_5	0,49%
CO_2	25,42%
Cl	1,09%
	99,91%

VII. Die Biogenese der Oligo- und Polysaccharide der Gräser.

Die Fähigkeit des aus Hefe gewinnbaren Enzymgemisches, die Polyfructosane der Gräser hydrolytisch abzubauen, legte die Vermutung nahe, daß es unter geeigneten Bedingungen auch imstande sein würde, ihren Aufbau zu katalysieren. Sowohl beim *Lolium perenne* (*32*) als auch beim *Phleum pratense* (*26*) wurde beobachtet, daß der Polymerisationsgrad im Laufe der Vegetationsperiode ansteigt (*Tabelle 5*).

Tabelle 5. Veränderung des Polymerisationsgrades im Laufe einer Vegetationsperiode.

Polyfructosan	*Loliin* P I	*Loliin* P II	*Loliin* P III	*Phlein*	*Phlein*
Gewonnen am	21. 4. 53	28. 5. 51	14. 7. 53	12. 5. 54	7. 7. 54
$[\alpha]_D^{20}$	— 44,2°	— 47,7°	— 48,7°	— 47,2°	— 49,0°
Zeitwert (Min.)	1020	1060	1620	1100	1640
$\bar{P}$	28	40	45	38	50

Es wurde hieraus geschlossen, daß die Bildung der höhermolekularen Polyfructosane durch *Transfructosidation* auf niedermolekularen Fructosanen erfolgt. Die Richtigkeit dieser Annahme konnte durch Versuche bestätigt werden. Es gelang (*37*), in konzentrierten Lösungen von Saccharose oder Fructose bei Gegenwart von Hefeinvertin ein $Phlein_{29}$ in ein $Phlein_{34}$ und dieses bei Wiederholung der Einwirkung in ein $Phlein_{41}$ überzuführen. Der Polymerisationsgrad konnte also in zwei Stufen von 29 auf 41 erhöht werden. Ein Kontrollversuch ohne Zusatz von Invertin ergab unter sonst gleichen Bedingungen keine Veränderung.

Die Gräser bedienen sich also eines ebenso einfachen wie sinnreichen Mechanismus, um ein übermäßiges Ansteigen des osmotischen Druckes bei erhöhter Assimilation zu vermeiden, indem sie in dem Maße, in dem die Konzentration der Monosaccharide oder der Saccharose ansteigt, den Polymerisationsgrad erhöhen und dadurch den osmotischen Druck herabmindern.

Wenn in diesen Fällen die Transfructosidation auf anderen, wenn auch niedermolekularen Polyfructosanen erfolgte, so erhebt sich die Frage, auf welchem Wege denn die letzteren entstanden sind. Hier bietet die Auffindung der Kestose und ihrer höheren Homologen in den Mutterlaugen der Extrakte aus *Lolium perenne* und *Avena flavescens* eine Antwort.

Die Transfructosidation ist anfänglich auf Saccharose zur Kestose erfolgt. Durch weitere Anlagerung von Fructoseresten an die Fructoseseite der Kestose entstehen die höheren Homologen und schließlich die Polyfructosane. Bei einer derartigen Entstehungsweise sollten sie aber stets einen Glucosegehalt von 1/P aufweisen. Bei einem Teil der Graspolyfructosane war in der Tat ein kleiner Anteil an Glucose beobachtet worden; sein Wert lag aber häufig unter dem für 1/P errechneten. Und bei einigen Grasarten, z. B. dem Poain P (*25*) oder Festucin P (*43*) konnte überhaupt kein Glucosegehalt nachgewiesen werden. Es muß daher noch einen anderen Weg der Biogenese ohne die Saccharose als Grundlage geben.

Ein Hinweis dafür ist durch die Auffindung nicht reduzierender, glucosefreier Tetra- und Pentasaccharide in den Mutterlaugen von *L. perenne* und *A. flavescens* gegeben. Diese können, analog wie aus der Saccharose die Kestose und ihre höheren Homologen gebildet werden, durch Transfructosidation auf einer nichtreduzierenden *Difructose* (II) entstanden sein, in welcher der Glucoserest der Saccharose durch einen zweiten Fructofuranoserest ersetzt ist. Durch Extrapolation aus den Werten der Säurespaltung anderer Oligosaccharide der Fructofuranose (*24*) läßt sich schätzen, daß ein derartiges Disaccharid außerordentlich leicht der Hydrolyse unterliegen muß, wesentlich leichter als die Saccharose, die ja von der einen Seite ein schwerer spaltbares Glykosid der Glucopyranose ist.

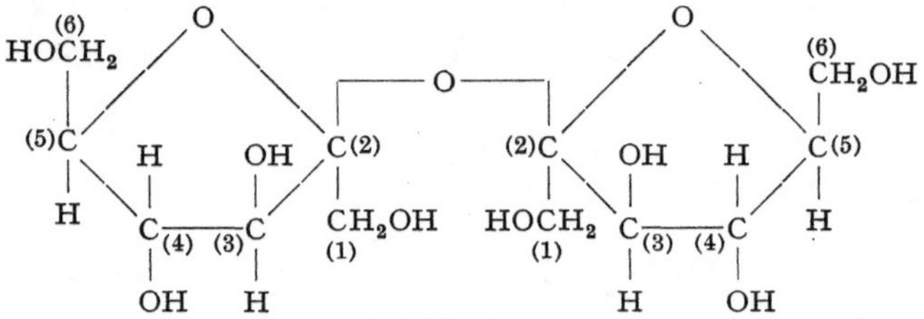

(II.) Difructose.

In der Tat konnte mehrfach beobachtet werden, daß eine Fraktion, in der die gesuchte Difructose vorliegen konnte, in wäßriger Lösung zunächst positiv drehte (was an sich bei einem derartigen Derivat der

Fructofuranose zu erwarten ist), daß aber die Lösung beim Eindampfen, auch unter sehr schonenden Bedingungen, eine negative Drehung annahm und im Papierchromatogramm nur einen Fructosefleck erkennen ließ (*41*). Bei der partiellen Säure- wie Invertinhydrolyse des Loliins und des Phleins wurden im Papierchromatogramm Flecke erhalten, deren R_f-Werte etwas größer waren als diejenigen der Saccharose und die nach Hydrolyse mit Anilinphtalat keine Spur von Glucose ergaben (*30*). Das sind aber alles Eigenschaften, die von einer derartigen Difructose erwartet werden können. Denn andere Difructoseanhydride, die aber im Gegensatz zu dieser sehr säurestabil sind (*23*), wandern im Papierchromatogramm rascher als die Saccharose.

Die Bildung dieser Difructose erfolgt vermutlich durch Transfructosidation von Saccharose auf Fructose. Es handelt sich also um ein Sekundärprodukt. Zahlreiche Versuche, eine derartige Transfructosidation bei der Einwirkung von Invertin auf konzentrierte Lösungen von Saccharose und Fructose nachzuweisen, sind bisher erfolglos geblieben (*40*).

Es erhebt sich nun die Frage, wie die Beobachtung zu deuten ist, daß bei einer Reihe von Polyfructosanen ein Glucosegehalt festgestellt wurde, der kleiner ist als er sich nach dem P-Wert errechnet. Während es gelungen ist, die niederen Glieder der beiden polymerhomologen Reihen, der glucosehaltigen vom Kestosetyp und der glucosefreien, zu trennen, erschien es aussichtslos, eine derartige Trennung auch noch bei den höheren Gliedern der beiden Reihen erreichen zu können, wegen der großen Ähnlichkeit der Eigenschaften. Es war daher der Nachweis zu führen, daß auch bei den letzteren beide Reihen nebeneinander vorkommen. Dies ist bei den Dactylinen aus *Dactylis glomerata* gelungen (*44*), und zwar durch die Kombination der Ergebnisse der Perjodatoxydation mit derjenigen der Bausteinanalyse nach der Methylierungsmethode. Bei der Oxydation mit Perjodat sollte nur jener Teil der Moleküle die entsprechende Menge Ameisensäure ergeben (*9*), der zwei freie Hydroxylgruppen nebeneinander enthält. Das ist nur bei dem Glucoseanteil der Fall. Dieser betrug beim Dactylin III 70%. Genau der gleiche Anteil an Tetramethyl-glucose wurde aber unter den Spaltstücken des Methyläthers gefunden. Und umgekehrt, wurde ein Überschuß von 30% an endständiger Tetramethyl-fructose ermittelt. Das Dactylin III ist demnach zu 70% durch Transfructosidation auf Saccharose, zu 30% auf der Difructose entstanden. Bei den Dactylinen II und I betrug das Verhältnis 90 : 10.

Da also sowohl bei den niederen Gliedern der beiden Reihen als auch bei den höheren die gleichzeitige Anwesenheit der beiden Bautypen nachgewiesen wurde und bei zahlreichen anderen Graspolyfructosanen die Differenz zwischen dem nach P zu errechnenden und den gefundenen

Aldosewert sehr verschieden groß ist, wird ganz allgemein angenommen, daß es sich stets um Gemische von Verbindungen der beiden Reihen handelt, dessen Komponentenverhältnis in weiten Grenzen schwanken kann, wie dies ähnlich hinsichtlich des Verhältnisses vom Amylose zu Amylopektin bei der Stärke bekannt ist. Diese Annahme erlaubt es auch, eine Reihe von Unstimmigkeiten zu deuten, die sich zwischen den analytischen Befunden verschiedener Forscher finden.

VIII. Abwandlungen des Kohlenhydrat- und des Eiweißgehaltes im Laufe einer Vegetationsperiode.

Die bisher betrachtete Zusammensetzung der in den Gräsern angesammelten löslichen Kohlenhydrate gilt für einen bestimmten Zeitpunkt ihres Wachstums. Um ausreichendes Material für die Untersuchungen zu gewinnen, wurde zunächst der Grasschnitt in dem Augenblick vorgenommen, in dem die höchste Ansammlung vermutet wurde. Um aber sicher zu sein, daß dieser günstigste Zeitpunkt tatsächlich getroffen war, was ja für die Landwirtschaft ebenso wichtig ist, und eine Übersicht über das Werden und Vergehen der löslichen Kohlenhydrate zu gewinnen, wurden in Abständen von je 14 Tagen, beginnend mit Ende April und endend im September, Proben von drei wichtigen Grasarten, *Lolium perenne, L. multiflorum* und *Phleum pratense*, genommen und analysiert.

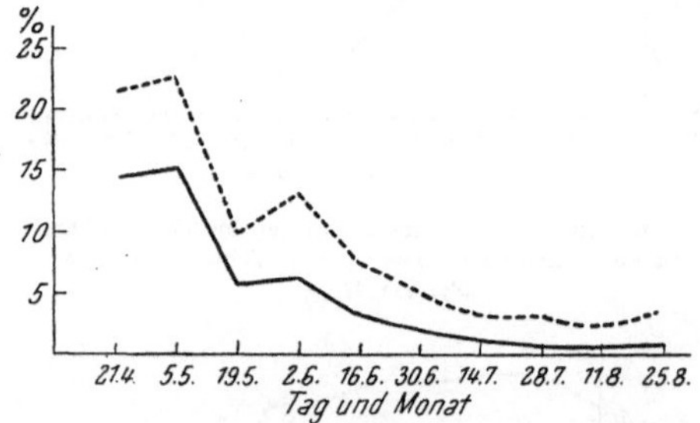

Abb. 9. Gehalt an löslichen Kohlenhydraten in *Lolium perenne*. ——— lösliche Kohlenhydrate in Prozent der Trockensubstanz; -------- N-freier Extrakt. [Aus Liebigs Ann. Chem. 587, 111 (1954).]

Da eine Kopplung mit der gleichzeitigen Bildung von Eiweißstoffen besteht, wurde auch diese verfolgt. Auch das Anwachsen des Gehaltes an Cellulose und Lignin, also die Zunahme der Verholzung, wurde gemessen.

Beim *L. perenne* haben schon DE MAN und DE HEUS (*15*) einen ähnlich angelegten Versuch unternommen. Er blieb aber insofern unvollständig, als die Untersuchung nur auf die Zeit vom 23. April bis zum 28. Juni ausgedehnt wurde und nur die Summen der Kohlenhydrate festgestellt wurden, also die höchstmolekulare Komponente, welche ja die Hauptmenge ausmacht, nicht besonders berücksichtigt wurde.

Wie aus *Abb. 9* zu entnehmen ist, erreicht der Gehalt an löslichen Kohlenhydraten schon Anfang Mai mit 15,4% seinen Höhepunkt, um dann rasch abzusinken (*32*).

Parallel damit verändert sich der Gehalt an N-freien Substanzen, die nicht aus Kohlenhydraten bestehen, vor allen Dingen an Mineralsalzen. Bei de Man und de Heus (*15*) lag das Maximum des Gehaltes an löslichen Kohlenhydraten erheblich später, am 7. Juni, und mit 29,7% wesentlich höher.

Der Anteil an Reinfructosan in den löslichen Kohlenhydraten ist, wie aus *Abb. 10* hervorgeht, anfangs der höchste. In den folgenden Wochen fällt er aber rasch ab, um Mitte Juli praktisch vollständig zu verschwinden. Der Anteil an Saccharose war, gemessen am Aldosewert, zu Anfang mit 15,4% ein hoher, aber am 5. Mai war er bereits auf 3,8% gesunken. Mitte Juli stieg er dann in dem gleichen Maße an, in dem der Gehalt an Fructose abfiel, so daß um diese Zeit, wie aus *Abb. 11* hervorgeht, eine vollständige Umkehr des Verhältnisses Fructose zu Glucose eintrat. Da nach dem 28. Juli der Aldosewert das Verhältnis 1 : 1 von Glucose zu Fructose, wie es in der Saccharose gegeben ist, weit übertrifft, geht daraus hervor, daß das Ansteigen des Glucosegehaltes nicht allein auf ein Anwachsen der Saccharose zurückgeführt werden kann. Es muß daneben noch die Bildung eines Glucosans erfolgt sein. Da die Drehung der Ende Juli gewonnenen Fraktion eine schwach positive war (+ 6°), kann es sich nicht um Stärke handeln.

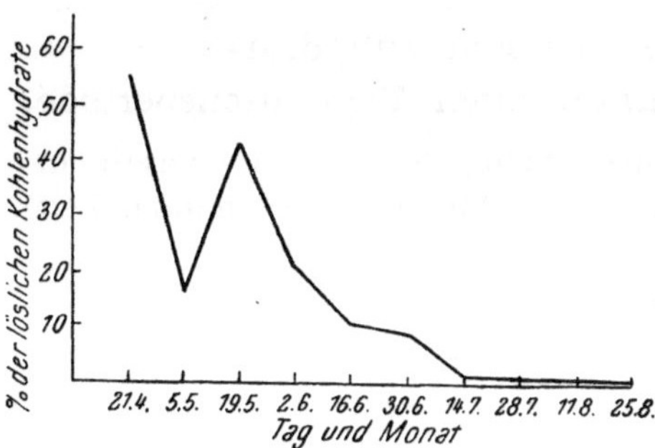

Abb. 10. Anteil der Fructosane an den löslichen Kohlenhydraten in *Lolium perenne*. [Aus: Liebigs Ann. Chem. 587, 111 (1954).]

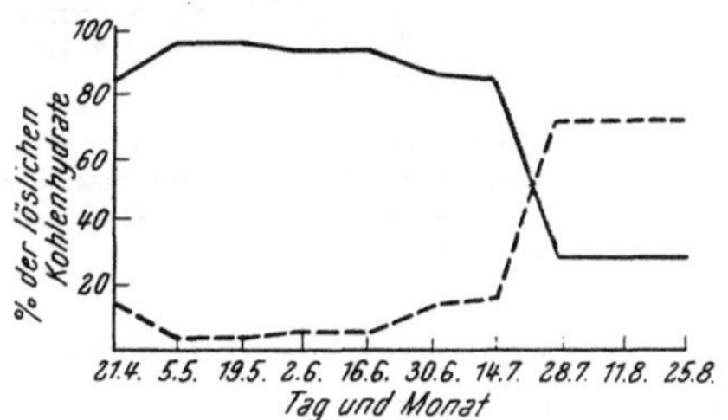

Abb. 11. Verhältnis von Glucose zu Fructose in *Lolium perenne*. ——— % Fructose; -------- % Aldose. [Aus: Liebigs Ann. Chem. 587, 111 (1954).]

Bei der einjährigen Abart des *Lolium multiflorum*, des italienischen Raygrases, dem westerwoldschen Raygras, haben schon Norman (*16*) sowie Norman und Richardson (*18*) die Bildung der Kohlenhydrate verfolgt. Später haben aber Norman, Wilsie und Gaessler (*19*) in Iowa angegeben, daß sie die früher in Rothamstead gefundenen Werte nicht haben bestätigen können.

Wie aus *Abb. 12* hervorgeht, verläuft nun die Bildung der löslichen Kohlenhydrate im *L. multiflorum* ähnlich wie im *L. perenne* (*39*). Auch hier steigt der Gehalt zunächst an, allerdings mit einer Verzögerung von drei Wochen. Gegen Ende Juli fällt er dann aber ebenso vollständig ab. Auch hier verschiebt sich das Verhältnis von Fructose zu Glucose in dem Maße, in dem der Fructosangehalt abfällt (*Abb. 13*). Der Höchstwert an den letzteren liegt mit 7,5% weit unter den von NORMAN in Rothamstead gefundenen von 34,4 und 30,1%, aber erheblich höher als der später in Iowa erhaltene von 3,6%. Diese großen Unterschiede zeigen, in welchen weiten Grenzen sich die Erträge je nach den Wachstumsbedingungen bewegen können.

Recht verschieden von diesen beiden Beispielen verläuft aber die Kohlenhydratansammlung in *Phleum pratense* (*26, 38*). Zunächst steigt auch hier Anfang Mai der Gehalt steil an und fällt dann gegen Mitte Juni ab (*Abb. 14*).

Im Gegensatz zu den beiden anderen Grasarten setzt dann gegen Ende Juni ein neuer Anstieg ein, der seinen Höhepunkt erst gegen Ende August erreicht und erst gegen Mitte September, also zwei Monate später, vollständig abfällt. Die Messungen wurden in zwei aufeinanderfolgenden Jahren vorgenommen, da sie im ersten Jahre zu vorzeitig

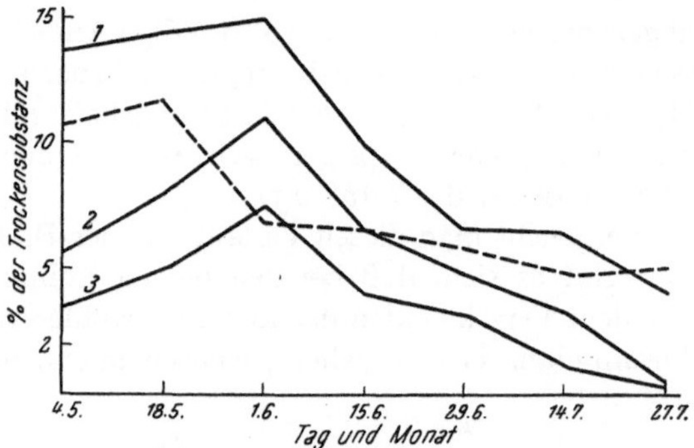

Abb. 12. Gehalt an löslichen Kohlenhydraten in *Lolium multiflorum*. Kurve *1* Roh-Kohlenhydrate; *2* lösliche Kohlenhydrate; *3* Fructosan; -------- Eiweiß. [Aus: Liebigs Ann. Chem. *598*, 228 (1956).]

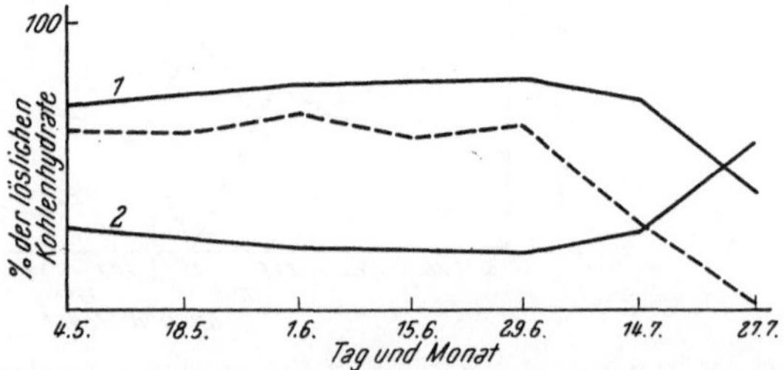

Abb. 13. Verhältnis von Glucose zu Fructose in *Lolium multiflorum*. Kurve *1* Fructose (nach Hydrolyse); *2* Aldose (nach Hydrolyse); ------- Fructosan. [Aus: Liebigs Ann. Chem. *598*, 228 (1956).]

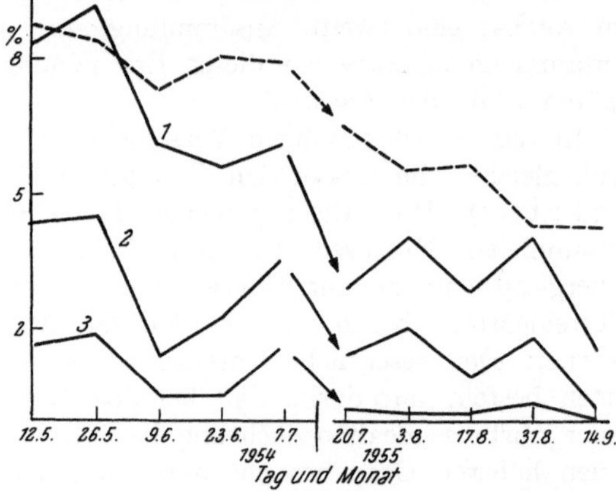

Abb. 14. Gehalt an löslichen Kohlenhydraten in *Phleum pratense*. Zusammensetzung der Trockensubstanz: Kurve *1* Roh-Kohlenhydrate; *2* lösliche Kohlenhydrate; *3* Fructosan; ------- Eiweiß. [Aus: Liebigs Ann. Chem. *598*, 220 (1956).]

abgebrochen waren. Eine vollständige Angleichung war, wohl wegen der verschiedenen Witterungsbedingungen in den beiden Jahren, nicht möglich. Das erneute Ansteigen des Fructosangehaltes im Juli und der späte Abfall erst im September spiegelt sich auch in dem Verhältnis von Fructose zu Glucose wieder *(Abb. 15)*.

Vergleicht man diesen Verlauf mit der Bildung und Reife der Samen, so ergibt es sich, daß bei den beiden Loliumarten die letztere zeitlich mit dem Verschwinden der löslichen Kohlenhydrate zusammenfällt. Die Ansammlung erfolgt daher augenscheinlich, um die für den Aufbau des

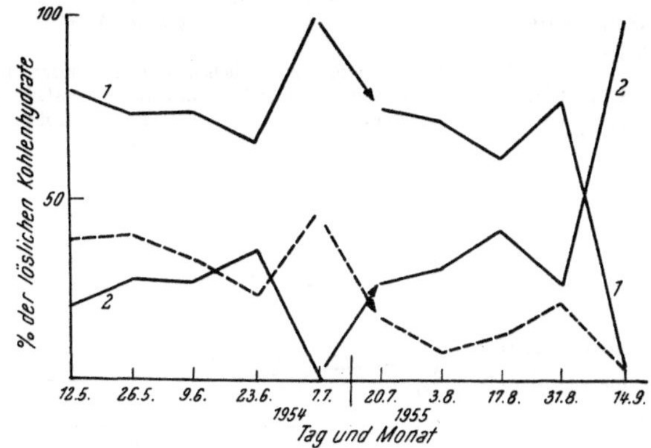

Abb. 15. Verhältnis von Glucose zu Fructose in *Phleum pratense*. Kurve *1* Aldose (nach Hydrolyse); *2* Fructose (nach Hydrolyse); ------- Fructosan. [Aus: Liebigs Ann. Chem. *598*, 220 (1956).]

Samens erforderliche Energie zur Verfügung zu haben. Beim *Phleum pratense* vollzieht sich zunächst der gleiche Vorgang; aber es setzt dann im August eine zweite Ansammlung ein. Möglicherweise besteht ein Zusammenhang zwischen dieser Erscheinung und der verhältnismäßig späten Blüte des *Phleum*.

In diesem vollständigen Verschwinden der Fructosane gegen Ende Juli gleichen die Gräser den Getreidearten, bei denen dies ebenso der Fall ist (*21*). Hier wie dort dienen die in Form der Polyfructosane angesammelten Reserven der Ausbildung des Samens. Die langfristige Energiespeicherung zur Überwindung der Winterruhe erfolgt bei den Getreidearten ebenso wie bei den Gräsern in Form der Stärke der Körner. Der wesentliche Unterschied zwischen den beiden Gramineenarten besteht nur darin, daß bei den Getreidearten als das Ergebnis einer jahrtausendealten Züchtung die Stärkeanreicherung in den Körnern einen höheren Grad erreicht hat. Insofern kann man die Gräser als steckengebliebene Getreidearten ansehen.

Die für die menschliche Ernährung wichtigsten Pflanzenarten, die Gräser und die Getreidearten, bedienen sich in gleicher Weise dreier

Stufen der Ansammlung von Kohlenhydratreserven: Kurzfristig der Ansammlung von Saccharose als unmittelbares Ergebnis der Assimilation, mittelfristig des Aufbaues von Polyfructosanen zur Ausbildung der Samen, endlich langfristig der Stärke in letzteren. Die jeweilige Höhe der Kondensationsgrade entspricht dabei der vorgesehenen Dauer der Speicherung. Alle drei Stufen haben pflanzenphysiologisch die gleiche Bedeutung. Wenn diejenige der mittleren Stufe bisher praktisch nicht in dem gleichen Maße wie die beiden anderen in Erscheinung getreten ist, so liegt das wohl wesentlich an den Eigenschaften der Polyfructosane. Denn diese zeichnen sich weder durch ein so leichtes Kristallisationsvermögen aus wie die Saccharose, noch sind sie so schwerlöslich und beständig wie die Stärke. Diese unhandlichen Eigenschaften sind es auch gewesen, welche ihre genauere Kenntnis so sehr erschwert und so lange verzögert haben.

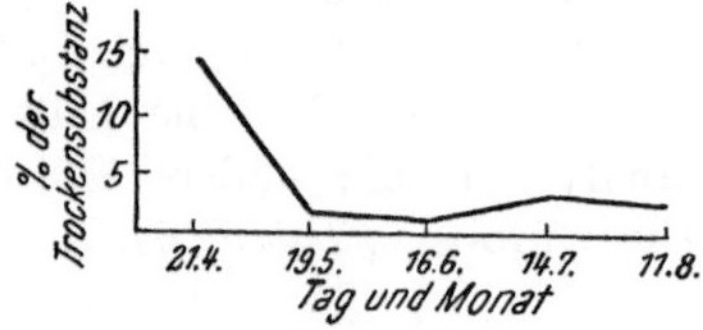

Abb. 16. Lösliche Kohlenhydrate in *Lolium perenne* bei wiederholtem Schnitt. [Aus: Liebigs Ann. Chem. 587, 111 (1954).]

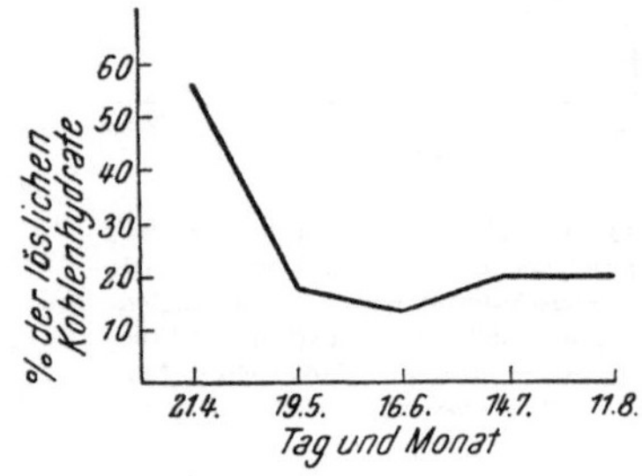

Abb. 17. Reinfructosangehalt in *Lolium perenne* bei wiederholtem Schnitt. [Aus: Liebigs Ann. Chem. 587, 111 (1954).]

Gelten die bisher beschriebenen Abwandlungen für ein während der ganzen Vegetationsperiode ununterbrochenes Wachstum, so erfahren sie eine wesentliche Veränderung, wenn, wie dies in der Landwirtschaft üblich ist, das Gras im Laufe des Sommers mehrfach geschnitten wird oder wenn es, wie dies jetzt bei der Portionsweide üblich ist, etwa einmal monatlich vollständig abgefressen wird. Um die Wiederansammlung der löslichen Kohlenhydrate unter derartigen Wachstumsbedingungen kennenzulernen, wurden die Gehaltsänderungen gemessen, die bei in Abständen von je vier Wochen erfolgten Schnitten eintreten. Beim *Lolium perenne* wurden so, beginnend mit dem 21. April nach je vier Wochen bis zum 11. August, Proben geschnitten und in der üblichen Weise analysiert.

Wie aus *Abb. 16* hervorgeht, verbrauchen die Gräser einen so großen Teil ihrer Assimilate zum Wiederaufbau des Pflanzenkörpers, daß es zu keiner erheblichen Neuansammlung löslicher Kohlenhydrate kommt. Allerdings sucht dabei die Pflanze, auch in einem späteren Stadium und abweichend vom ungestörten Wachstum, einen Teil der Reserven in Form von Polyfructosanen anzulegen *(Abb. 17)*.

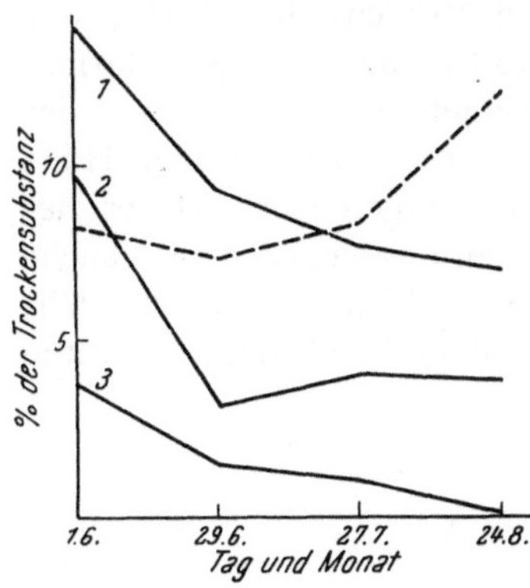

Abb. 18. Lösliche Kohlenhydrate in *Lolium multiflorum* bei wiederholtem Schnitt. Gehalt der Trockensubstanz: Kurve *1* Roh-Kohlenhydrate; *2* lösliche Kohlenhydrate; *3* Fructosan; ------- Eiweiß. [Aus: Liebigs Ann. Chem. *598*, 228 (1956).]

Bei der großen Wachstumsfreudigkeit des *Lolium multiflorum* konnte erwartet werden, daß bei ihm bei wiederholtem Schnitt eine reichliche Wiederansammlung erfolgen würde. Das ist nun, wie aus *Abb. 18* hervorgeht, hinsichtlich der löslichen Kohlenhydrate und insbesondere der Neubildung von Polyfructosanen nicht der Fall.

Schließlich haben wir noch das Schicksal der löslichen Kohlenhydrate verfolgt, das diese bei der Trocknung, d. h. der Heuwerbung erfahren. Das im Juni bzw. Juli geschnittene Gras wurde in zwei Teile zerlegt. Davon wurde die eine Hälfte sogleich analysiert, die andere Hälfte erst Anfang Oktober *(Tabelle 6)*.

Tabelle 6. Veränderung des Gehaltes an löslichen Kohlenhydraten bei der Trocknung des Grases.

	Lolium perenne		*Phleum pratense*	
Geschnitten am	16. 6.	2,6%	7. 7.	3,5%
Nachuntersucht am	12. 10.	1,3%	29. 9.	1,1%

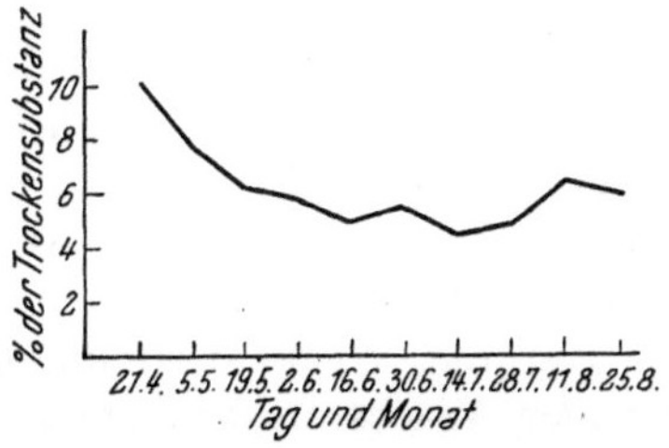

Abb. 19. Eiweißgehalt in *Lolium perenne*. [Aus: Liebigs Ann. Chem. *587*, 111 (1954).]

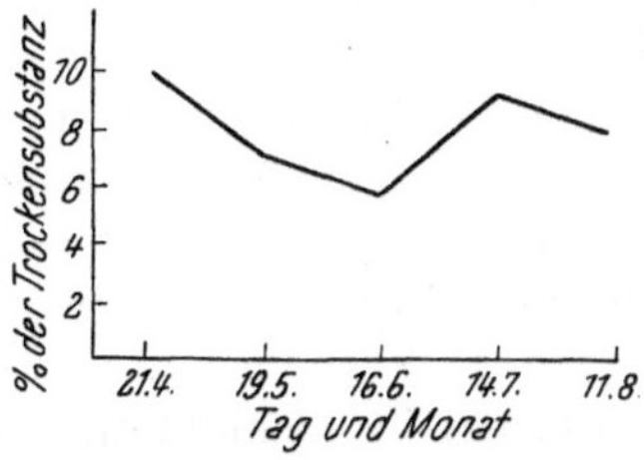

Abb. 20. Eiweißgehalt in *Lolium perenne* bei wiederholtem Schnitt. [Aus: Liebigs Ann. Chem. *587*, 111 (1954).]

Die Trocknung erfolgte unter den üblichen Bedingungen, d. h. unter Aufbringung auf Reuter. Trotzdem betrug der Verlust bis zu zwei Drittel.

Es ist schon lange bekannt, daß eine gewisse Koppelung zwischen dem Gehalt an Kohlenhydraten und an Eiweiß besteht, daß also z. B. bei reichlicher Stickstoffdüngung der Eiweißgehalt auf Kosten der Kohlenhydrate ansteigt. Es ist deshalb von Interesse, die Abwandlungen des Eiweißgehaltes in ihrem Verhältnis zu denjenigen des Kohlenhydratgehaltes zu verfolgen.

Wie aus der *Abb. 19* hervorgeht, ist beim *L. perenne* auch der Eiweißgehalt Anfang Mai der höchste. Im Gegensatz zu den Kohlenhydraten sinkt er dann aber nicht im Juli vollständig ab, sondern hält sich recht konstant auf einer mittleren Höhe. Ganz ähnlich ist der Verlauf beim *L. multiflorum* (Abb. 12, S. 19) und beim *Phleum pratense* (Abb. 14, S. 19). In dieser, vom Kohlenhydratstoffwechsel so vollständig verschiedenen Tendenz kommt die ganz andere physiologische Funktion der Eiweißstoffe zum Ausdruck. Noch ausgesprochener tritt diese bei wiederholtem Schnitt hervor *(Abb. 20)*. Beim *L. multiflorum* (Abb. 18) ist sogar noch im August eine ansteigende Richtung zu bemerken.

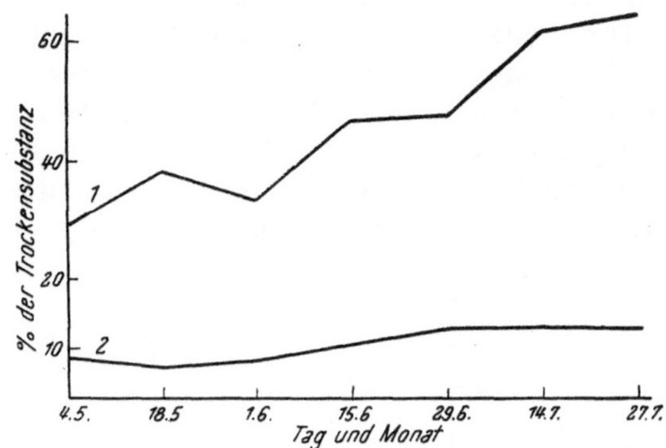

Abb. 21. Cellulose- und Ligningehalt bei *Lolium multiflorum*. Kurve *1* Cellulose; *2* Lignin. [Aus: Liebigs Ann. Chem. *598*, 228 (1956).]

Schließlich ist es noch von Interesse, den Gehalt an Cellulose und Lignin während einer Vegetationsperiode kennenzulernen. Er wurde beim *L. multiflorum (Abb. 21)* und beim *Ph. pratense (Abb. 22)* gemessen. In beiden Fällen ergibt sich das gleiche Bild: Ansteigen des Cellulosegehaltes von etwa 30 auf 60%, dagegen Verharren des Ligningehaltes bei um 10%.

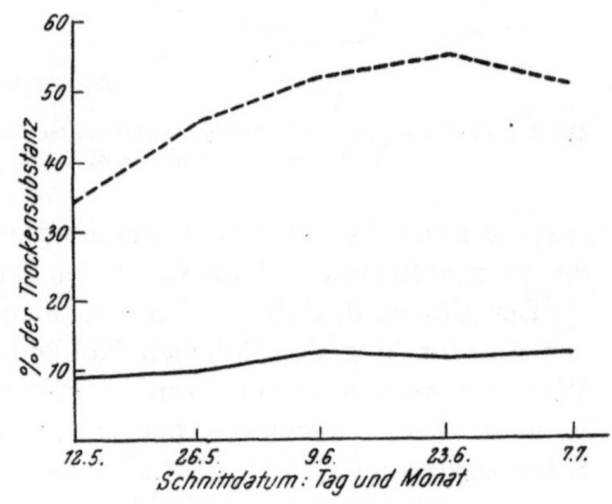

Abb. 22. Cellulose- und Ligningehalt bei *Phleum pratense*. ------ Cellulose; ——— Lignin. [Aus: Liebigs Ann. Chem. *594*, 33 (1955).]

IX. Anwendungen auf die Grünlandwirtschaft.

Die Erkenntnisse, welche so über den Stoffwechsel der Gräser gewonnen sind, ermöglichen es, einige Nutzanwendungen für die Grünlandwirtschaft zu ziehen.

Es ist nachgewiesen, daß die hydrolytische Spaltung der in den Gräsern angesammelten löslichen Polysaccharide, welche ihrer Verdauung vorausgehen muß, sowohl durch Enzyme wie auch durch Säuren um so rascher erfolgt, je niedriger der Polymerisationsgrad ist. Für die unmittelbare Verfütterung auf den Weiden empfiehlt es sich daher, sofern Boden und Klima ihren Anbau zulassen, diejenigen Grasarten zu bevorzugen, bei denen der Polymerisationsgrad ein niedriger bleibt, also die in der unteren Hälfte der Tabelle 4 (S. 11) angeführten Gräser. Umgekehrt wären für die Wiesen, also die Heuwerbung, diejenigen vorzuziehen, bei denen der Polymerisationsgrad die höchsten Werte erreicht, weil bei ihnen der bei der Trocknung der Gräser unvermeidliche

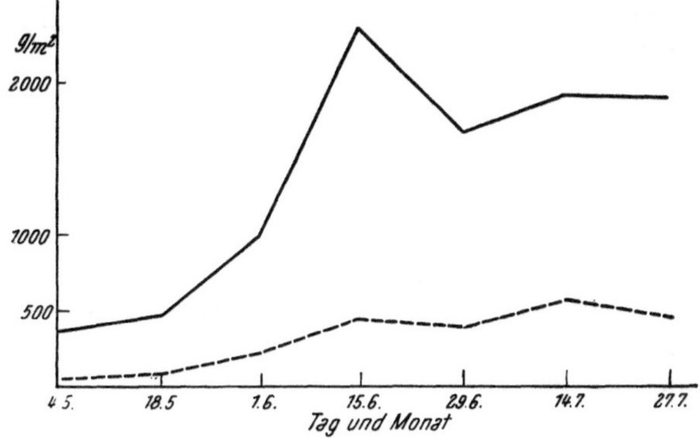

Abb. 23. Erträge an Frischgewicht und Trockensubstanz bei *Lolium multiflorum*. ——— Frischgewicht; ------- Trockensubstanz. [Aus: Liebigs Ann. Chem. *598*, 228 (1956).]

enzymatische Abbau relativ am langsamsten erfolgt, die Verluste also die geringsten sind (vgl. die Grasarten der oberen Hälfte der Tab. 4, S. 11).

Der Umstand, daß bei den verschiedenen Grasarten die Höhepunkte der Ansammlung der löslichen Kohlenhydrate nach verschieden langen Wachstumszeiten erreicht werden, läßt es ferner zweckmäßig erscheinen, je nach dem Überwiegen der einzelnen Grasarten auch verschiedene Schnittzeiten zu wählen. Im allgemeinen gilt ja die Regel, daß vor der Blüte zu schneiden ist. Beim *Lolium perenne* und *L. multiflorum* findet sie ihre Bestätigung in der Feststellung, daß zur Zeit der Blüte der Gehalt an löslichen Kohlenhydraten schon stark abgesunken und mit der Samenreife praktisch vollständig verschwunden ist. Anders liegen aber die Verhältnisse beim *Phleum pratense*; hier tritt das Verschwinden der löslichen Kohlenhydrate erst Mitte September ein. Auf Wiesen, in denen diese Grasart überwiegt, kann man daher eine späte Schnittzeit wählen.

Um aber den optimalen Zeitpunkt für den Schnitt zu treffen, ist noch das Folgende zu berücksichtigen: Für die Landwirtschaft kommt es nicht auf den prozentualen Gehalt der Pflanzen, sondern auf ihren Ertrag an, d. h. das Produkt von Gehalt und der Anwuchsmasse auf der

Bodenfläche (g/m²). Dadurch, daß der Anwuchs mit der Jahreszeit zunächst ansteigt, können sich die Zeitpunkte des höchsten Ertrages verschieben.

Beim *L. multiflorum* hatte der Höhepunkt des Gehaltes an löslichen Kohlenhydraten Anfang Juni gelegen (Abb. 12, S. 19). Da aber der Höhepunkt der Anwuchsmasse erst Mitte Juni, derjenige an Trockenmasse sogar noch später erreicht wurde (*Abb. 23*), verschob sich der Höhepunkt des Ertrages, in diesem Falle sowohl an löslichen Kohlenhydraten wie an Eiweiß, auf Mitte Juni (*Abb. 24*).

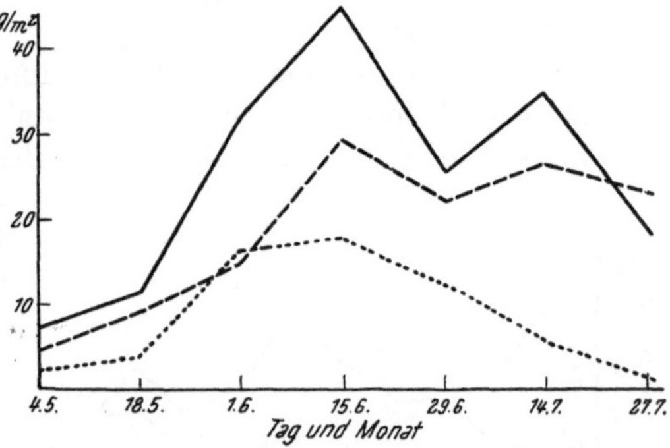

Abb. 24. Erträge an löslichen Kohlenhydraten und Eiweiß in *Lolium multiflorum*. ——— Roh-Kohlenhydrate; ------- Eiweiß; ············ Fructosan. [Aus: Liebigs Ann. Chem. *598*, 228 (1956).]

Ganz anders liegen die Verhältnisse beim *Phleum pratense*. Hier wird der höchste Ertrag insbesondere an Eiweiß erst in der zweiten Augusthälfte erreicht (*Abbildung 25*). Da diese Grasart zu den spätblühenden gehört, besteht möglicherweise ein Zusammenhang zwischen dieser Eigenart und dem so verschiedenen Gang ihres Stoffwechsels. Es ist deshalb von Interesse zu prüfen, ob ähnliche Abweichungen auch bei anderen spätblühenden Grasarten zu verzeichnen sind.

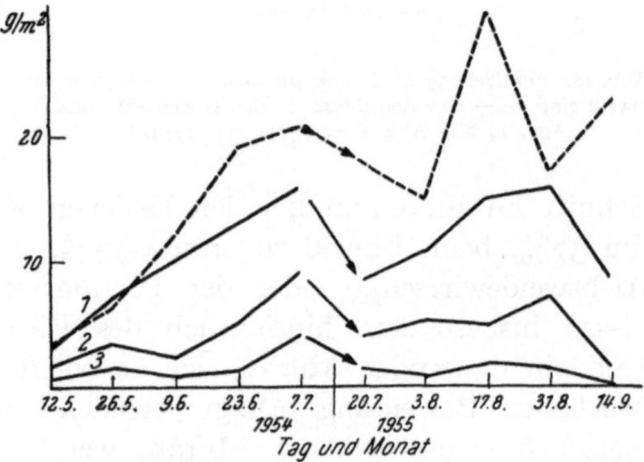

Abb. 25. Erträge an löslichen Kohlenhydraten und Eiweiß in *Phleum pratense*. Kurve *1* Roh-Kohlenhydrate; *2* lösliche Kohlenhydrate; *3* Fructosan; ------- Eiweiß. [Aus: Liebigs Ann. Chem. *598*, 220 (1956).]

Wenn im Rahmen der gesamten Futterversorgung besonderes Gewicht auf die Erträge an Eiweiß zu legen ist, verdient dies um so mehr Beachtung, als ja insbesondere nach den Feststellungen von CHIBNALL (*9a*) das Eiweiß der Gräser einen biologischen Wert hat, der über demjenigen anderer pflanzlicher Eiweiße liegt und an die besten tierischer Herkunft heranreicht. Der Eiweißgehalt ist, ebenso wie derjenige an löslichen Kohlenhydraten, zu Beginn des Wachstums der höchste. Er fällt dann rasch ab, bleibt aber bei einem mittleren Gehalt stehen. Berücksichtigt man auch hier die Steigerung der Anwuchsmenge mit fortschreitender Vegetationsdauer, so ergibt sich für *L. perenne* ein Höhepunkt gegen Ende Juni (*Abb. 26*).

Beim *L. multiflorum* fallen die Höhepunkte des Ertrages an Eiweiß und an löslichen Kohlenhydraten gegen Mitte Juni zusammen (Abb. 24). Beim *Phleum pratense* endlich wird das Ertragsmaximum an Eiweiß erst Mitte August erreicht (Abb. 25).

Von Interesse ist auch die Feststellung, wie sich die Summe der Erträge bei wiederholtem Schnitt zu denjenigen bei einem einmaligen Schnitt im Zeitpunkt des Maximums des Ertrages verhalten. Beim *L. perenne* wurde an löslichen Kohlenhydraten bei einem einmaligen Schnitt am 5. 5. 1953 18,8 g/m², bei fünfmaligem Schnitt in Abständen von je vier Wochen zusammen 18,2 g/m² gefunden. An Eiweiß wurden bei einmaligem Schnitt am 30. 6. 1953 20,4 g/m², bei fünfmaligem Schnitt zusammen 36,6 g/m² gefunden. Beim *L. multiflorum* ergab der Ertrag der Summe von fünf Schnitten gegenüber demjenigen bei einmaligem Schnitt im Maximum bei den löslichen Kohlenhydraten eine Mehrung um 37%, beim Eiweiß sogar um 73%. Die Zweckmäßigkeit der Umtriebsweidewirtschaft oder der Portionsweide findet in diesen Ergebnissen insbesondere hinsichtlich des Eiweißertrages ihre Bestätigung. Und ein dauernder Abfraß, wie er bei der ungeregelten und ununterbrochenen Beweidung erfolgt, erscheint noch unvorteilhafter als ein mehrfach unterbrochener Abfraß, weil unter diesen Bedingungen die Wiederansammlung von löslichen Kohlenhydraten noch stärker gehemmt ist. Für die Energiegewinnung aus Kohlenhydraten stellt also die Verwertung des Grünlandes durch ununterbrochene Beweidung eine zwar betriebstechnisch einfache, ertragsmäßig aber ungünstige Form der Ausnutzung dar.

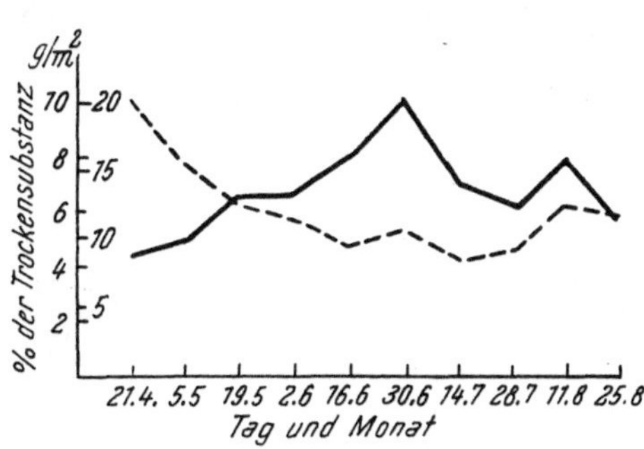

Abb. 26. Eiweißertrag in *Lolium perenne*. ——— Reineiweiß g/m²; -------- Reineiweiß % der Trockensubstanz. [Aus: Liebigs Ann. Chem. 587, 111 (1954).]

Bei der Beurteilung der Absolutwerte der Erträge ist zu berücksichtigen, daß diese je nach den Boden- und Klimaverhältnissen in weiten Grenzen schwanken können. In wie starkem Ausmaß dies bei den Gräsern der Fall sein kann, geht schon daraus hervor, daß NORMAN (*16–19*) beim *L. westerwoldicum* in Rothamstead am 24. Mai einen Gehalt von 34,4% feststellte, bei einer späteren Wiederholung in Iowa aber nur 3,6%.

Bei dem nahe verwandten *L. multiflorum* haben wir einen Gehalt von 7,5% gemessen. Wie aus den Dauerversuchen hervorgeht, handelt es sich ja bei der Ansammlung von löslichen Kohlenhydraten immer um ein dynamisches Gleichgewicht, bedingt durch das Verhältnis der Neubildung von Kohlenhydraten durch die Assimilation und den Verbrauch der Pflanze, für die Atmung, den Aufbau und die Samenbildung. Weniger ausgesprochen ist dieser ständige Wandel bei der Eiweißansammlung, die ein konstanteres Niveau einzuhalten sucht. Die mitgeteilten Zahlen für die Gehalte und Erträge können daher nicht den Anspruch erheben, absolute Werte zu sein. Um zu statistisch zuverlässigen Mitteln zu gelangen, bedarf es einer mehrfachen Wiederholung der Dauerversuche.

Keine Berücksichtigung haben bisher die Wirkungen vermehrter Zufuhren von Wirtschafts- und Handelsdüngern auf das Wachstum erfahren. Bei den Getreidearten ist dies in ungezählten Versuchsreihen erfolgt. Bei ihnen ließen sich die Auswirkungen auf die Erträge leicht an Hand der Druschergebnisse verfolgen. Bei den Grasarten hatte es an einer derartigen Kontrollmöglichkeit und damit an einer systematischen Ertragssteigerung gefehlt, solange man nicht, wie dies hier geschehen ist, den Gehalt an löslichen Kohlenhydraten und Eiweiß laufend bestimmte. Denn mit der Messung der Anwuchsmasse allein ist es bei den Gräsern nicht gedient, weil diese, insbesondere in den späteren Stadien des Wachstums, in der Hauptsache aus Cellulose bestehen.

Ebensowenig ist bisher eine Steigerung der Erträge durch Züchtungsmaßnahmen verfolgt worden. Daß eine solche aber mit bestem Erfolg durchgeführt werden kann, lehren ja nicht nur die Ergebnisse bei den Getreidearten, sondern, den Gräsern noch näherstehend, diejenigen beim Zuckerrohr.

Endlich erscheint eine Suche nach solchen ausländischen Grasarten lohnend, die, sofern ihr Anbau auch in den gemäßigten Zonen möglich ist, in ähnlicher Weise höhere Erträge zu liefern vermögen als die einheimischen, wie dies bei der Kartoffel der Fall gewesen ist.

Für weitere Forschungen mit dem Ziel, für die rasch anwachsende Zahl der Menschen zusätzlich Nahrungsmittel zu schaffen, ist also bei systematischer Anwendung der jetzt entwickelten Methoden ein weites Feld eröffnet.

Literaturverzeichnis.

1. Albon, N., D. J. Bell, P. H. Blanchard, D. Gross and J. T. Rundell: Kestose, a Trisaccharide formed from Sucrose by Yeast Invertase. J. Chem. Soc. (London) **1953**, 24.
2. Arni, P. C. and E. G. V. Percival: Studies on Fructosans. Part II. Triticin from the Rhizomes of Couch Grass (*Triticum repens* L.). J. Chem. Soc. (London) **1951**, 1822.
3. Auerbach, Fr. und E. Bodländer: Zur jodometrischen Zuckerbestimmung. Z. angew. Chem. **35**, 631 (1922).

4. BACON, J. S. D. and D. J. BELL: A New Trisaccharide produced from Sucrose by Mould Invertase. J. Chem. Soc. (London) **1953**, 2528.
5. BEHREND, R. und P. ROTH: Über die Birotation der Glucose. Liebigs Ann. Chem. **331**, 359 (1904).
6. BELL, D. J. and A. PALMER: Some Observations on the Structures of Certain Fructosans. Biochemic. J. **45**, XIV (1949).
7. — — Structural Studies on Inulin from *Inula helenium* and on Levans from *Dactylis glomerata* and *Lolium italicum*. J. Chem. Soc. (London) **1952**, 3763.
8. BERTRAND, G.: Le dosage des sucres réducteurs. Bull. soc. chim. France [3] **35**, 1285 (1906).
9. BROWN, F., T. G. HALSALL, E. L. HIRST and J. K. N. JONES: The Structure of Starch. The Ratio of Non-terminal to Terminal Groups. J. Chem. Soc. (London) **1948**, 27.
9a. CHIBNALL, A. C.: Protein Metabolism in the Plant. New-Haven: Yale Univ. Press. 1939.
10. FREUDENBERG, K., W. KUHN, W. DÜRR, F. BOLZ und G. STEINBRUNN: Die Hydrolyse der Polysaccharide (14. Mitt. über Lignin und Cellulose). Ber. dtsch. chem. Ges. **63**, 1510 (1930).
11. HAWORTH, W. N. and H. R. L. STREIGHT: The Acetylation and Methylation of Inulin. Helv. Chim. Acta **15**, 609 (1932).
12. HENDRICKS, B. C. and R. E. RUNDLE: The Methylation of Sugars. J. Amer. Chem. Soc. **60**, 2563 (1938).
13. KNOOP, H.: Die Halbumsatzzeit bei der Säurehydrolyse als Konstante zur Charakterisierung von Zuckeranhydriden und Glykosiden. Eine neue Fructosetabelle. Liebigs Ann. Chem. **520**, 34 (1935).
14. KUHN, R., H. TRISCHMANN und I. LÖW: Zur Permethylierung von Zuckern und Glykosiden. Z. angew. Chem. **67**, 32 (1955).
15. MAN, TH. J. DE and J. G. DE HEUS: The Carbohydrates in Grass. I. The soluble Carbohydrates. Rec. trav. chim. Pays-Bas **68**, 43 (1949).
16. NORMAN, A. G.: The Composition of Forage Crops. I. Rye Grass (Western Wolths). Biochemic. J. **30**, 1354 (1936).
17. — Biochemical Approach to Grass Problems. J. Amer. Soc. Agronomy **31**, 751 (1939).
18. NORMAN, A. G. and H. L. RICHARDSON: The Composition of Forage Crops. II. Rye Grass (Western Wolths). Changes in Herbage and Soil during Growth. Biochemic. J. **31**, 1556 (1937).
19. NORMAN, A. G., C. P. WILSIE and W. G. GAESSLER: The Fructosan Content of some Grasses Adapted to Iowa. A Preliminary Survey. Iowa State College J. Sci. **15**, 301 (1941).
20. PURDIE, T. and J. C. IRVINE: The Alkylation of Sugars. J. Chem. Soc. (London) **83**, 1021 (1903).
21. SCHLUBACH, H. H.: Über den Kohlenhydratstoffwechsel der Getreidearten. Experientia **9**, 230 (1953).
22. SCHLUBACH, H. H. und CHR. BANDMANN: Untersuchungen über Fructoseanhydride. XXII: Über das Secalin. Liebigs Ann. Chem. **540**, 285 (1939).
23. SCHLUBACH, H. H. und C. BEHRE: Untersuchungen über Fructoseanhydride. XIII: Synthese eines *n*-Difructoseanhydrids aus Fructose. Liebigs Ann. Chem. **508**, 16 (1933).
24. SCHLUBACH, H. H. und G. BLASCHKE: Untersuchungen über Polyfructosane. XLIII: Abbau des Loliins zu einer Di- und Trifructose. Liebigs Ann. Chem. **595**, 224 (1955).

25. SCHLUBACH, H. H. und L. GASSMANN: Untersuchungen über Polyfructosane. XXXIV: Über das Poain P. Liebigs Ann. Chem. **583**, 81 (1953).
26. — — Untersuchungen über Polyfructosane. XLI: Über den Kohlenhydratstoffwechsel in *Phleum pratense*. Liebigs Ann. Chem. **594**, 33 (1955).
27. SCHLUBACH, H. H. und E. HABERLAND: Untersuchungen über Polyfructosane. XLIX: Über das Graminin III. Liebigs Ann. Chem. **604**, 22 (1957).
28. SCHLUBACH, H. H. und A. HEESCH: Quantitative Bestimmung eines Gemisches von Tetramethyl-, Trimethyl- und Dimethyl-fructosen durch Verteilungschromatographie. Liebigs Ann. Chem. **572**, 114 (1951).
29. SCHLUBACH, H. H. und K. HOLZER: Untersuchungen über Polyfructosane. XXXII: Über das Loliin. Liebigs Ann. Chem. **578**, 207 (1952).
30. — — Untersuchungen über Polyfructosane. XXXIII: Über das Phlein II. Die Invertinspaltung der Polyfructosane. Liebigs Ann. Chem. **578**, 213 (1952).
31. — — Untersuchungen über Polyfructosane. XXXV: Über das Festucin R. Liebigs Ann. Chem. **583**, 88 (1953).
32. — — Untersuchungen über Polyfructosane. XXXVIII: Über den Kohlenhydratstoffwechsel in *Lolium perenne*. Liebigs Ann. Chem. **587**, 111 (1954).
33. SCHLUBACH, H. H. und O. KETU SINH: Untersuchungen über Fructoseanhydride. XXIII: Über das Phlein. Die Ringstruktur der Polyfructosane. Liebigs Ann. Chem. **544**, 101 (1941).
34. — — Untersuchungen über Fructoseanhydride. XXIV: Die Gruppe der natürlichen Polyfructosane. Liebigs Ann. Chem. **544**, 111 (1941).
35. SCHLUBACH, H. H. und H. O. A. KOEHN: Untersuchungen über Polyfructosane. LI: Über die niedermolekularen Kohlenhydrate in *Avena flavescens*. Liebigs Ann. Chem. **606**, 130 (1957).
36. SCHLUBACH, H. H. und W. LOOP: Untersuchungen über Fructoseanhydride. XVII: Die Konstitution des Sinistrins. Liebigs Ann. Chem. **523**, 130 (1936).
37. SCHLUBACH, H. H. und H. LÜBBERS: Untersuchungen über Polyfructosane. XLII: Über die Phleine und ihren enzymatischen Aufbau. Liebigs Ann. Chem. **594**, 41 (1955).
38. — — Untersuchungen über Polyfructosane. XLV: Über den Kohlenhydratstoffwechsel in *Phleum pratense*. II. Liebigs Ann. Chem. **598**, 220 (1956).
39. — — Untersuchungen über Polyfructosane. XLVII: Über den Kohlenhydratstoffwechsel in *Lolium multiflorum*. Liebigs Ann. Chem. **598**, 228 (1956).
40. — — unveröffentlicht.
41. SCHLUBACH, H. H., H. LÜBBERS und H. BOROWSKI: Untersuchungen über Polyfructosane. XLIV: Die niedermolekularen Kohlenhydrate in *Lolium perenne*. Liebigs Ann. Chem. **595**, 229 (1955).
42. SCHLUBACH, H. H. und G. NEURATH: Untersuchungen über Polyfructosane. LII: Die Polyfructosanaseaktivität des Hefeinvertins. Liebigs Ann. Chem. **606**, 134 (1957).
43. SCHLUBACH, H. H. und A. SCHEFFLER: Untersuchungen über Polyfructosane. XLVIII: Die Konstitution des Polyfructosans des Wiesenschwingels *(Festuca pratensis)*. Liebigs Ann. Chem. **598**, 234 (1956).
44. SCHLUBACH, H. H. und E. W. TRAUTSCHOLD: Untersuchungen über Polyfructosane. L: Die Polyfructosane in *Dactylis glomerata*. Liebigs Ann. Chem. **606**, 124 (1957).
45. SCHULZ, G. V.: Osmotische Molekulargewichtsbestimmungen. In: Fortschr. Chem. Phys., Techn. makromol. Stoffe, Bd. II, S. 49. München: J. F. Lehmanns Verl. 1942.
46. WEIDENHAGEN, R.: Die Spaltung des Inulins durch β-h-Fructosidase. Z. Verein dtsch. Zuckerindustrie **82**, 912 (1932).

47. Whelan, W. J., J. M. Bailey and P. J. P. Roberts: The Mechanism of Carbohydrase Action. Part I. The Preparation and Properties of Maltodextrin Substrates. J. Chem. Soc. (London) **1953**, 1293.

48. Whistler, R. L. and D. F. Durso: Chromatographic Separation of Sugars on Charcoal. J. Amer. Chem. Soc. **72**, 677 (1950).

49. Whistler, R. L. and C. C. Tu: A Polymer-homologous Series of Crystalline Oligosaccharide Acetates from Xylan Hydrolysate. J. Amer. Chem. Soc. **74**, 4334 (1952).

50. Zechmeister, L. und G. Tóth: Zur Kenntnis der Hydrolyse von Cellulose und der dabei auftretenden Zwischenprodukte (III. Mitt. in der von R. Willstätter und L. Zechmeister begonnenen Reihe). Ber. dtsch. chem. Ges. **64**, 854 (1931).

51. Zemplén, G., A. Gerecs und I. Hadácsy: Über die Verseifung acetylierter Kohlenhydrate. Ber. dtsch. chem. Ges. **69**, 1827 (1936).

52. Zimm, B. H. and I. Myerson: A Convenient Small Osmometer. J. Amer. Chem. Soc. **68**, 911 (1946).

(Eingelaufen am 22. Oktober 1957.)

Some in vitro Conversions of Naturally Occurring Carotenoids.

By **L. Zechmeister**, Pasadena, California.

With 24 Figures.

Contents.

Acknowledgement. The writer wishes to thank Dr. F. J. PETRACEK, Dr. W. V. BUSH, and Mrs. L. ZECHMEISTER for their help.

I. Introductory Remarks.

It is of considerable interest to study the in vitro conversions of those naturally occurring substances which are mass products of biosynthesis.

The carotenoids represent the most unsaturated class of compounds in nature. Their well-known characteristic features are: a skeleton composed mostly of forty carbon atoms, corresponding to eight isoprenic building blocks, and a high number of conjugated double bonds. The greatest part of this chromophore is located in the aliphatic middle section of the molecule but in many instances it extends into one or two cyclic end groups termed α- or β-ionone rings. A naturally occurring carotenoid pigment may be either bicyclic or monocyclic or acyclic; it may belong either to the class of the hydrocarbons or carry some oxygen-containing functional groups. A great variety of carotenoids has been described in pertinent monographs (*112*, *43*), also including some lower molecular-weight pigments. The stereochemistry of numerous carotenoids has been subjected to extensive study (*113*–*115*).

The most frequently encountered representative of this class is β-carotene, $C_{40}H_{56}$, whose symmetrically built molecule (I) is conveniently numbered according to KARRER. However, for the purpose of the present treatment, mostly abbreviated formulas such as (II)–(V) will be used in which the two dots represent uninterrupted conjugation in an open, isoprenic chain.

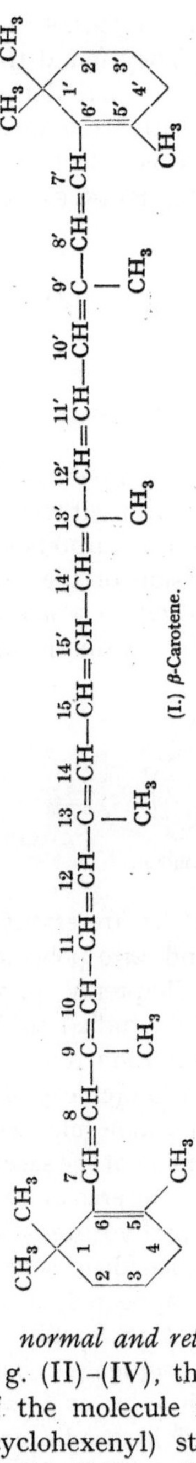

$$(CH_3)_2\text{-ring-}CH{=}CH{-}C(CH_3){=}CH{-}CH{=}CH{-}C(CH_3){=}CH{-}CH{=}CH{-}CH{=}C(CH_3){-}CH{=}CH{-}CH{=}C(CH_3){-}CH{=}CH\text{-ring-}(CH_3)_2$$

(I.) β-Carotene.

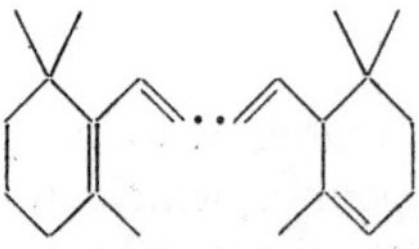

(II.) α-Carotene.

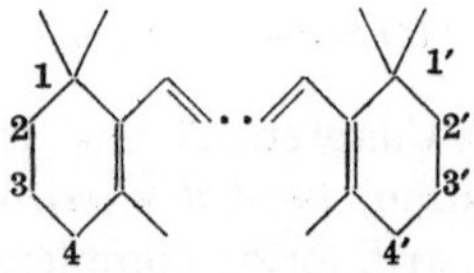

(III.) β-Carotene.

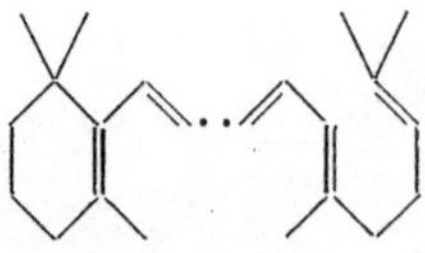

(IV.) γ-Carotene.

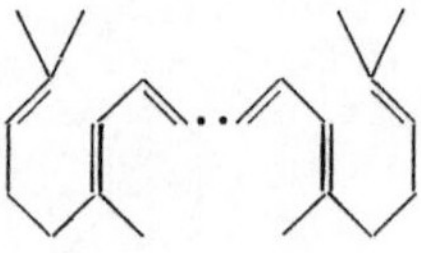

(V.) Lycopene.

normal and retro Structures. In most naturally occurring carotenoids, e. g. (II)–(IV), the link between a ring and the aliphatic middle section of the molecule is a single bond, i. e. the compound has a "*normal*" (cyclohexenyl) structure. In contrast, when a double bond forms a similar link, a "*retro*" (cyclohexylidene) structure obtains.

The term "*retro*" was introduced by OROSHNIK, KARMAS and MEBANE (*85*) in the closely related field of vitamins A. They found that some synthetic operations designed to yield vitamin A_1 methylether, gave the *retro* compound as the main product. Recently, the direct rearrangement, *normal*-vitamin $A_1 \rightarrow$ *retro*-vitamin A_1, was effected by means of cold concentrated hydrobromic acid [BEUTEL, HINKLEY and POLLAK (*1*)]:

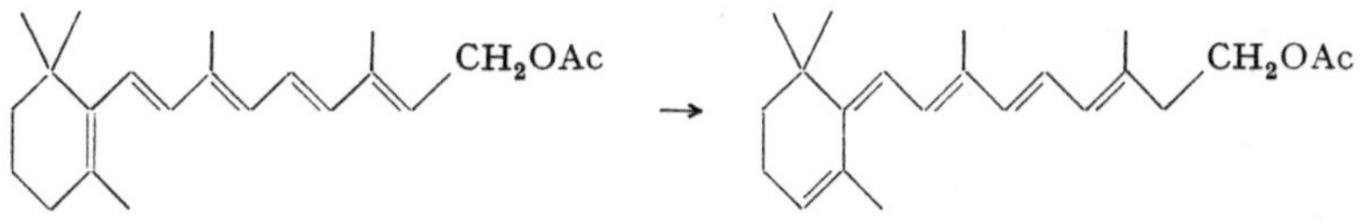

CH_2OAc → CH_2OAc

(VI.) *normal*-Vitamin A_1 acetate. (VIa.) *retro*-Vitamin A_1 acetate.

In Chapters II and III the reader will find several examples of the transition, *normal* → *retro* compound, which were achieved either via boron trifluoride complexes or by direct dehydrogenation of carotenoids. An early example of the opposite process, viz. conversion of the *retro* carotenoid, rhodoxanthin (*60*) (occurring in *Taxus baccata*) to a *normal* structure by partial hydrogenation was reported by KARRER and SOLMSSEN (*54*).

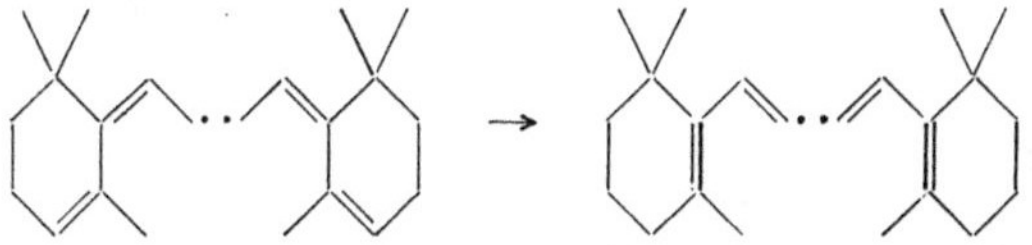

→

(VII.) Rhodoxanthin. (VIII.) Dihydro-rhodoxanthin.

As has been pointed out by OROSHNIK et al. (*85*), there are essential spectroscopic differences between comparable *normal* and *retro* polyenes. A brief discussion of such effects will be deferred to Chapter V, p. 73.

The in vitro *structural conversions* of the carotenoids studied so far are of various types. On one hand they represent degradation processes in which the carbon chain is shortened by energetic oxidation (cf. e. g. *61*), and on the other, they include milder alterations of the molecule, with preservation of the C_{40}-skeleton. In the course of a conversion of the second type either the conjugated system or an end group may be altered or both.

Addition of Hydrogen to the Chromophore. The first perhydrogenation of a carotenoid was reported thirty years ago (*116*); since then, several partial saturation reactions have appeared in the literature. As expected, they affect preferably the terminal double bonds of the long conjugated chain. For instance, when a solution of either α- or β-carotene is shaken with concentrated hydriodic acid, 5,6-dihydro-β-carotene (IX) is formed [(POLGÁR and

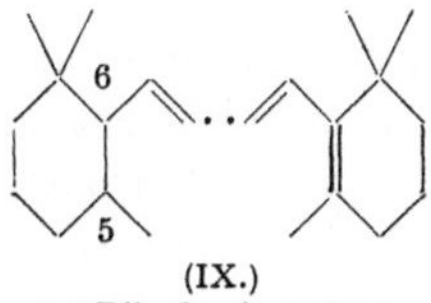

6
5

(IX.)
5,6-Dihydro-β-carotene.

the writer (*92*)]. Similarly, in the field of the lower molecular-weight carotenoids, the application of titanium trichloride in alkali was successful [KARRER et al. (*42*)].

Recent experiments have shown that a stepwise partial saturation of the double bond system of lycopene (V) can be realized by interrupting the platinum-catalyzed hydrogenation process when 2/3 of the hydrogen calculated for perhydrogenation had been taken up. Subsequent chromatography has revealed the presence of eight hydro-lycopenes

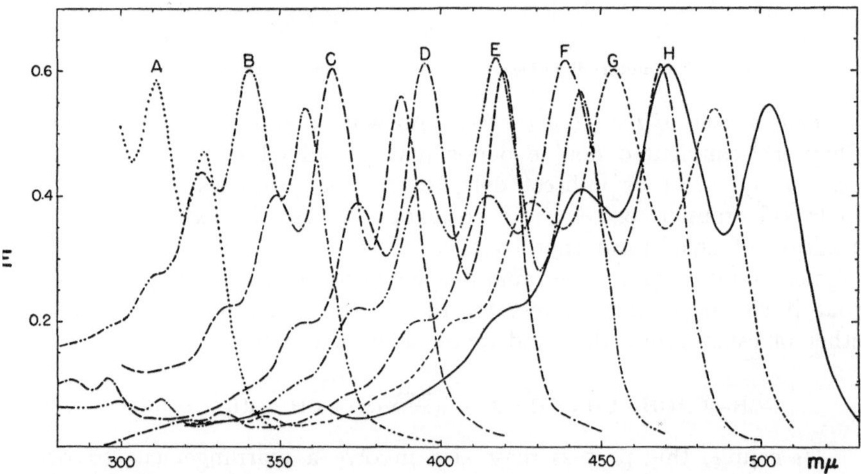

Fig. 1. Intermediate products of the catalytic hydrogenation of lycopene. (The individual curves have been brought to similar heights.) [From: Arch. Biochem. Biophys. *52*, 358 (1954).]

(three of them crystallizable) whose spectra appear in *Fig. 1* [LIJINSKY and the writer (*74*)]. Phytofluene and phytoene were absent but spectroscopically similar products present.

Addition of Oxygen to Terminal Double Bonds of the Chromophore. The epoxidation of such double bonds was first performed by KARRER and JUCKER (*44, 45*) who utilized monoperphthalic acid in this process. KARRER and his school have subsequently shown that carotenoid epoxides are wide-spread in nature (*43, 50, 47, 40*); an early survey of this field was published by KARRER in the present Series (*40*).

Some epoxides have assumed a *cis* configuration in certain plant tissues (*16, 105, 46*), and they are also subject to *trans* → *cis* rearrangements in vitro [TSUKIDA et al. (*106*)]. As has been pointed out by CHOLNOKY et al. (*8*), carotenoid epoxides may act as oxygen transmitters in leaves and ripening fruits. Some epoxides also occur in the animal kingdom (*28*). When administered to mammals, α- and β-carotene epoxides (X) show provitamin A effects (*17*).

According to KARRER and JUCKER (*44*, *45*) the most characteristic feature of these epoxides is their conversion to furanoid oxides (XI) when treated, under certain conditions, with traces of acids (X → XI). Several natural products have been shown to belong to this new class of compounds.

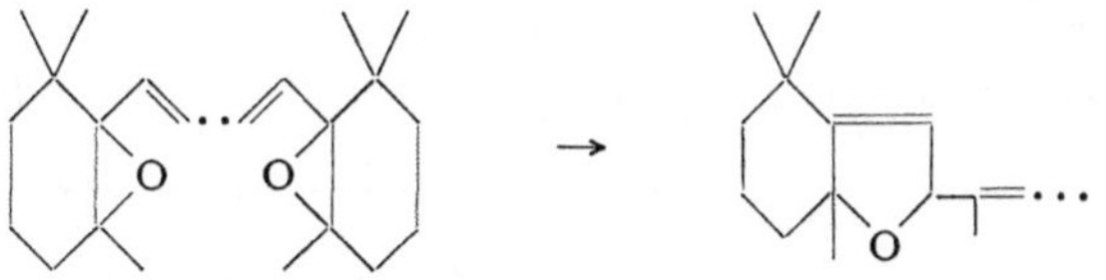

(X.) β-Carotene diepoxide. (XI.) End group of β-carotene furanoid oxide.

Lengthening of the Chromophore. As will be shown in the following Chapters, conjugated double bonds may be added to the unsaturated system by direct or indirect dehydrogenation processes. If an allylic hydroxyl group is present, the chromophore may be extended by the addition of chloroform that contains a little hydrochloric acid to the pigment solution (*41*). The rapid deepening of the color is so pronounced that it can be used as a test for the presence of allylic hydroxyl (or ether or ester) group that undergoes facile dehydration:

$$\ldots\text{—CH—CHOH—CH=CH—}\ldots \xrightarrow{-H_2O} \ldots\text{—CH=CH—CH=CH—}\ldots$$

Of course, this process may also involve a rearrangement to *retro* products which in turn contributes to the color effect mentioned.

It will be noted that in the present, admittedly incomplete survey we will report mainly on some in vitro reactions that have been studied in our laboratory during the past six years. Certain new products have been obtained by direct attack on naturally occurring carotenoids, while in other instances the deeply colored boron trifluoride complexes served as intermediates. The most frequently used tools were, column chromatography, ultraviolet and infrared spectra, partition tests (*91*), and in some instances bioassays for which we are indebted to (the late) Dr. H. J. DEUEL, Jr., as well as to Dr. J. GANGULY, and Mr. A. WELLS.

II. Preparation and Conversions of Carotenoids by Means of N-Bromosuccinimide.

This Chapter is concerned with the conversion of colorless compounds into pigments and with the treatment of some carotenoid pigments proper whose chromophores are extended by dehydrogenation and/or introduction of carbonyl groups.

1. Dehydrogenation of Colorless Compounds to Carotenoid Pigments.

Squalene. The first pertinent experiment in our laboratory was conducted by DALE (*9*) who observed that squalene (XII), $C_{30}H_{50}$, can be easily dehydrogenated by refluxing its carbon tetrachloride solution with N-bromosuccinimide. The carotenoid-like pigments thus formed showed spectra characteristic for 3,5,7,9, and 11 conjugated double bonds, respectively. The relative positions of the isolated double bonds in squalene are such that any elimination of two hydrogen atoms creates a conjugated triene group.

(XII.) Squalene.

Phytoene and Phytofluene. A similar dehydrogenation of two colorless, naturally occurring C_{40}-hydrocarbons, phytoene and phytofluene was studied recently by KOE and the writer (*56, 119*). Like squalene, these compounds are acyclic. They represent partially hydrogenated derivatives of the tomato pigment lycopene, $C_{40}H_{56}$.

Phytofluene is a slightly colored substance which shows intense fluorescence in ultraviolet light. Its molecules contain a chromophore of five conjugated double bonds. Phytofluene is wide-spread in nature; it accompanies the carotenoid pigments in extracts and has been studied repeatedly (*103, 125, 127, 128, 130, 57, 118, 107, 93, 94, 87, 98, 117*).

The very weakly fluorescent phytoene was detected in the tomato by PORTER and ZSCHEILE (*94*) and structurally clarified by RABOURN and QUACKENBUSH (*96*, cf. *95*); it is 7,8,11,12,12′,11′,8′,7′-octahydro-lycopene (XIII).

7 11 12′ 8′ 8 12 11′ 7′

(XIII.) Phytoene.

It is advantageous to carry out the dehydrogenation reaction in the presence of glacial acetic acid. Thus, upon the addition of N-bromo-succinimide to a phytoene solution, in darkness and ultraviolet light, the brilliant fluorescence of phytofluene appeared within 30 seconds; and starting from phytofluene the solution turned dark-red within a minute. The yields established after chromatographic resolution and given in *Table 1* refer to the series, phytoene → phytofluene → ζ-carotene (*83, 84*) → neurosporene (*30*) → lycopene. Evidently, two conjugated double bonds are added to the chromophore in each step.

Besides N-bromosuccinimide some other agents can also be used such as N-bromoacetamide, *p*-benzoquinone, diphenoquinone, isatin, and *o*-nitrosonitrobenzene but the yields are very poor in the last three instances.

KARRER and RUTSCHMANN (*51*) have succeeded in lengthening the lycopene chromophore by four conjugated double bonds as early as thirteen years ago in a similar manner and obtained 3,4,3',4'-bisdehydrolycopene (then termed "dehydrolycopene") (XV). We have observed (*5, 6*) in some reaction mixtures the presence of a minor constituent that on the basis of its spectral maxima probably represents the last missing link in this series, viz. 3,4-dehydrolycopene (XIV).

(XIV a.) 3,4-Dehydrolycopene.

(XIV b.) 3,4,3',4'-Bisdehydrolycopene.

Table 1. Yields, Established Photometrically, in the Stepwise Dehydrogenation of Polyenes Belonging to the Phytoene-Lycopene Series.

Dehydrogenation step	Increase in conj. double bonds	Reagent	Yield based on total starting material %	Yield based on converted starting material %
Phytoene → phytofluene	3 → 5	N-bromosuccinimide	26	40
Phytoene → phytofluene	3 → 5	N-bromoacetamide	16	31
Phytoene → phytofluene	3 → 5	*p*-quinone	9	35
Phytofluene → ζ-carotene	5 → 7	N-bromosuccinimide	28	40
ζ-Carotene → neurosporene	7 → 9	N-bromosuccinimide	19	27
Neurosporene → lycopene	9 → 11	N-bromosuccinimide	4	7

The spectral curves of some dehydrogenation products of phytofluene appear in *Fig. 2*, and it is of interest to compare them with those obtained upon stepwise hydrogenation of lycopene (Fig. 1, p. 39).

Although the final formulation of all stages of the dehydrogenation process cannot be given at the present time, the structure of phytofluene and the course of the first step are proposed on the basis of the following two features: (a) the phytoene formula (XIII) as secured by RABOURN and QUACKENBUSH, and (b) the observation made by KOE et al. and demonstrated in Table 1 that each dehydrogenation step lengthens the chromophore by two conjugated double bonds. Throughout our experiments the chromatograms showed exclusively the presence of chromophores containing an odd number of conjugated double bonds. This indicates the presence of isolated double bonds in the main chain of phytofluene (besides the isopropylidene groups). Thus, as in the case of squalene, each allylic dehydrogenation conjugates an isolated double bond as well as the newly formed double bond to the main chromophore.

Consequently, we propose that phytofluene is 12',11'-dehydrophytoene, i. e. 7,8,11,12,8',7'-hexahydrolycopene (XV).

(XV.) Phytofluene.

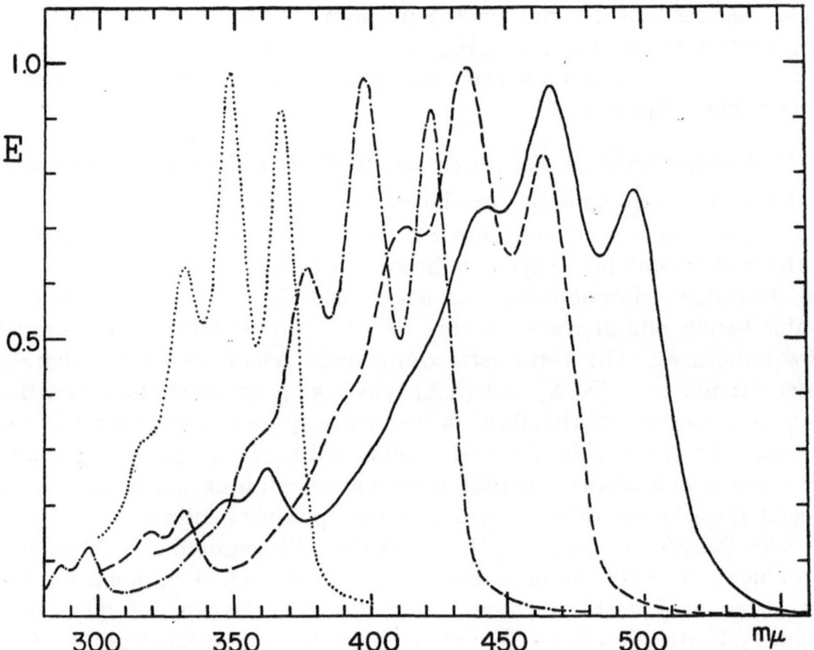

Fig. 2. Products of the dehydrogenation of phytofluene in a small scale experiment: left, unchanged phytofluene; right, lycopene. (Some of the products also contained *cis* isomers.) [From: Arch. Biochem. Biophys. *41*, 236 (1952).]

In the course of the stepwise dehydrogenation, phytoene, possessing a centrally located chromophore, first gives rise to phytofluene whose conjugated system lies ex-center, but, affords finally the symmetrically built lycopene (possibly, also a non-symmetrical lycopene).

It is understandable that the (non-symmetrical) phytofluene is not a product of the partial hydrogenation of lycopene (*74*).

Although the structural homogeneity of plant phytofluene is probable, it has not yet been proven beyond doubt.

Finally, it should be mentioned at this point that the dehydrogenation of phytoene and phytofluene may play a part in the biosynthesis of plant polyenes. This problem is still under discussion (cf. e. g. *128*, *130*, *93*, *3*, *78*, *24*). It has been observed repeatedly that the formation of carotenoid pigments from colorless precursors requires the presence of oxygen that may be supplied either by the atmosphere (*76*, *14*, *112*, *28a*) or by epoxides present in the tissue (*8*).

2. Action of N-Bromosuccinimide on β-Carotene.

β-Carotene is subject to attack by N-bromosuccinimide under various conditions. In every instance a rather complicated mixture is obtained whose composition depends on the medium. While so far as we know only hydrocarbons, $C_{40}H_{50}$–$C_{40}H_{54}$, are formed in carbon tetrachloride solution, the use of commercial chloroform as a solvent furnished also some polyene ketones.

a) N-Bromosuccinimide and β-Carotene in Carbon Tetrachloride Solution.

Pertinent experiments, conducted by WALLCAVE (*133*) and by KARMAKAR (*39*) in collaboration with the writer resulted in the isolation of the five crystalline compounds listed in *Chart 1*. As the Chart shows, the β-carotene chromophore was lengthened by 1, 2 or 3 conjugated double bonds, and at the same time some of the products have assumed *retro* structures. The three *retro* compounds (yield, 15%) are sharply differentiated from (XIX) and (XX) (yield, 5%) by some characteristics such as stronger adsorbability, deeper color, presence of extensivef ine structure in the visible spectral region (Figs. 22–24, pp. 74–76), and the absence of a marked *cis*-peak upon iodine catalysis (cf. p. 72). Some special remarks on these dehydrogenation products follow.

retro-Dehydrocarotene, $C_{40}H_{54}$ (XVII) ("isocarotene", "dehydrocarotene"), recently obtained by a direct attack on β-carotene for the first time, had been prepared earlier via the cleavage of β-carotene iodide (*52*) with thiosulfate, mercury or silver [KUHN and LEDERER (*63*, *64*); ROSENHEIM and STARLING (*97*)] as well as by the hydrolysis of the β-carotene–$SbCl_3$ complex [GILLAM et al. (*23*); MEUNIER and VINET (*82*)]. The structure (XVII) was established by KARRER and SCHWAB (*53*). Spectrum, Fig. 22, p. 74. Considering the simple relationship between β-carotene and *retro*-dehydrocarotene, the latter can be expected to occur also in nature*.

retro-Bisdehydrocarotene, $C_{40}H_{52}$ (XVI) ("bisdehydro-β-carotene") is more deeply colored than *retro*-dehydrocarotene (spectrum, Fig. 23, p. 75). Its characteristics would have allowed a priori either the non-

* Its occurrence in fresh dates has been claimed; cf. Chem. Abstr. **1957**, 16743 (Added in Proof).

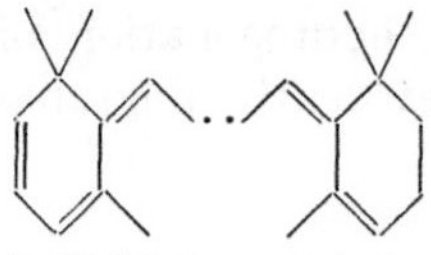

(XVI.) *retro*-Bisdehydrocarotene (13 conj. *F*).

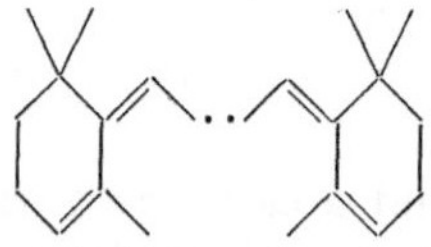

(XVII.) *retro*-Dehydrocarotene (12 conj. *F*).

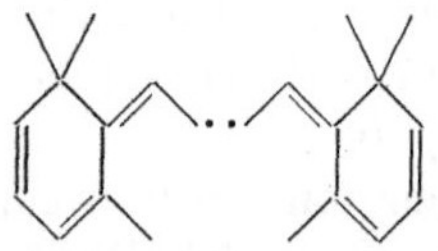

(XVIII.) Anhydro-eschscholtzxanthin (*retro*-trisdehydrocarotene) (14 conj. *F*).

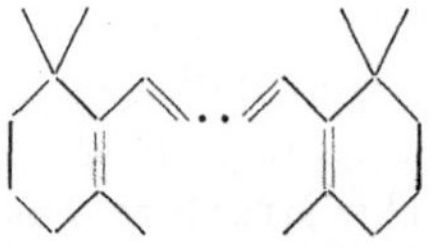

(III.) β-Carotene (11 conj. *F*).

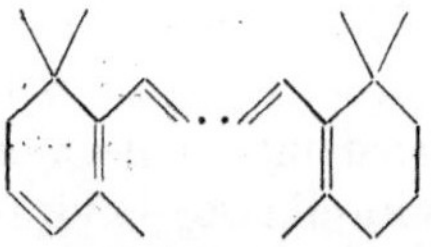

(XIX.) 3,4-Dehydro-β-carotene (12 conj. *F*).

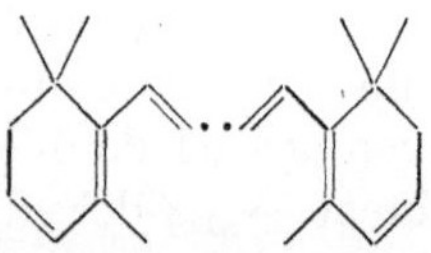

(XX.) 3,4,3',4'-Bisdehydro-β-carotene (13 conj. *F*).

Chart 1. Some Dehydrogenation Products Obtained from β-Carotene and N-Bromosuccinimide in Carbon Tetrachloride Solution. (Earlier used terms: for *retro*-dehydrocarotene: dehydro-β-carotene or isocarotene; for 3,4-dehydro-β-carotene: dehydrocarotene "II"; for 3,4,3',4'-bisdehydro-β-carotene: dehydrocarotene "III" or 3,4,3',4'-dehydro-β-carotene; and for *retro*-bisdehydrocarotene: bisdehydro-β-carotene.)

symmetrical *retro* formulation (XVI) (*133*) or the symmetrical one (XX) of 3,4,3',4'-bisdehydro-β-carotene, a *normal* compound. Meanwhile, INHOFFEN and RASPÉ (*37*) have prepared the latter by total synthesis, and since it was found to be different from our sample, the structure (XVI) had to be assigned to our dehydrogenation product [PETRACEK and the writer (*122*)]. The same compound was obtained in 60% yield by the dehydration of 4-hydroxy-3',4'-dehydro-β-carotene (XXIV, p. 44) (*88*).

Anhydro-eschscholtzxanthin, $C_{40}H_{50}$ (XVIII). Our sample (*133*) showed the properties of a carotenoid prepared by KARRER and LEUMANN (*48*) who had dehydrated with acid chloroform eschscholtzxanthin, a pigment from *Eschscholtzia californica* [STRAIN (*102*)]. Spectrum, Fig. 24, p. 76.

3,4,3',4'-Bisdehydro-β-carotene, $C_{40}H_{52}$, (XX) has been recently identified with INHOFFEN's (*37*) synthetic product [PETRACEK et al. (*122*)] and was also obtained by dehydrogenation of α-carotene (p. 48) whose isolated double bond has evidently migrated into conjugation during this process.

Spectrum, Fig. 16, p. 70.

3,4-Dehydro-β-carotene, $C_{40}H_{54}$, (XIX) can be prepared in somewhat better yield (2%) when the dehydrogenation is carried out in commercial chloroform with subsequent dehydrobromination (see below). Spectrum, Fig. 12, p. 68.

The relationship between this compound and β-carotene is the same as between 3,4-dehydro-α-carotene (XXXIII, p. 48) and α-carotene. This is illustrated by the equal shift of λ_{max} towards longer wavelengths in the two dehydrogenation processes. Both dehydro compounds are adsorbed above the corresponding carotene zones. A strong *cis*-peak appears upon iodine catalysis and indicates a *normal* structure (Fig. 12, p. 68). The infrared curve of 3,4-dehydro-β-carotene proves the absence of isolated double bonds. The structure has been further secured by the spectroscopic identity with the (independently prepared) 4-hydroxy derivative (XXIV, p. 44). It is also in accordance with the biopotency which amounts to 2/3 of that of β-carotene. This decrease in the bio-effect is similar to those observed during some other transitions in which a second conjugated double bond was introduced into a β-ionone ring, viz. α-carotene → 3,4-dehydro-α-carotene, or vitamin A_1 → vitamin A_2.

b) N-Bromosuccinimide and β-Carotene in Ethanol-Containing Chloroform Solution.

Formation of Ketones. Whereas the dehydrogenations mentioned in Section a) had been carried out in CCl_4, PETRACEK and the writer (*88*) observed that a different reaction mixture appeared when chloroform was used as the solvent. For this phenomenon the ethanol present in commercial chloroform is responsible, since alcohol-free chloroform acts as a medium essentially like carbon tetrachloride.

Interestingly, the ethanol content of commercial chloroform (1%) represents the optimum alcohol concentration (over the range, 0.1–10%) for the formation of the products described below. The role of the ethanol is not specific insofar as it can be replaced by methanol or benzyl alcohol without decreasing the yields; phenol and glacial acetic acid are, however, ineffective.

Under the conditions applied (3 moles of the reagent per mole pigment) the β-carotene molecule was attacked at much higher rates than in carbon tetrachloride. The bromination phase of the reaction was complete in 30 sec., even at — 20°, and the dehydrobromination in 10 min., in contrast to a total of 2–3 hours required in refluxed carbon tetrachloride solution.

With the use of alcohol-containing chloroform, no unchanged β-carotene could be recovered and 60% of the starting material was converted into a mixture which on chromatography gave the five compounds

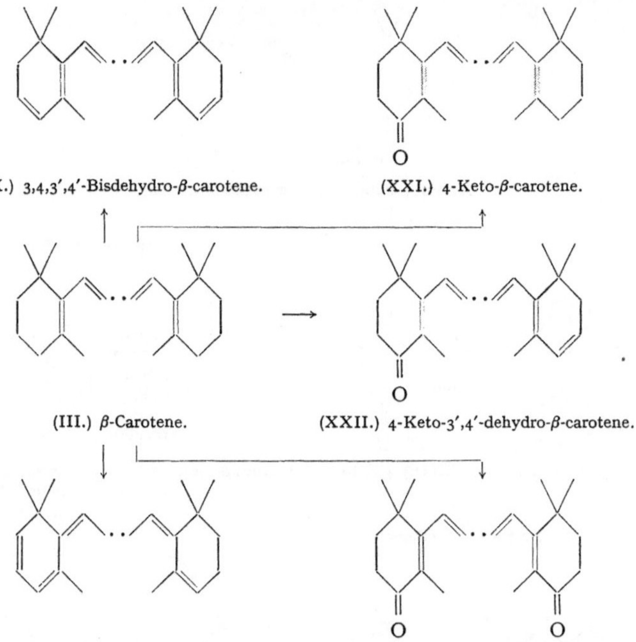

(XX.) 3,4,3',4'-Bisdehydro-β-carotene.

(XXI.) 4-Keto-β-carotene.

(III.) β-Carotene.

(XXII.) 4-Keto-3',4'-dehydro-β-carotene.

(XVI). *retro*-Bisdehydro-carotene.

(XXIII.) 4,4'-Diketo-β-carotene.

Chart 2. Conversion Products of β-Carotene and N-Bromosuccinimide in Chloroform, Containing 1% Ethanol.

listed in *Chart 2*. The total yield of crystallized substances amounted to 20–25%. Besides the expected elimination of hydrogen, carbonyl groups were introduced, 4-keto-3',4'-dehydro-β-carotene (XXII) being the main product (yield, 16%). So far as we know this method represents the first instance of a direct conversion of polyene hydrocarbons into ketones by means of N-bromosuccinimide and should be applicable in some other fields.

The ketonic character and the conjugated position of the carbonyls in (XXI)–(XXIII) were confirmed by reduction with $LiAlH_4$ to hydroxyl derivatives which gave rise to a considerable shift of the main maxima towards shorter wavelengths, viz. by 16 mμ in the case of the diketone and 8 mμ for the two monoketones (in hexane). The compounds (XXI) and (XXIII) then became spectroscopically identical with β-carotene, and (XXII) with 3,4-dehydro-β-carotene (spectra, Figs. 6, 7, 12, 18–20, pp. 65, 66, 68, 71, 72). The conjugated nature of the carbonyls was confirmed by the hypsochromic effect of oxime or dinitrophenylhydrazone formation.

4-Keto-3',4'-dehydro-β-carotene. The assignment of structure (XXII) to this pigment, based earlier on spectroscopic features, has been confirmed

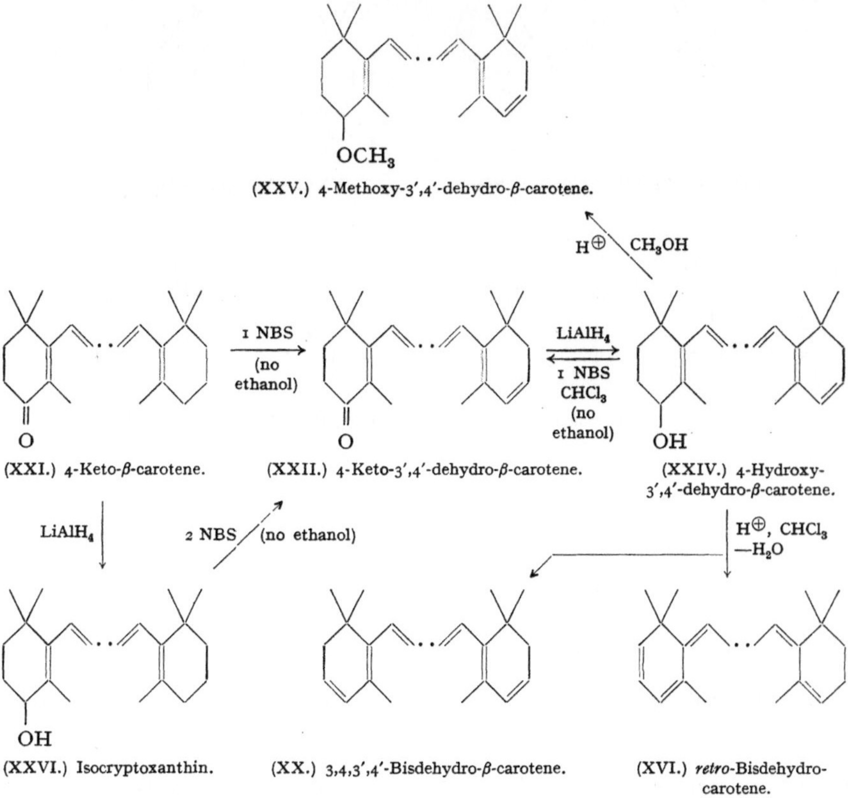

OCH_3

(XXV.) 4-Methoxy-3′,4′-dehydro-β-carotene.

$H^{\oplus}$ CH_3OH

O

(XXI.) 4-Keto-β-carotene.

1 NBS (no ethanol)

O

(XXII.) 4-Keto-3′,4′-dehydro-β-carotene.

$LiAlH_4$

1 NBS $CHCl_3$ (no ethanol)

OH

(XXIV.) 4-Hydroxy-3′,4′-dehydro-β-carotene.

$LiAlH_4$

2 NBS (no ethanol)

$H^{\oplus}$, $CHCl_3$ $-H_2O$

OH

(XXVI.) Isocryptoxanthin.

(XX.) 3,4,3′,4′-Bisdehydro-β-carotene.

(XVI.) *retro*-Bisdehydrocarotene.

Chart 3. Formation and Some Conversions of 4-Keto-3′,4′-dehydro-β-carotene. (NBS=N-bromosuccinimide.)

by the following three conversions *(Chart 3)*: preparation from isocryptoxanthin (XXVI) by dehydrogenation and oxidation; dehydrogenation of 4-keto-β-carotene (XXI) to (XXII); and reduction of (XXII) to 4-hydroxy-3′,4′-dehydro-β-carotene (XXIV), an allylic compound that underwent facile dehydration in an acidic medium to the structurally clarified hydrocarbons (XX) and (XVI). In this instance as in the analogous dehydration of isocryptoxanthin (*110*) a *retro* structure, resulting from an allylic rearrangement, was preponderantly obtained. The allylic position of the OH-group in (XXIV) was further demonstrated by the smooth formation of the methyl ether (XXV) in acid methanol (cf. *32*). These reactions have also secured the structure of the parent hydrocarbon, 3,4-dehydro-β-carotene (XIX, p. 41).

Experiments have shown that 4-keto-3′,4′-dehydro-β-carotene (XXII) remains unaltered when treated with N-bromosuccinimide under the conditions described, demonstrating the relative inertness of the 3-position which is oxygenated in the molecules of many natural xanthophylls.

4-Keto-β-carotene and 4,4'-Diketo-β-carotene (Charts 3 and 4) (*88*). The monoketone (XXI) yielded in chloroform solution a dark purple BF_3-complex which was hydrolyzed (in part) to 4-keto-4'-hydroxy-β-carotene (XXXI). The position of the OH-group thus introduced must be allylic because of the smooth reversion of (XXXI) to (XXII) in acid chloroform. Further, the spectrum of (XXXI) is identical with that of 4-keto-β-carotene (XXI). Hence, compound (XXXI) is 4-keto-4'-hydroxy-β-carotene which is also confirmed by its easy conversion to the ethyl ether (XXVII) under acid conditions, in ethanol.

From these considerations the 4,4'-diketo structure of (XXIII) would also follow, since (XXIII) was obtained as the main oxidation product of 4-keto-4'-hydroxy-β-carotene (XXXI) with 1 mol. of N-bromo-succinimide. Furthermore, the ketones (XXIII) and (XXXI) furnished, upon $LiAlH_4$ treatment, the same diol (XXX) that shows the β-carotene spectrum.

That both hydroxyls in the diol, and hence the two carbonyls in (XXIII) occupy the positions 4 and 4' was confirmed as follows: The diol (XXX) was converted by acid methanol into the dimethoxy derivative (XXIX) (identified with a sample obtained by methanolysis of dehydro-β-carotene-BF_3, cf. p. 56). Furthermore, 4,4'-dihydroxy-β-carotene gave rise to 4-keto-3',4'-dehydro-β-carotene (XXII) when treated with acid in ethanol-free chloroform; however, in the presence of 1% ethanol 4-keto-4'-ethoxy-β-carotene (XXVII) was obtained.

The proposed structures are also in accordance with the following provitamin A potencies in the rat: β-carotene, 100%; 4,4'-diketo-β-carotene, 0%; 3,4,3',4'-bisdehydro-β-carotene, 43%; 4-hydroxy-3',4'-dehydro-β-carotene, 16%; and 4-keto-3',4'-dehydro-β-carotene, 17%.

Recently, ISLER and his colleagues (*38*) were successful in performing the total synthesis of 4,4'-diketo- and 4,4'-dihydroxy-β-carotene ("iso-zeaxanthin") via the acetylenic 15,15'-dehydro derivative.

The formation of 4-keto-4'-ethoxy-β-carotene (XXVII) from 4,4'-dihydroxy-β-carotene (XXX) *(Chart 4)* under the influence of acid in ethanol-containing chloroform, but of 4-keto-3',4'-dehydro-β-carotene (XXII) in the absence of ethanol, is not yet understood.

The introduction of the carbonyl group into the 4-position in both instances could be a priori explained by the intermediate formation of a 4-hydroxy-4'- carbonium ion and subsequent rearrangement, via a *retro*-carbonium ion, to the *retro* product containing an enolic 4-hydroxyl group; this would then tautomerize to the 4-ketone. Hence, one would expect 4-keto-β-carotene to be a main reaction product. However, this ketone was absent

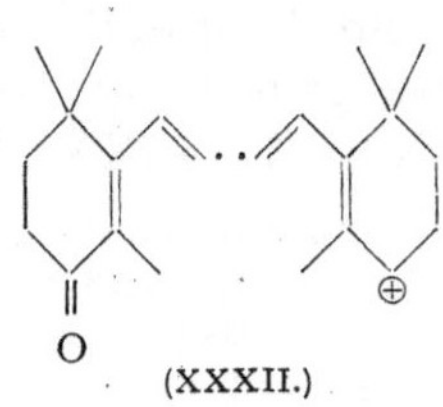

O

(XXXII.)

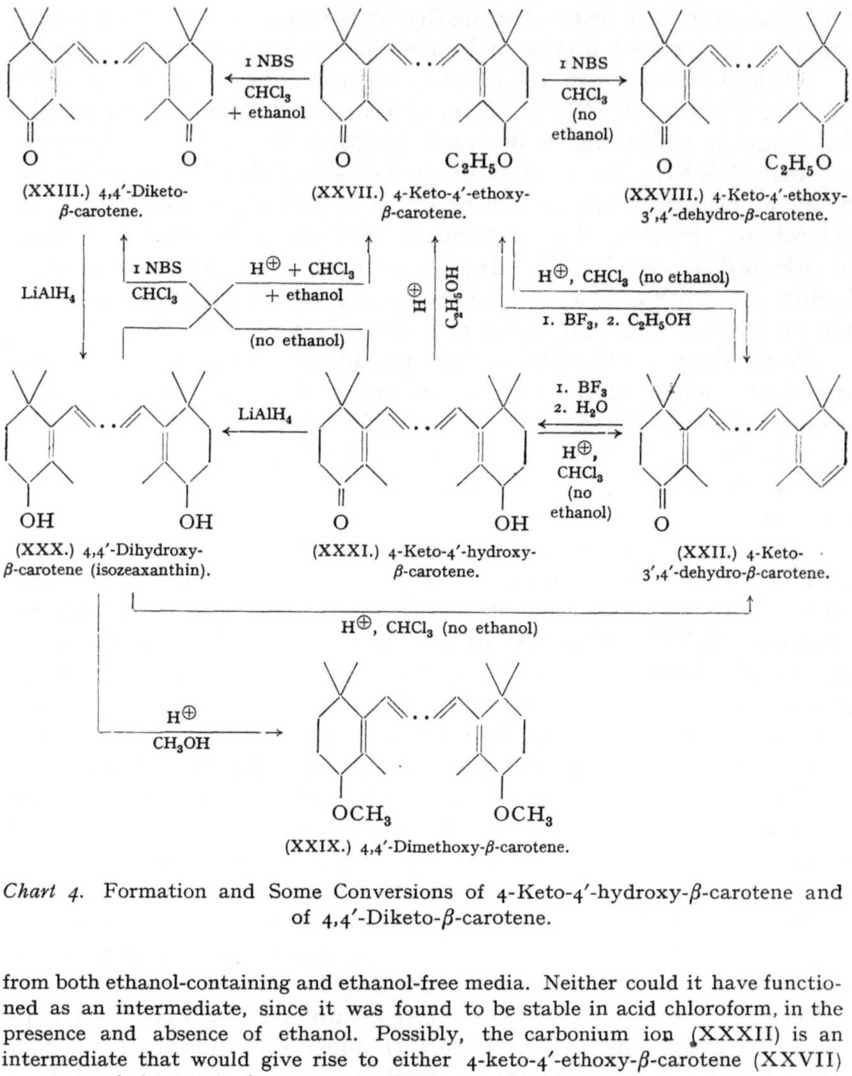

(XXIII.) 4,4'-Diketo-β-carotene.

(XXVII.) 4-Keto-4'-ethoxy-β-carotene.

(XXVIII.) 4-Keto-4'-ethoxy-3',4'-dehydro-β-carotene.

1 NBS, $CHCl_3$ + ethanol

1 NBS, $CHCl_3$ (no ethanol)

$LiAlH_4$

1 NBS, $CHCl_3$

$H^{\oplus}$ + $CHCl_3$ + ethanol

(no ethanol)

$H^{\oplus}$ C_2H_5OH

$H^{\oplus}$, $CHCl_3$ (no ethanol)

1. BF_3, 2. C_2H_5OH

$LiAlH_4$

1. BF_3 2. H_2O

$H^{\oplus}$, $CHCl_3$ (no ethanol)

(XXX.) 4,4'-Dihydroxy-β-carotene (isozeaxanthin).

(XXXI.) 4-Keto-4'-hydroxy-β-carotene.

(XXII.) 4-Keto-3',4'-dehydro-β-carotene.

$H^{\oplus}$, $CHCl_3$ (no ethanol)

$H^{\oplus}$ CH_3OH

(XXIX.) 4,4'-Dimethoxy-β-carotene.

Chart 4. Formation and Some Conversions of 4-Keto-4'-hydroxy-β-carotene and of 4,4'-Diketo-β-carotene.

from both ethanol-containing and ethanol-free media. Neither could it have functioned as an intermediate, since it was found to be stable in acid chloroform, in the presence and absence of ethanol. Possibly, the carbonium ion (XXXII) is an intermediate that would give rise to either 4-keto-4'-ethoxy-β-carotene (XXVII) or 4-keto-3',4'-dehydro-β-carotene (XXII).

Although a complete explanation of the formation of polyene-ketones from hydrocarbons cannot yet be given, some understanding may be gained by studying the conversions (XXVII) → (XXIII) and (XXVII) → (XXVIII) (*88*).

Chart 4 shows that the OC_2H_5-group in 4-keto-4'-ethoxy-β-carotene (XXVII) when treated with N-bromosuccinimide is preserved only in the absence of alcohol, and only then is the 3',4'-dehydro derivative (XXVIII) formed. However, ethoxyl is replaced by carbonyl in the presence of alcohol: (XXVII) → (XXIII). It is proposed that during the conversion (XXVII) → (XXVIII) in the absence of ethanol, the main effects of N-bromosuccinimide (followed by a treatment with N-phenylmorpholine) are: bromination in the 4-position and subsequent dehydrobromination, resulting in the appearance of the dehydrogenated ethoxy derivative (XXVIII). In contrast, the presence of alcohol would cause first the conversion of the 4′-brominated ethoxy compound (XXVII) to the corresponding 4′,4′-diethoxy structure and then the formation of a carbonyl from this ketal would take place. Accordingly, in the presence of alcohol, the formation of the main product of the interconversion of β-carotene and 3 mol. of N-bromosuccinimide could follow the route: β-carotene → 4,4,4′-tribromo-β-carotene → 4,4-diethoxy-4′-bromo-β-carotene → 4-keto-3′,4′-dehydro-β-carotene.

Identification of 4-Keto-β-carotene and 4,4′-Diketo-β-carotene with Natural Products. According to PETRACEK and the writer (*88*), 4-keto-β-carotene is identical with *echinenone*, a pigment detected in sea urchins by LEDERER (*71, 72*) and structurally clarified by GANGULY, KRINSKY and PINCKARD (*20*) who used the gonads of *Strongylocentrotus purpurata* and *S. franciscanus* (*19*) as starting material. The same echinenone structure was proposed by GOODWIN (*25–27*). The reduction of the pigment with lithium aluminum hydride gave isocryptoxanthin (XXVI, p. 44), and the reverse reaction was realized by means of quinone. However, the reduction of echinenone with aluminum isopropoxide yielded *retro*-dehydrocarotene (XVII, p. 41). The provitamin A potency of echinenone as determined by GANGULY et al. (*21*) supports the structure.

Recently (*90*), we were able to identify 4,4′-diketo-β-carotene with *canthaxanthin*, the main pigment of the edible mushroom *Cantharellus cinnabarinus*. This carotenoid had first been isolated by HAXO (*31*) and its ketonic nature was established by SAPERSTEIN and STARR (*99, 100*) who had extracted certain mutant strains of *Corynebacterium michiganense*. Total-synthetic canthaxanthin was obtained by ISLER et al. (*38*), and several *cis* forms have been described by GANSSER and the writer (*22*).

Addendum. While the present article was in press, ENTSCHEL and KARRER (*15a*) have also published a study on the effect of N-bromosuccinimide on β-carotene. These authors have repeated our experiments under modified conditions. Working in chloroform solution that contained 1% ethanol or methanol, they have treated the reaction mixture with a strong base such as N-ethylmorpholine or N-ethylpiperidine and isolated the following products: 4-ethoxy-β-carotene, 4,4′-diethoxy-β-carotene, 4-keto-4′-ethoxy-β-carotene, and the corresponding methoxy derivatives, as well as 4,4′-diketo-β-carotene and *retro*-dehydrocarotene. The action of the reagent in the presence of glacial acetic acid resulted (after saponification) in the formation of 4,4′-dihydroxy-β-carotene. Several compounds obtained by ENTSCHEL and KARRER had been prepared in the writer's laboratory and are mentioned in the present review.

3. Action of N-Bromosuccinimide on α-Carotene.

The dehydrogenation products of α-carotene furnished by N-bromosuccinimide in carbon tetrachloride solution represent the following two types *(Chart 5)* [KARMAKAR and the writer (*39*)]: Two deeply colored and very strongly adsorbed compounds, *retro*-dehydrocarotene (XVII) and anhydro-eschscholtzxanthin (XVIII), and two less intensely colored polyenes that showed much weaker adsorption affinities, viz. 3,4,3',4'-bisdehydro-β-carotene (XX) (originally termed dehydrocarotene "III") and 3,4-dehydro-α-carotene (XXXIII) (earlier named dehydrocarotene "I"). With the exception of the latter compound, these products can also be obtained from β-carotene (p. 40). For the spectra, cf. Figs. 11, 16, pp. 67, 70.

Under the conditions applied the yields were poor, viz. less than 1% for *retro*-dehydrocarotene, anhydro-eschscholtzxanthin and 3,4,3',4'-bisdehydro-β-carotene, but 5–6% for 3,4-dehydro-α-carotene.

Anhydro-eschscholtzxanthin was not formed in experiments with N-bromoacetamide or N-bromophthalimide and the latter reagent produced but a trace of the two *retro* compounds.

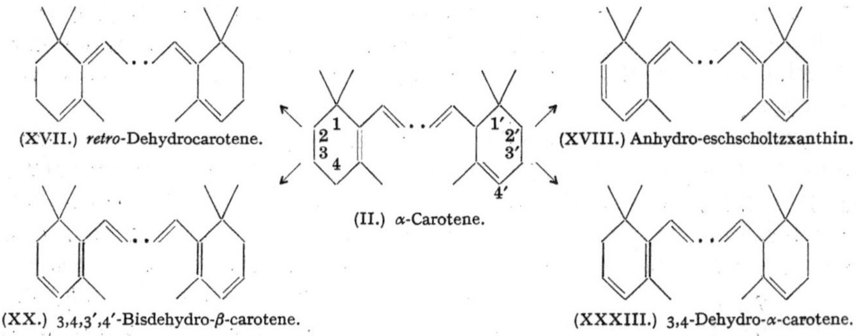

(XVII.) *retro*-Dehydrocarotene.

(II.) α-Carotene.

(XVIII.) Anhydro-eschscholtzxanthin.

(XX.) 3,4,3',4'-Bisdehydro-β-carotene.

(XXXIII.) 3,4-Dehydro-α-carotene.

Chart 5. Formation of Some Dehydrogenated Hydrocarbons from α-Carotene and N-Bromosuccinimide in Carbon Tetrachloride Solution.

3,4-Dehydro-α-carotene. For the preparation of this compound a more advantageous method was found (yield, 14–15%), viz. dehydrogenation in chloroform solution followed by dehydrobromination with N-phenylmorpholine (*89*).

The structure (XXXIII) is based on the following features: The strong *cis*-peak effect indicates a *normal* structure (cf. p. 74); the infrared spectrum shows the presence of an isolated double bond but excludes acetylenic or cumulenic groupings; the compound requires 12 H_2 for saturation; the cleavage of the 3,4-dehydro-α-carotene-BF_3 complex (cf. p. 56) yielded 4-hydroxy-α-carotene [PETRACEK et al. (*89*)], whereby the initial fine structure of the α-carotene curve, lost during the dehydrogenation process, reappeared *(Fig. 3, p. 56)* *(39)*. Finally, 3,4-dehydro-α-carotene was found to be a provitamin A, about a third as potent as α-carotene.

4. Action of N-Bromosuccinimide on Lycopene.

The interaction of this main tomato pigment (V, p. 33) and N-bromosuccinimide to give 3,4,3',4'-bisdehydrolycopene ("dehydrolycopene") (XV), according to KARRER and RUTSCHMANN *(51)*, has been discussed on p. 38.

5. Action of N-Bromosuccinimide on Cryptoxanthin.

The dehydrogenation of this wide-spread plant carotenoid (XXXIV) by N-bromosuccinimide or N-bromoacetamide yielded small amounts (0.5–1.5% each) of *retro*-bisdehydrocarotene (XVI), anhydro-eschscholtzxanthin (XVIII), and 3,4,3',4'-bisdehydro-β-carotene (XX), besides a new epiphasic, crystallizable, unclarified pigment that showed still stronger adsorption affinity than *retro*-bisdehydrocarotene and a single spectral maximum at 486 mμ (in hexane) [KARMAKAR et al. *(39)*]. In none of the products was the hydroxyl group preserved. This dehydration is (in part) comparable to the formation of desoxyluteins from lutein in the boric acid melt (p. 62).

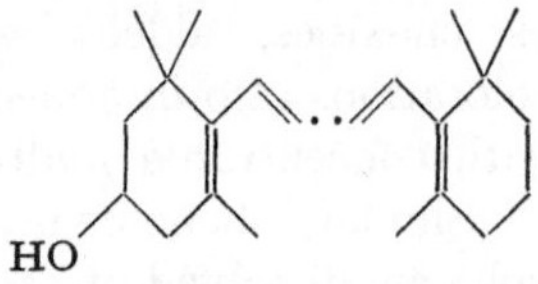

HO

(XXXIV.) Cryptoxanthin.

6. Action of N-Bromosuccinimide on Physaliene.

Quite recently, ENTSCHEL and KARRER *(15)* have dehydrogenated the colored wax, physaliene *(68)* with N-bromosuccinimide in chloroform, containing 1% ethanol, to the *retro* compound, eschscholtzxanthin dipalmitate. They pointed out that the biosynthesis of the latter might follow a similar path.

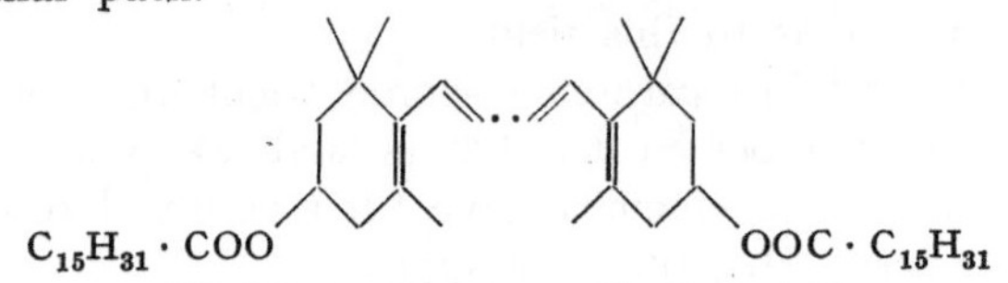

$C_{15}H_{31} \cdot COO$ $OOC \cdot C_{15}H_{31}$

(XXXV.) Physaliene (zeaxanthin dipalmitate).

↓

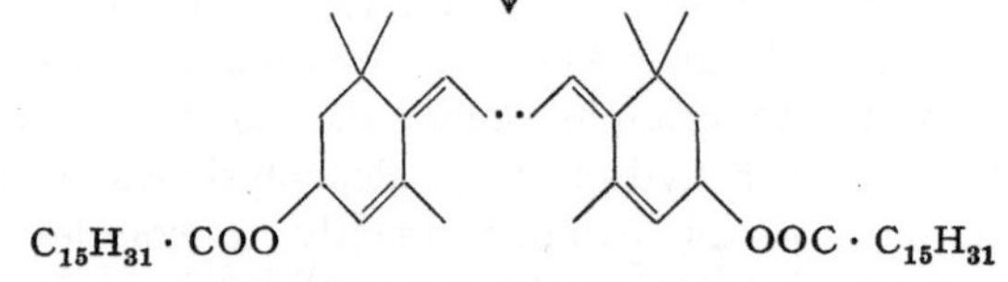

$C_{15}H_{31} \cdot COO$ $OOC \cdot C_{15}H_{31}$

(XXXVI.) Eschscholtzxanthin dipalmitate.

III. Conversions of Carotenoids via their Boron Trifluoride Complexes.

It has been known since MARQUART's classical studies (1835) on flowers that the yellow, orange, red or violet color of carotenoids turns deep blue or dark greenish-blue when contacted with strong acids. In general, the new color develops rapidly to maximum intensity and fades then away, which signals the irreversible destruction of both the complex and the starting material. A century after MARQUART's experiments, KUHN and WINTERSTEIN (*69*), while studying the behavior of synthetic diphenylpolyenes, correlated the color change with the presence of conjugated double bond systems. Some observations concerning the electrolytic behavior of carotenoids deeply colored by strong acids were made recently (*111*, *58*).

It should be stressed that certain types of carotenoid pigments such as epoxides, aldehydes and polyhydroxy compounds, develop the colorations also in aqueous media, when their ether solutions are shaken with concentrated hydrochloric acid (cf. e. g. *132*).

Similar phenomena take also place in the adsorbed state, if a polyene dissolved in a non-polar medium is contacted with an acid earth (*80*, *75*, *59*, *129*).

Besides the strong acids mentioned, several LEWIS acids have been reported to give color reactions with carotenoids in anhydrous solvents as illustrated by the well-known method for the estimation of vitamin A, in which a chloroform solution of antimony trichloride is used, according to CARR and PRICE (*7*). Recently, BRÜGGEMANN and his colleagues (*4*) have presented evidence that the true complexing agent in this instance is not $SbCl_3$ but rather $SbCl_5$ (present as an impurity) and that the ratio, pigment : $SbCl_5$ is 1 : 2 for the C_{40}-polyene β-carotene but 1 : 1 for vitamin A which represents one half of the carotene molecule. As will be mentioned below, MEUNIER (*82*) should be credited with important theoretical contributions to this field.

The existence of labile carotenoid-boron trichloride and -trifluoride complexes was first reported by LEWIS and SEABORG (*73*) and by STRAIN (*103*). Similar phenomena have been observed recently in the diphenylpolyene series [LUNDE et al. (*77*)].

The dark blue complex formed in anhydrous ether, chloroform or carbon tetrachloride solution by the interaction of a carotenoid and BF_3-etherate suffers rapid cleavage when treated with water, methanol or ethanol, whereby the original orange-red color of the pigment is recovered. Although such hydrolysis or alcoholysis leads when effected after some standing of the complex mainly to colorless destruction products, in well-timed experiments a complicated mixture is formed which contains three types of compounds, viz. some unchanged starting material, structurally modified carotenoids with their C_{40}-skeletons still intact, and colorless, (in part) fluorescent substances.

Because the end products of the sequence, carotenoid → BF_3 complex → carotenoids, had not been known, we have endeavored their clarification, the more so since similar studies had proven to be fertile in the class of the steroids [cf. e. g. INHOFFEN et al. (*36*); HENBEST et al. (*33*)].

Exploratory tests have revealed significant differences in the sensitivity of individual carotenoids to the reagent. Thus, in hexane solution, at 20°, within 1 minute after complexing, 80% of the β-carotene applied remained unchanged (except for *trans* → *cis* rearrangements) (*109*), while the corresponding figure for *retro*-dehydrocarotene (XVII, p. 41) was as low as 12% (*110*).

It will be shown below that BF_3 complexing and subsequent cleavage affect mainly one terminal group of each of the four important natural products, α-carotene, β-carotene, γ-carotene, and lycopene. If the molecule contains a single β-ionone ring, this is the preferred site of attack.

1. Cleavage Products of the β-Carotene-BF_3 Complex.

In preliminary experiments conducted by WALLCAVE, LEEMANN and the writer (*109*) the complexing was carried out in a two-phase system, by shaking a hexane solution of β-carotene with boron trifluoride etherate and cleaving the complex with 85% ethanol. This resulted in the crystallization of two still unclarified pigments (m. p. 214° and 159°) whose spectra indicate that the conjugated system of β-carotene was shortened from 11 to 8 or 9 conjugated double bonds.

The course of the reaction was, however, altered when, instead of hexane, commercial chloroform, containing 1% alcohol was used as solvent in a single phase system [PETRACEK and the writer (*89*)]. The two reaction products just mentioned were then absent, and one third of the β-carotene applied was converted into the 4-hydroxy derivative isocryptoxanthin (XXVI) that showed the β-carotene spectrum (Fig. 6, p. 65). This process represents the first direct hydroxylation of a carotene, versus an indirect route, to be discussed on p. 55, viz. β-carotene → *retro*-dehydrocarotene → isocryptoxanthin.

We assume that under the conditions applied boron trifluoride has acted first as a dehydrogenating agent, forming a complex not with the carotene itself but with a dehydrogenated product. Indeed, when the blue complex was cleaved with dry ammonia (instead of water), *retro*-dehydrocarotene was obtained *(Chart 6)*.

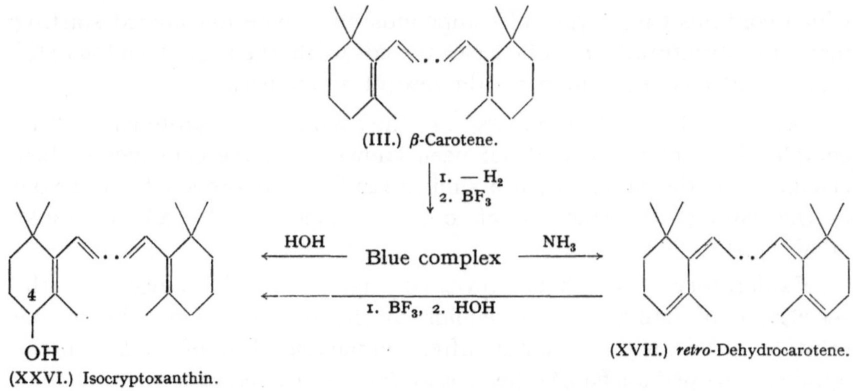

(III.) β-Carotene.

1. $-H_2$
2. BF_3

HOH ← Blue complex → NH_3

← 1. BF_3, 2. HOH

4
OH
(XXVI.) Isocryptoxanthin.

(XVII.) *retro*-Dehydrocarotene.

Chart 6. Cleavage of the β-Carotene-BF_3 Complex.

Evidently, this dehydrogenating action of BF_3 parallels a similar effect caused by another LEWIS acid, viz. $SbCl_3$ (or $SbCl_5$) whose blue β-carotene complex yields on hydrolysis *retro*-dehydrocarotene (*23, 64, 53, 82*). The argument is strengthened by the observation that isocryptoxanthin is also furnished by the hydrolysis of the complex ex either 3,4-dehydro-β-carotene (XIX, p. 41) or *retro*-dehydrocarotene (XVII) (*89*).

With reference to the formation and cleavage of the BF_3 complex of β-carotene (and some derivatives) we assume that they proceed in a manner similar to the mechanism proposed below for α-carotene, *retro*-bisdehydrocarotene, and lycopene (pp. 53, 58, 60).

2. Cleavage Products of the α-Carotene-BF_3 Complex.

BUSH and the writer (*5, 6*) have treated α-carotene in ethanol-containing chloroform and recovered a third of the starting material in the form of 4-hydroxy-α-carotene (XXXVII) *(Chart 7)*. This compound showed the α-carotene spectrum (Fig. 5, p. 65), gave a strongly positive test with acid chloroform and thus afforded 3,4-dehydro-α-carotene (XXXIII), a product of the direct attack of N-bromosuccinimide on α-carotene (p. 48; *39*).

Another (probably secondary) product of the hydrolysis of α-carotene-BF_3 is 4-keto-α-carotene (XXXVIII) that can also be prepared by oxidizing the 4-hydroxy compound by either air or N-bromosuccinimide (*6*). Further, it is formed by the interaction of this reagent and α-carotene. Lithium aluminum hydride reconverts the ketone into 4-hydroxy-α-carotene. The conjugated position of the carbonyl group in (XXXVIII) was confirmed by a 7 mμ bathochromic shift of λ_{max} (in hexane) during the transition (XXXVII) → (XXXVIII) (Figs. 17, 5, pp. 71, 65) and likewise, by a shift in the opposite direction when the ketone was reacted with dinitrophenylhydrazine.

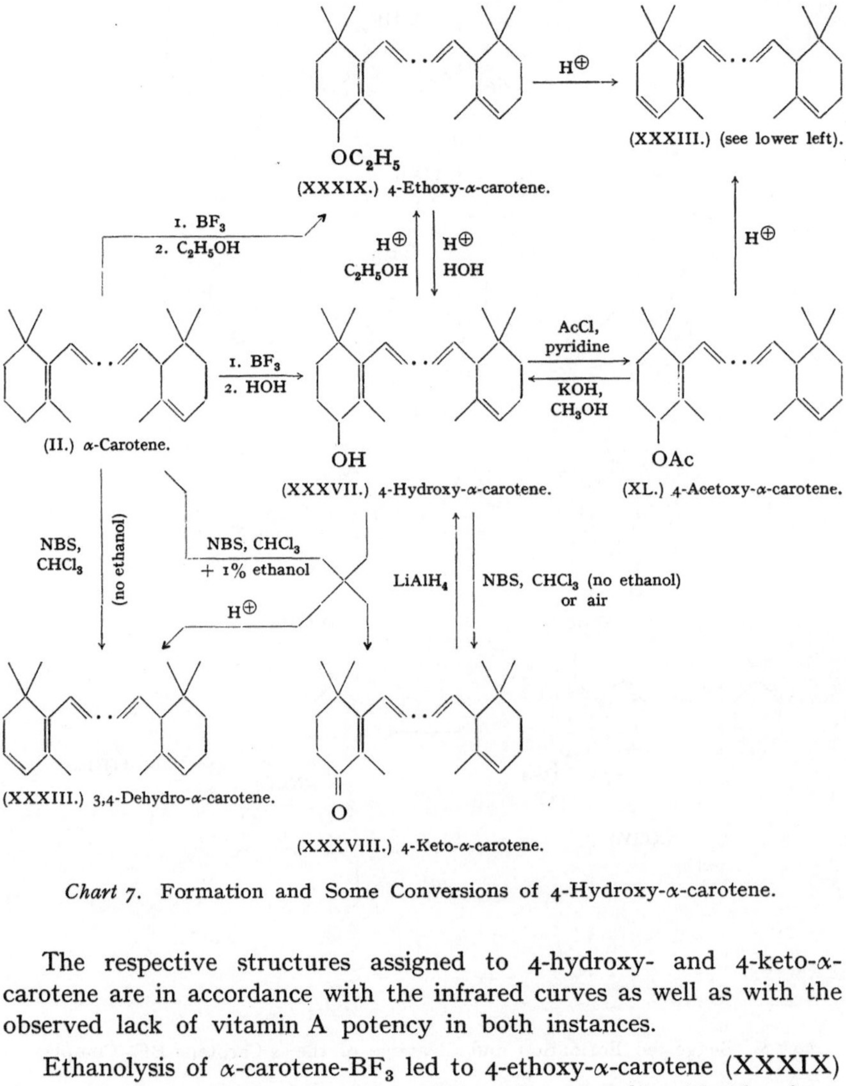

$H^{\oplus}$

(XXXIII.) (see lower left).

OC_2H_5

(XXXIX.) 4-Ethoxy-α-carotene.

1. BF_3
2. C_2H_5OH

$H^{\oplus}$
C_2H_5OH

$H^{\oplus}$
HOH

$H^{\oplus}$

1. BF_3
2. HOH

AcCl,
pyridine

KOH,
CH_3OH

(II.) α-Carotene.

OH

(XXXVII.) 4-Hydroxy-α-carotene.

OAc

(XL.) 4-Acetoxy-α-carotene.

NBS,
$CHCl_3$

(no ethanol)

NBS, $CHCl_3$
+ 1% ethanol

$H^{\oplus}$

$LiAlH_4$

NBS, $CHCl_3$ (no ethanol)
or air

(XXXIII.) 3,4-Dehydro-α-carotene.

O

(XXXVIII.) 4-Keto-α-carotene.

Chart 7. Formation and Some Conversions of 4-Hydroxy-α-carotene.

The respective structures assigned to 4-hydroxy- and 4-keto-α-carotene are in accordance with the infrared curves as well as with the observed lack of vitamin A potency in both instances.

Ethanolysis of α-carotene-BF_3 led to 4-ethoxy-α-carotene (XXXIX) that can also be obtained by the addition of a trace of acid chloroform to the absolute alcoholic solution of the OH-compound. Conversely, the ethyl group is removed from the ether by a trace of acid applied in aqueous-acetone solution (Chart 7). Under the influence of the acid chloroform reagent 4-ethoxy-α-carotene loses alcohol and furnishes 3,4-dehydro-α-carotene (XXXIII).

Ammonolysis of α-carotene-BF_3 resulted in the formation of 3,4-dehydro-α-carotene and of a remarkable, still unclarified pigment that

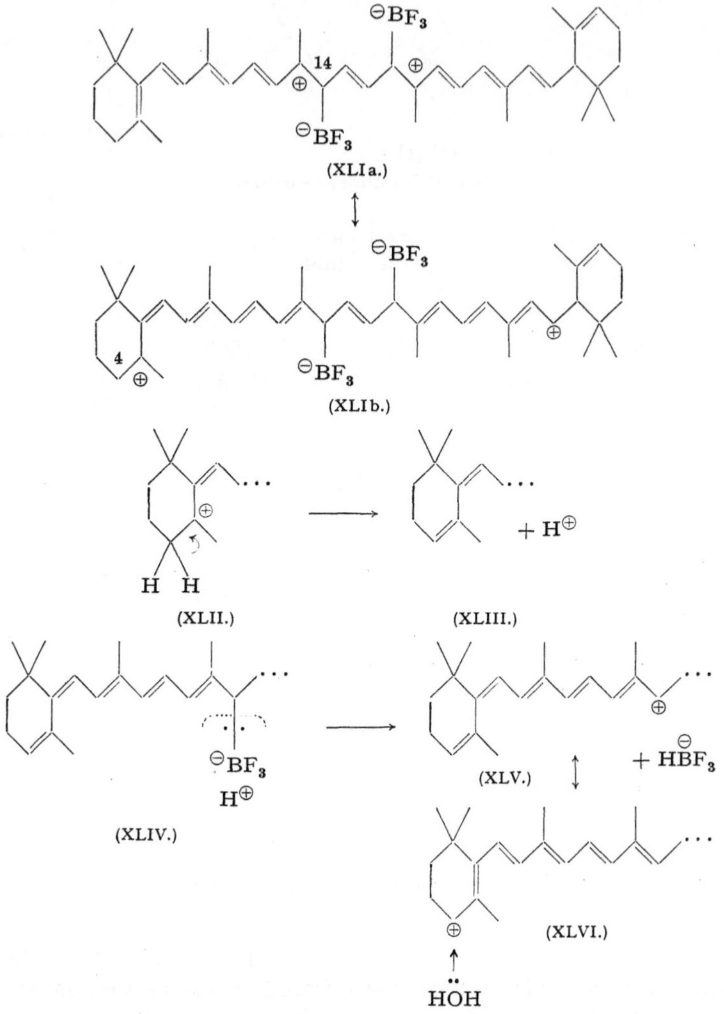

Chart 8. Suggested Formation and Cleavage of the α-Carotene-BF_3 Complex.

shows the β-carotene spectrum, although it is adsorbed below α-carotene on the chromatographic column.

With reference to the *mechanism* of the formation and cleavage of the α-carotene-BF_3 complex the following statements can be made [cf. also MEUNIER (*82*, *80*); BRÜGGEMANN (*4*)].

We believe that the limiting formulas of the resonating system in the complex are, (XLI a) and (XLI b) *(Chart 8)*, whereby, as first proposed by MEUNIER, the dark color is due to a resonating double carbonium ion.

Hence, the chromophore effective in the cleavage process consists in reality of two shorter chromophores (here involving, respectively, four and three conjugated double bonds). The first step may well be the removal of a proton from carbon 4 in (XLIb) and the formation of a 4,5-double bond (XLII) → (XLIII). The loss of an HBF_3^- ion at carbon 14 will then create there a carbonium ion that can transfer its charge by resonance to carbon 4, where, finally, interaction with water and loss of a proton would take place (XLIV) → (XLVI), resulting in the formation of 4-hydroxy-α-carotene.

3. Cleavage Products of the BF_3 Complexes of Some Dehydrogenated Carotenes.

a) retro-Dehydrocarotene-BF_3.

The compound (XVII), a dehydrogenation product of both α- and β-carotene (pp. 48, 41) was termed earlier "dehydro-β-carotene" or "iso-carotene"; the new name has been introduced by INHOFFEN and RASPÉ (*37*). WALLCAVE and the writer (*110, 108*) have observed that a hexane solution of *retro*-dehydrocarotene, when subjected to shaking with BF_3-etherate for 1 minute, yielded upon hydrolysis, among other products, 34% isocryptoxanthin (XXVI), while 12% of the *retro*-dehydrocarotene remained unchanged.

Isocryptoxanthin (XXVI) is a structural isomer of the important plant carotenoid cryptoxanthin (3-hydroxy-β-carotene). The two pigments are spectroscopically identical but crystallographically and chromatographically different. They can be differentiated sharply by the acid chloroform test which is negative for cryptoxanthin but strongly positive

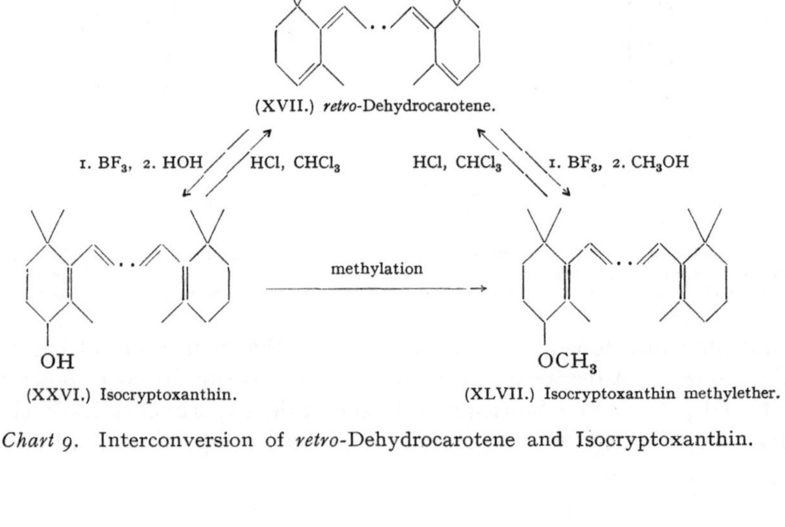

(XVII.) *retro*-Dehydrocarotene.

1. BF_3, 2. HOH — HCl, $CHCl_3$ — HCl, $CHCl_3$ — 1. BF_3, 2. CH_3OH

methylation

OH — OCH_3

(XXVI.) Isocryptoxanthin. — (XLVII.) Isocryptoxanthin methylether.

Chart 9. Interconversion of *retro*-Dehydrocarotene and Isocryptoxanthin.

for isocryptoxanthin and involves a migration of λ_{max} from 451 mμ to 471 mμ (in hexane). From the resulting reaction mixture *retro*-dehydrocarotene can be isolated in 70% yield *(Chart 9)*. Hence, the position of the OH-group in isocryptoxanthin cannot be 2 or 3 but must be 4, the only allylic location. The other end group is an unsubstituted β-ionone ring as illustrated by the strong bioeffect in rats which amounts to one half of that of β-carotene (*12*).

This study has indirectly confirmed the 3-position of the hydroxyl group in cryptoxanthin (*110*); GOODWIN and TAHA (*27*) had proposed a 4-hydroxy structure which has been refuted by KARRER (*41*).

Methanolysis of *retro*-dehydrocarotene-BF_3 furnished three main products, viz. β-carotene (18%), 4-methoxy-β-carotene (XLVII) (28%) and 4,4'-dimethoxy-β-carotene (6%) (XXIX, p. 46). The monomethylether can also be synthesized by the interaction of isocryptoxanthin and methyl iodide in the presence of K-tert.amylate [for the method cf. (*55*)]. Like isocryptoxanthin itself, both ethers are easily convertible to *retro*-dehydrocarotene by means of acid chloroform.

b) 3,4-Dehydro-α-carotene-BF_3 and 3,4-Dehydro-β-carotene-BF_3.

It was observed in collaboration with KARMAKAR (*39*) that, during the direct dehydrogenation of either α- or β-carotene to the corresponding

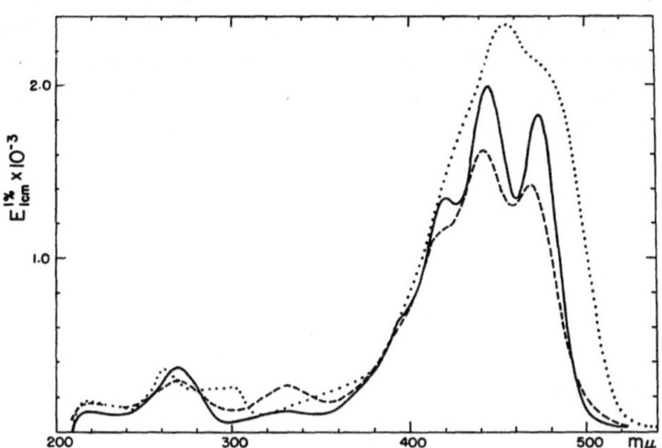

Fig. 3. Spectral effect of the conversion, 3,4-dehydro-α-carotene (no fine structure) → BF_3 complex → 4-hydroxy-α-carotene (fine structure): ...., 3,4-dehydro-α-carotene; ————, 4-hydroxy-α-carotene; and -------, same, after iodine catalysis. [From: J. Amer. Chem. Soc. 77, 55 (1955).]

compound mentioned, the fine structure in the main spectral band was lost; however, it reappeard after complexing 3,4-dehydro-α- or β-carotene with BF_3 *(Fig. 3)*. Subsequent larger scale experiments have shown that the cleavage of the complexes yielded, respectively, 4-hydroxy-

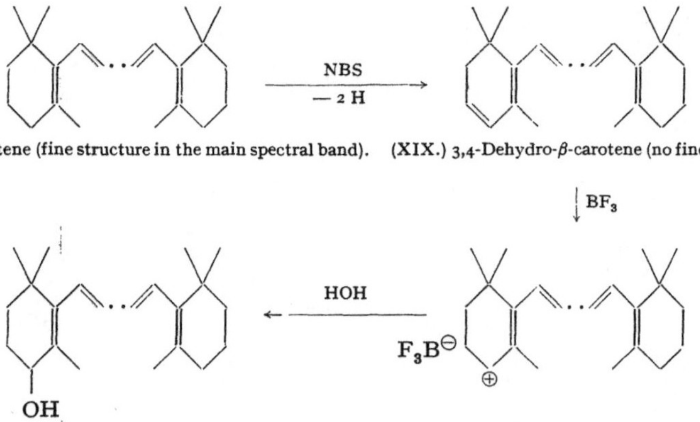

NBS
— 2 H

(III.) β-Carotene (fine structure in the main spectral band). (XIX.) 3,4-Dehydro-β-carotene (no fine structure).

BF_3

HOH

$F_3B^{\ominus}$

⊕

OH

(XXVI.) Isocryptoxanthin (fine structure). Blue complex.

Chart 10. β-Carotene → 3,4-Dehydro-β-carotene → Isocryptoxanthin (spectroscopic changes).

α-carotene (XXXVII, p. 53) and 4-hydroxy-β-carotene (XXVI), each possessing the spectrum of the corresponding carotene [PETRACEK and the writer (*89*)]. Thus, the reaction sequence includes the formation of a 3,4-double bond and its hydration *(Chart 10)*. An analogous scheme will be valid for α-carotene.

c) *retro-Bisdehydrocarotene-BF_3.*

As mentioned on p. 43, this intensely colored dehydrogenation product of β-carotene was first prepared by WALLCAVE et al. (*133*) and later shown to have the non-symmetrical structure (XVI, p. 41) (*122*). Since the molecule carries two different end groups, a priori two BF_3 complexes could be formulated *(Chart 11)*, one yielding on hydrolysis a new derivative, 2-hydroxy-3,4-dehydro-β-carotene and the other a well-known isomer that may be termed either 4-hydroxy-3′,4′-dehydro-β-carotene or 4′-hydroxy-3,4-dehydro-β-carotene (XXIV) *(Chart 11)*.

Subsequently, it was shown by PETRACEK and the writer (*89*) that the main hydrolytic product isolated (XLVIII) was not identical with (XXIV), from which it could be easily distinguished by its crystal form, melting point, weaker adsorption affinity, and diminished hypophasic character. The two latter features are explained by the spatially screened position of the OH-group in 2-hydroxy-3′,4′-dehydro-β-carotene. As expected, its allylic hydroxyl group underwent facile conversion in acid methanol to give an allylic ether (*89*). Dehydration with acid chloroform resulted in the recovery of *retro*-bisdehydrocarotene in 70% yield (Chart 11).

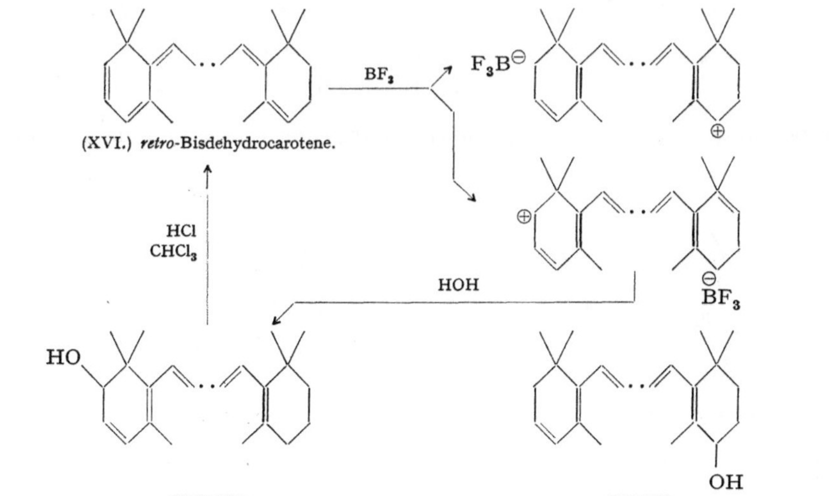

(XVI.) *retro*-Bisdehydrocarotene.

BF_3

$F_3B^{\ominus}$

HCl
$CHCl_3$

HOH

$\overset{\ominus}{B}F_3$

HO

OH

(XLVIII.)
2-Hydroxy-3,4-dehydro-β-carotene (formed).

(XXIV.)
4'-Hydroxy-3,4-dehydro-β-carotene (not formed).

Chart 11. Hydrolytic Cleavage of the Two Possible *retro*-Bisdehydrocarotene-BF_3 Complexes.

4. Cleavage Products of the Lycopene-BF_3 Complex.

During the formation and hydrolysis of the dark blue complex originating from the entirely aliphatic lycopene (V) no cyclization took place. The main product was a nicely crystalline carotenoid, 5,6-dihydroxy-5,6-dihydrolycopene whose structure (XLIX) was secured on the basis of the conversions appearing in *Chart 12* [BUSH and the writer (*6*)]. The spectrum indicated the presence of ten conjugated double bonds and the extinction curve (Fig. 9, p. 66) was not altered upon diacetylation to (XLIXa). The α-glycolic grouping [similar to that of the cyclic natural product azafrine (*62*, *70*) was responsible for the formation of an acetonide (L). Furthermore, lycopene monoepoxide (LI) and alkali yielded 5,6-dihydroxy-5,6-dihydrolycopene. That the two OH-groups of (XLIX) must be unequal in their nature, is brought out by the formation of a monoether only, under the conditions applied in (XLIX) → (LII) (Chart 12).

When the methylation of 5,6-dihydroxy-5,6-dihydrolycopene was carried out at 100° instead of 60°, small quantities of a new monoether appeared that showed the lycopene spectrum. This second methylether is a dehydration product of the first one and should be interpreted as 6-methoxylycopene (LIII).

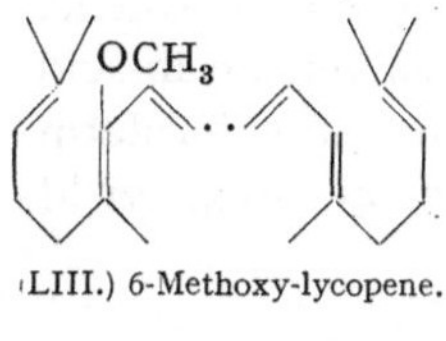

OCH_3

(LIII.) 6-Methoxy-lycopene.

Methanolysis of lycopene-BF_3 yielded 5,6-dimethoxy-5,6-dihydrolycopene (LIV) that showed the

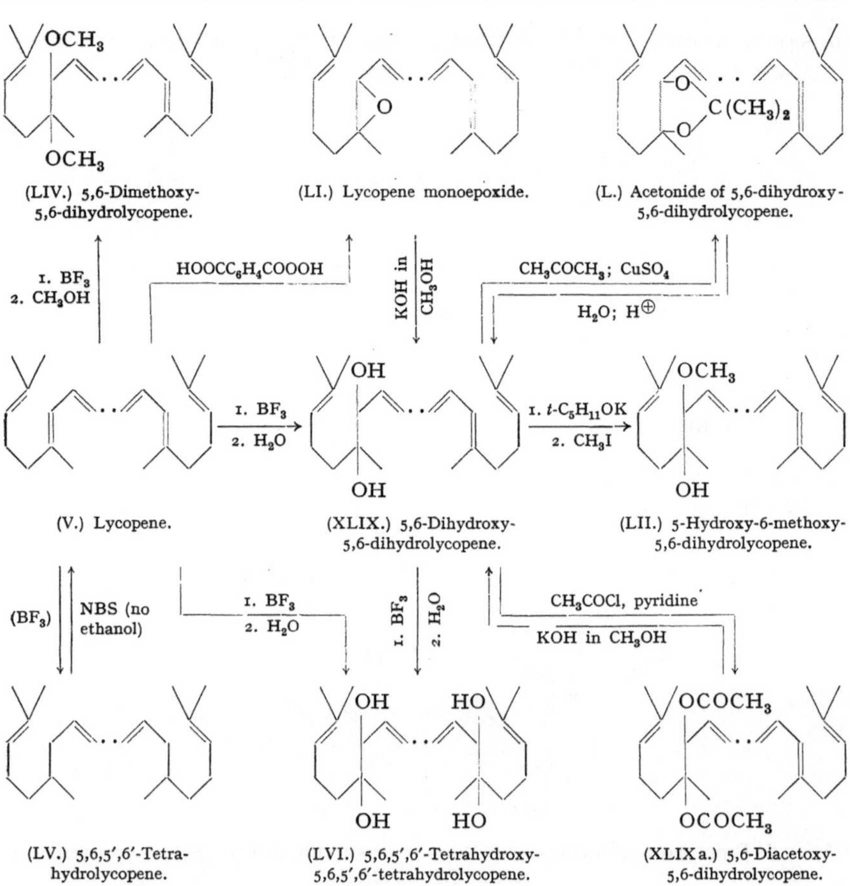

Chart 12. Formation and Some Conversions of 5,6-Dihydroxy-5,6-dihydrolycopene.

chromophore of (XLIX) and (LII) but was clearly differentiated from these polyenes by its partition coefficient and chromatographic behavior.

Complexing and hydrolysis of lycopene furnished two remarkable by-products: (*a*) a crystalline tetrahydrolycopene (possibly, LV) and (*b*) 5,6,5',6'-tetrahydroxy-5,6,5',6'-tetrahydrolycopene (LVI) whose spectrum corresponds to nine conjugated double bonds (Fig. 10, p. 67). The same compound was obtained by hydrolyzing the 5,6-dihydroxy-5,6-dihydrolycopene-BF_3 complex. It will be noted that the tetraol may be the product of simultaneous hydrolyses at both ends of a complex involving two mols of BF_3 but only one of lycopene [cf. MEUNIER (*82*); BRÜGGEMANN (*4*)] (cf. p. 50).

Concerning the mechanism of the hydrolytic cleavage of lycopene-BF_3 a route similar, in its initial steps, to that formulated for α-carotene

(p. 54) is proposed. 5,6-Dihydroxy-5,6-dihydrolycopene probably arises by the removal of a HBF_3^- ion *(Chart 13)* (5, 6).

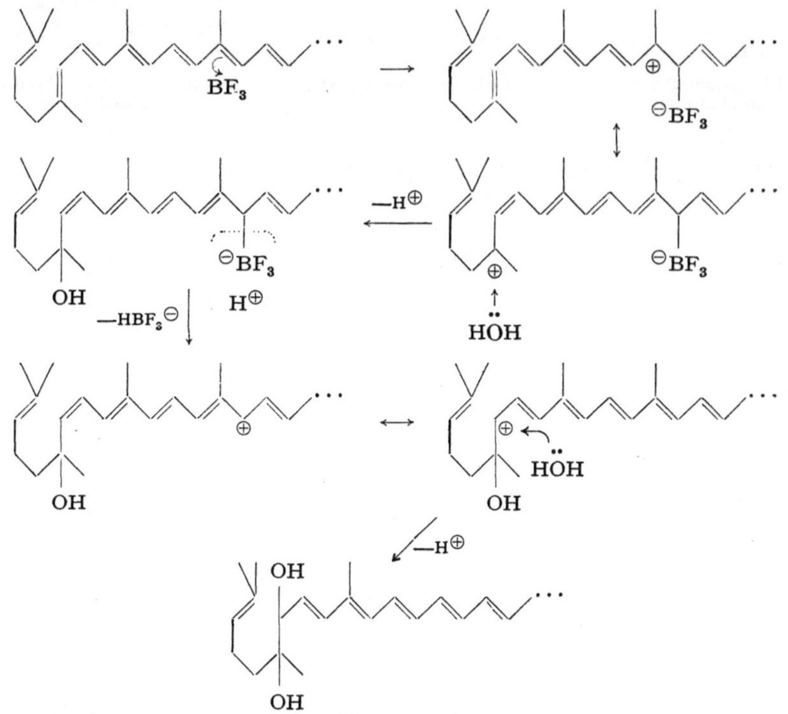

BF3 ⊖BF3 ⊖BF3 ⊖BF3 —H⊕ OH —HBF3⊖ H⊕ HOH OH OH HOH —H⊕ OH OH

Chart 13. Proposed Formation of 5,6-Dihydroxy-5,6-dihydrolycopene from Lycopene via the BF_3 Complex.

5. Cleavage Products of the γ-Carotene-BF_3 Complex.

Because of its monocyclic nature, this rather rare carotene (IV) was expected to behave in part as "β-carotene" and in part as "lycopene". Indeed, the chromatogram obtained upon hydrolyzing γ-carotene-BF_3 showed unusual complexity [BUSH and the writer (6)].

The relatively highest amounts (2–3%) were obtained of a pigment, $C_{40}H_{55}OH$, whose spectrum (Fig. 8, p. 66) closely resembled that of γ-carotene. The compound was identified as an allylic monohydroxy-γ-carotene (LVII) since it underwent facile etherification in acid alcohol and was easily dehydrated in acid chloroform. The assignment of an allylic location to the OH-group was confirmed by the bathochromic shift when the hydroxy compound was oxidized by air to the corresponding ketone (LVIII) in whose molecules, evidently, $>C=O$ was a part of the conjugated system *(Chart 14)* (spectrum, Fig. 21, p. 73).

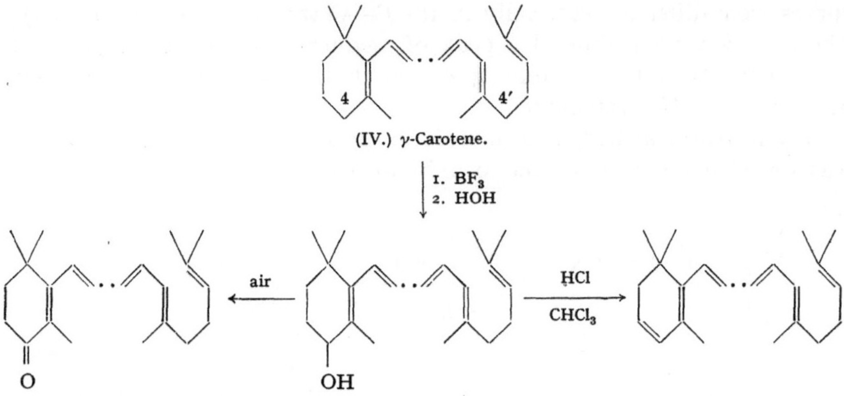

(IV.) γ-Carotene.

(LVIII.) 4-Keto-γ-carotene. (LVII.) 4-Hydroxy-γ-carotene. (LIX.) 3,4-Dehydro-γ-carotene.

Chart 14. Formation and Some Conversions of 4-Hydroxy-γ-carotene.

There are two positions in γ-carotene allylic to the main chromophore, viz. 4 and 4′. However, the presence of a 4′-hydroxyl could be excluded on the following two grounds: (*a*) Such a position would cause, upon dehydration, the lengthening of the conjugated system by two double bonds (and not by one), since the new double bond would connect the isolated 1′,2′-double bond with the main chromophore. The observed spectral shift of only 9 mμ was, however, too small compared with the effect expected for this case. (*b*) According to earlier experiments (*88*, *86*), the introduction of a second conjugated double bond into the β-ionone ring destroys the fine structure of the main spectral band, in contrast to the continued presence of sharp fine structure after an analogous operation performed at an aliphatic end group. Since, when dehydrated with acid chloroform, the cleavage product of γ-carotene-BF_3 did lose its spectral finde structure, it must be formulated as (LVII) and the dehydration product of the latter as (LIX) (Chart 14).

6. Cleavage Product of the Anhydrovitamin A_1-BF_3 Complex.

Small scale experiments have shown that the conversions discussed in this Chapter are not restricted to C_{40}-carotenoids [Petracek at al. (*89*)].

The blue complex of the *retro* compound anhydrovitamin A_1 (LX) did not revert, upon hydrolysis, as might have been expected, to vitamin A_1 but yielded an isomer of the latter which showed somewhat less hypophasic behavior then vitamin A_1 and was very probably 4-hydroxy-axerophthene (LXI). The ultraviolet spectrum of this chromatographically homogeneous but not yet crystallized compound coincided qualitatively with that of vitamin A_1; however, the infrared curves were different, especially in the C—O stretching region (9–10 μ). The new derivative showed a peak of medium intensity at 9.75 μ that was absent from the vitamin A_1 curve. Both compounds had a band at 2.75 μ (O—H stretching).

Upon treatment with acid chloroform the allylic polyene alcohol (LXI) was reverted by dehydration to anhydro-vitamin A_1:

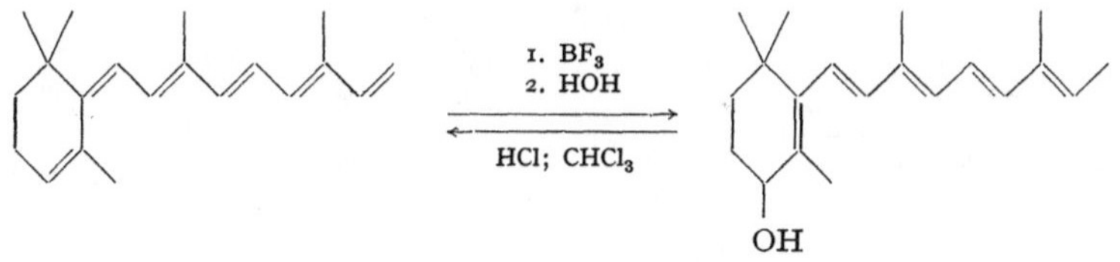

1. BF_3
2. HOH
HCl; $CHCl_3$

OH

(LX.) Anhydrovitamin A_1. (LXI.) 4-Hydroxy-axerophthene.

IV. Dehydration and Dehydrogenation of Lutein.

Although lutein (3,3′-dihydroxy-α-carotene, LXII), $C_{40}H_{54}(OH)_2$, is a common plant carotenoid, little is known about its conversions in vitro. In contradistinction to the behavior of polyene-alcohols that contain very reactive allylic OH-groups, the dehydration of lutein requires energetic procedures and even so, as will be shown below, preferably only one of the hydroxyls is eliminated.

It was found 15 years ago in collaboration with Sease (*131*) that when lutein was melted in naphthalene in the presence of boric or tetraboric acid or boric anhydride at 140° for 5 minutes, a hydroxyl group was lost by the elimination of water and three new crystalline monohydroxy-polyenes were formed. The structure of these desoxyluteins "I", "II", and "III" (also termed "deoxyluteins") then remained unclarified. While in the visible region the spectral curves of "II" and "III" were found to be identical with that of lutein, showing a high degree of fine structure, the corresponding desoxylutein "I" curve was quite different and void of fine structure (Figs. 13–15, pp. 69–70). Furthermore, its λ_{max} was located at 460 mμ, instead of 443 mμ (in hexane) indicating a chromophore stronger than that present in lutein molecules.

Recently, it was observed by Petracek and the writer (*123*) that the spectrum of desoxylutein "I" was identical with that of 3,4-dehydro-β-carotene (XIX, p. 41). Consequently, "I" must contain twelve conjugated double bonds. Furthermore, its β-ionone ring must be unsubstituted, considering the weak but distinct vitamin A potency of the compound (*13*). From these data we can conclude that desoxylutein "I", $C_{40}H_{53}OH$, is 3′-hydroxy-3,4-dehydro-β-carotene (LXIII) (*Chart 15*). Its spectral curve acquires fine structure upon hydrolytic cleavage of the dark BF_3 complex. The two main reaction products have remained unclarified; their respective maxima correspond roughly to those of α- and β-carotene [KARMAKAR et al. (*39*)].

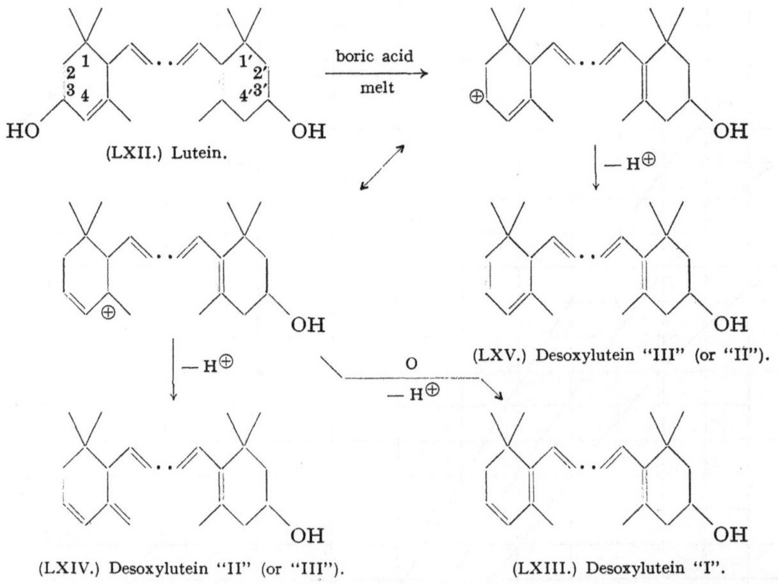

(LXII.) Lutein.

boric acid melt

$-H^{\oplus}$

$-H^{\oplus}$

O $-H^{\oplus}$

(LXV.) Desoxylutein "III" (or "II").

(LXIV.) Desoxylutein "II" (or "III").

(LXIII.) Desoxylutein "I".

Chart 15. Probable Mechanism of the Formation of the Three Desoxyluteins in the Boric Acid Melt.

Considering the spectroscopic data and some other pertinent observations, tentative structures for the isomeric desoxyluteins "II" and "III", $C_{40}H_{53}OH$, as well as a probable mechanism of the dehydration reaction, were proposed (*123*, *86*) and are given in *Chart 15*. In these formulations it was taken into account that the spectra of "II" and "III" are identical with that of lutein, corresponding to a system of only ten conjugated double bonds. Hence, this main chromophore cannot be conjugated with the two remaining double bonds which are located in an end group.

It is not excluded that the formulas (LXIV) and (LXV) given in the Chart for desoxyluteins "II" and "III", respectively, will have to be interchanged in the future.

V. Some Spectroscopic Observations.

It would be impossible to offer, within the framework of the present limited survey, a detailed discussion of the manifold spectral phenomena encountered in the field of the carotenoids. Hence, only a few pertinent comments will be made and some spectral curves reproduced which refer to the visible and ultraviolet regions.

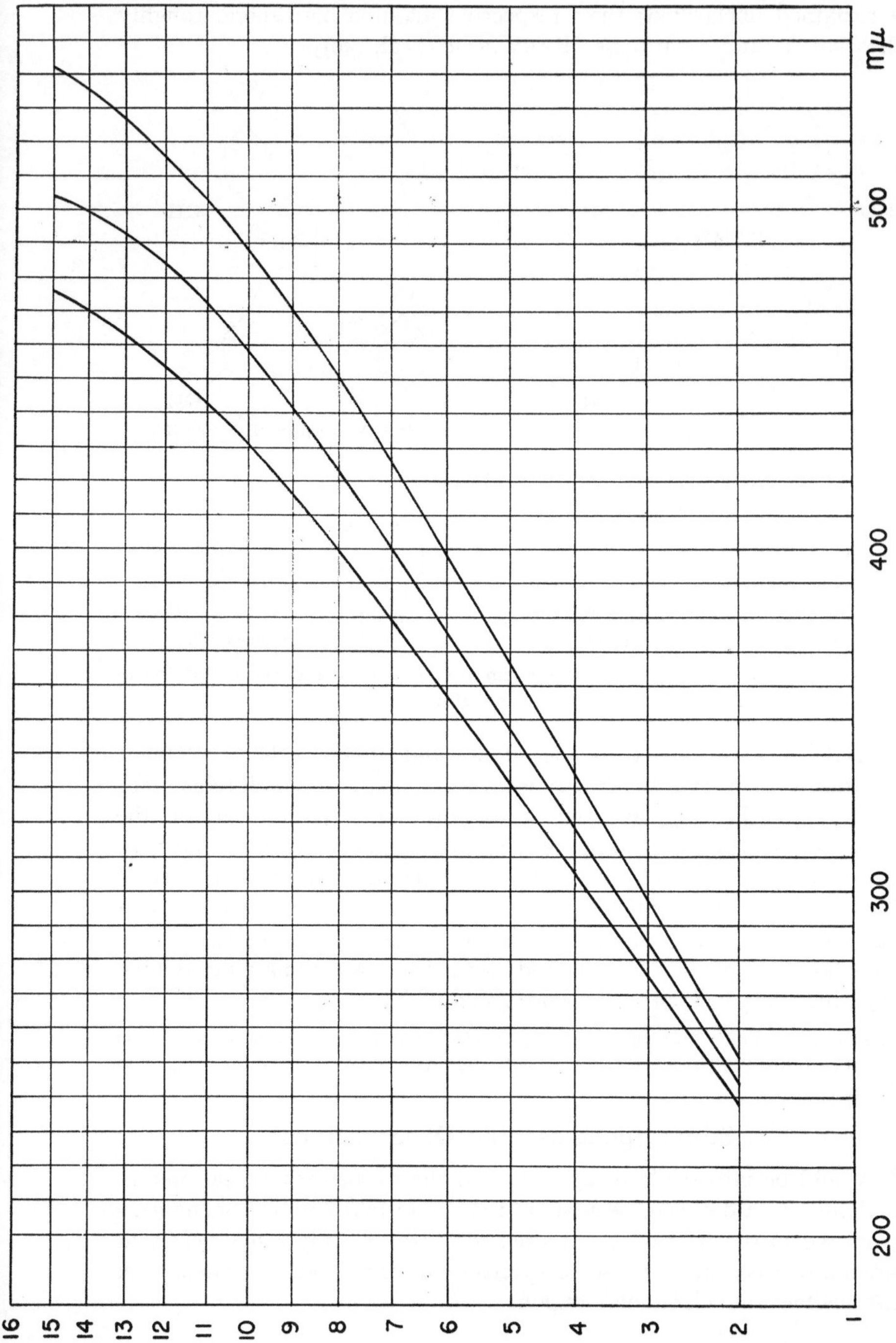

Fig. 4. Wavelength location of the main maxima of aliphatic carotenoid hydrocarbons as a function of the number *n* of the conjugated double bonds (solvent, hexane). The ordinate represents the number of conjugated double bonds; $\sqrt{n}$ values were used for the plot. (DALE, unpublished.)

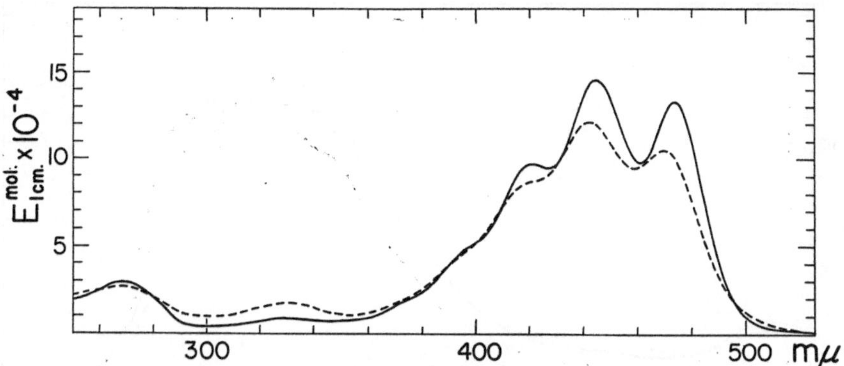

Fig. 5. 4-Hydroxy-α-carotene. [From: J. Amer. Chem. Soc. *80*, 2991 (1958).]

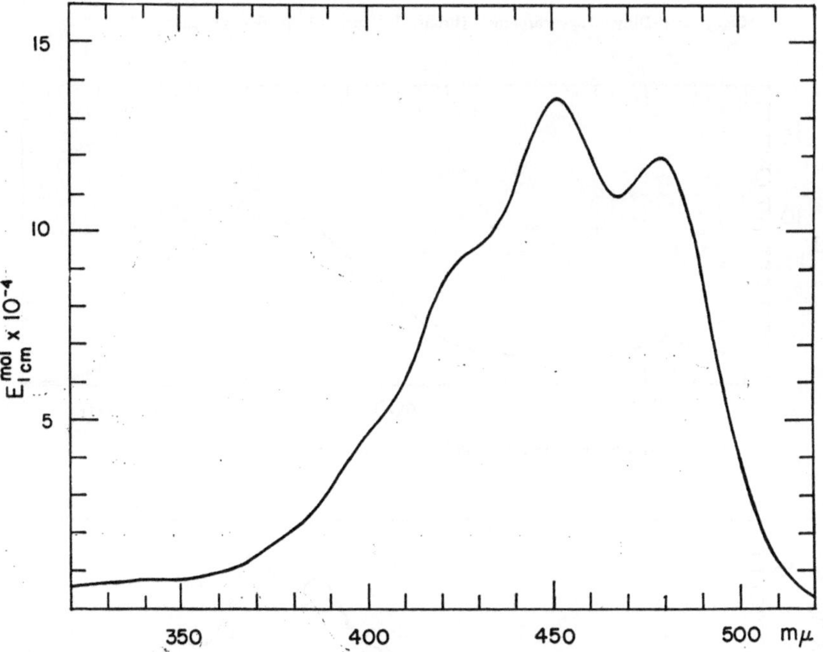

Fig. 6. 4-Hydroxy-β-carotene (isocryptoxanthin). [From: J. Amer. Chem. Soc. *75*, 4495 (1953).]

Position of the Maxima. An excellent evaluation of some aspects of polyene spectra and especially of the overtones (λ_2, λ_3, etc.) has been published by DALE (*10*, *11*) from whose data *Fig. 4* (p. 64) was adapted. According to this author, if an aliphatic polyene contains n conjugated double bonds, the wavelength maximum of the λ_s-band will lie very close to the wavelength maximum of the main band of a corresponding

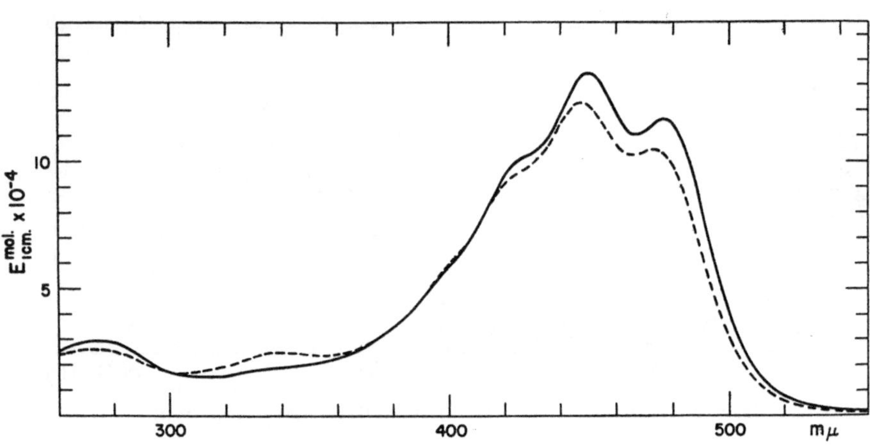

Fig. 7. 4,4'-Dihydroxy-β-carotene. [From: J. Amer. Chem. Soc. 78, 1427 (1956).]

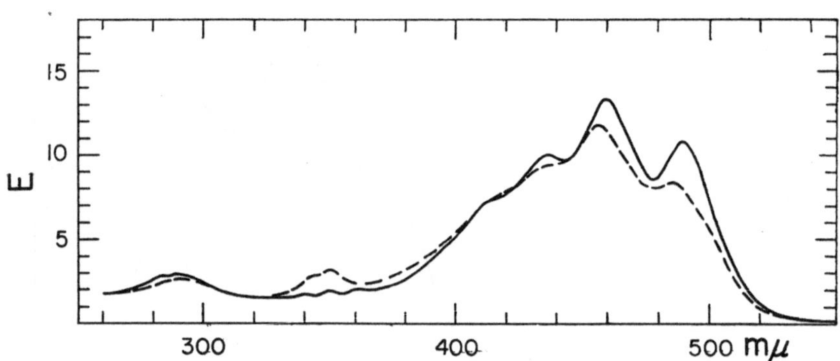

Fig. 8. 4-Hydroxy-γ-carotene. [From: J. Amer. Chem. Soc. 80, 2991 (1958).]

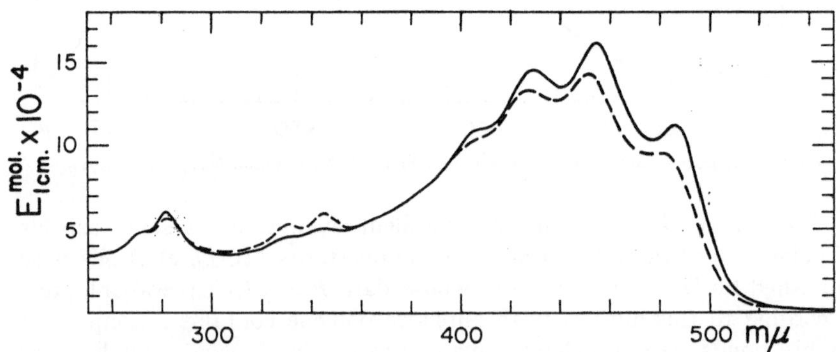

Fig. 9. 5,6-Dihydroxy-5,6-dihydrolycopene. [From: J. Amer. Chem. Soc. 80, 2991 (1958).]

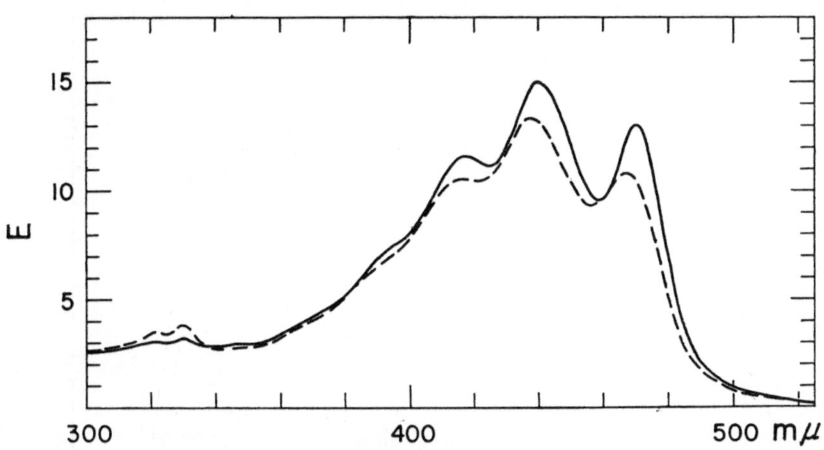

Fig. 10. 5,6,5′,6′-Tetrahydroxy-5,6,5′,6′-tetrahydrolycopene. [From: J. Amer. Chem. Soc. 80, 2991 (1958).]

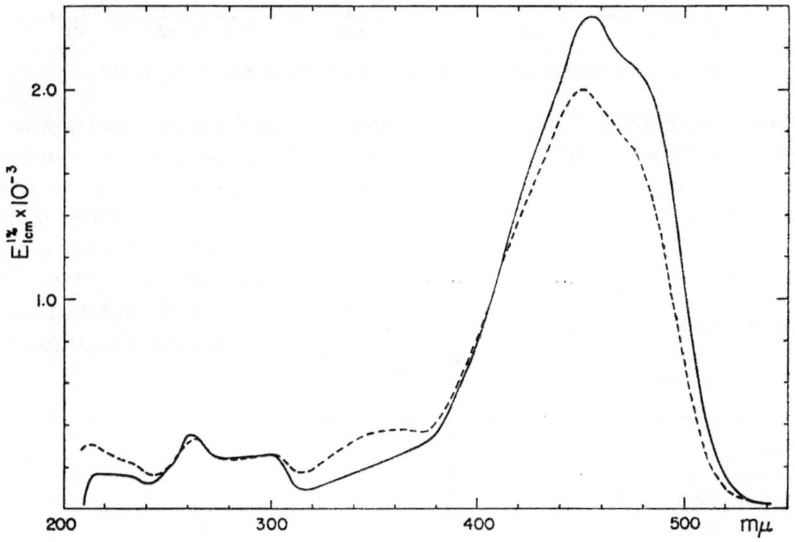

Fig. 11. 3,4-Dehydro-α-carotene. [From: J. Amer. Chem. Soc. 77, 55 (1955).]

polyene with n/s conjugated double bonds. Of course, the absolute position of the maxima is also influenced by the presence or absence of methyl side-chains.

Lengthening of the β-Carotene Chromophore. Our repeated observations have shown that when this chromophore is lengthened either by a conjugated carbonyl group or by a conjugated ring double bond or both,

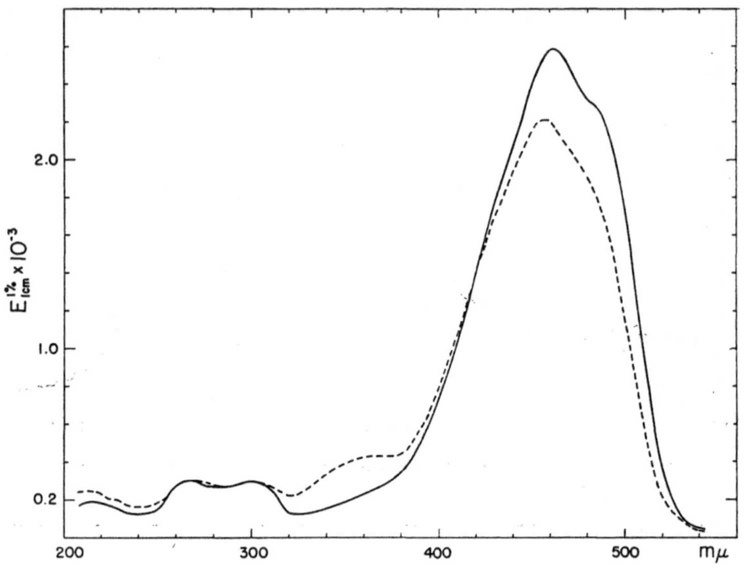

Fig. 12. 3,4-Dehydro-β-carotene. [From: J. Amer. Chem. Soc. 77, 55 (1955).]

the main maximum in the visible region is shifted toward longer wave lengths by definite and additive amounts. Thus, on the basis of the data listed in *Table 2*, the structure of chromophores in some new carotenoid derivatives may be identified [PETRACEK and the writer (*88*)].

Such extension of the conjugated system at one end substantially diminishes the degree of

Table 2. Bathochromic Effect of Conjugated Carbonyls and Ring Double Bonds Attached to the End(s) of the β-Carotene Chromophore.

Lengthening group	Shift at λ_{max} in hexane (mμ)
1 Carbonyl	7
2 Carbonyls	15
1 Double bond	10
2 Double bonds	21
1 Carbonyl and 1 double bond	19

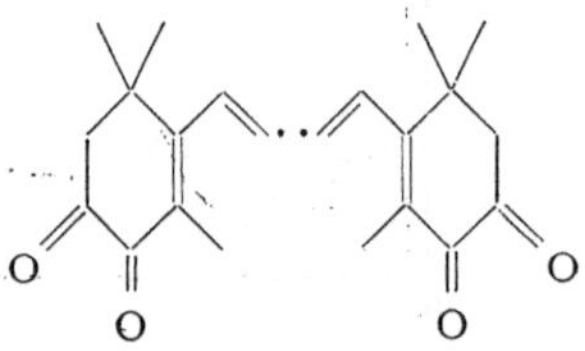

(LXVI.) Astacene.

fine structure in the spectral curve (visible region); and if both ends are affected simultaneously, the fine structure may disappear altogether (cf. e. g. Figs. 12, 18–20, pp. 71–72).

The validity of these considerations seems to extend beyond the framework of the present study. Thus, in the curve of astacene (3,4,3′,4′-tetraketo-β-carotene, LXVI) (*65—69*, *49*) not all four conjugated carbonyls are responsible for the lack of fine structure, since

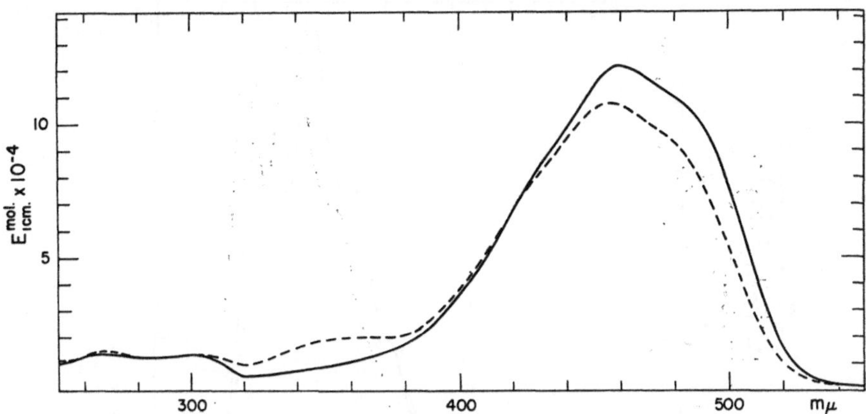

Fig. 13. 4-Hydroxy-3',4'-dehydro-β-carotene (desoxylutein "I"). [From: J. Amer. Chem. Soc. 78, 1427 (1956).]

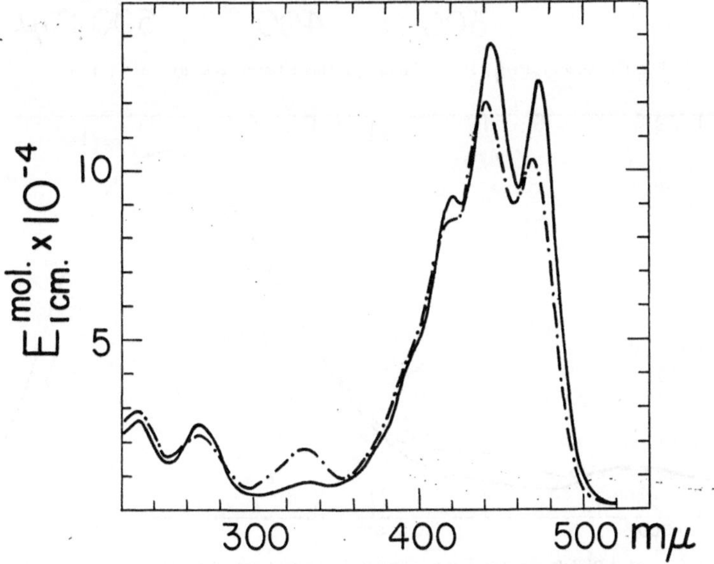

Fig. 14. Desoxylutein "II". [From: J. Amer. Chem. Soc. 65, 1951 (1943).]

the corresponding diketo derivative, i. e. 4,4'-diketo-β-carotene (XXIII, p. 43) shows the same effect.

This is in accordance with the well-known influence of the carbonyl group on the spectra of shorter polyenes as well as with the partial loss of fine structure in the process, vitamin $A_1 \rightarrow A_2$, i. e. 3,4-dehydro-A_1 (*81, 18, 101*).

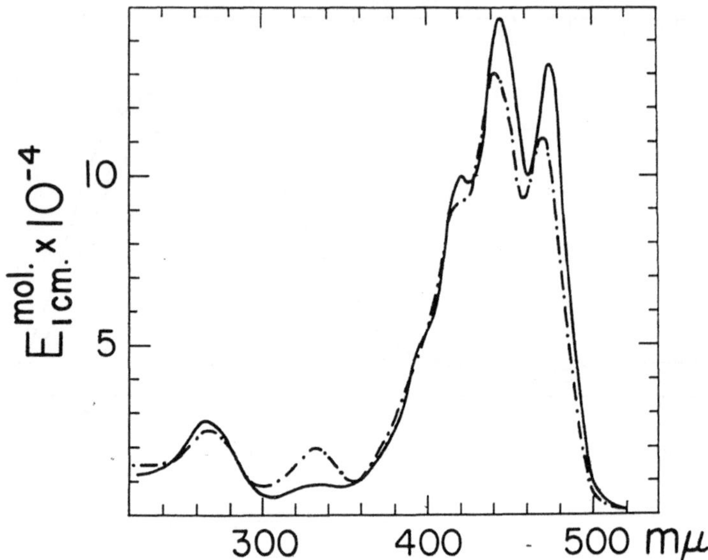

Fig. 15. Desoxylutein "III". [From: J. Amer. Chem. Soc. *65*, 1951 (1943).]

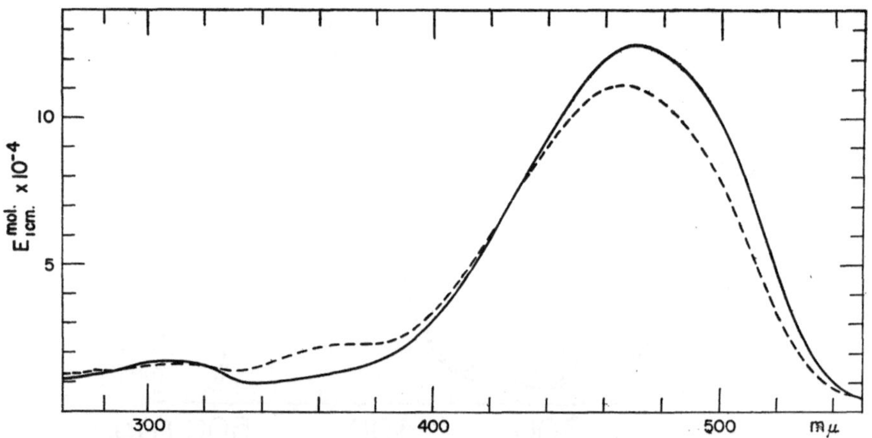

Fig. 16. 3,4,3′,4′-Bisdehydro-β-carotene. [From: J. Amer. Chem. Soc. *77*, 55 (1955); cf. (*37*).]

The statement made by BOHLMANN (*2*), who studied the spectra of quinoxalins and some other substances, that in the class of the dicarbonyl compounds the position of the spectral maximum is influenced practically only by a single >C=O group, is not valid for 4,4′-diketo-β-carotene and related polyene ketones, although it does apply to some polyene dicarboxylic acids (*29*).

Influence of the Spatial Configuration. As is well known, an ordinary, i. e. all-*trans* carotenoid molecule may assume a number of *cis*

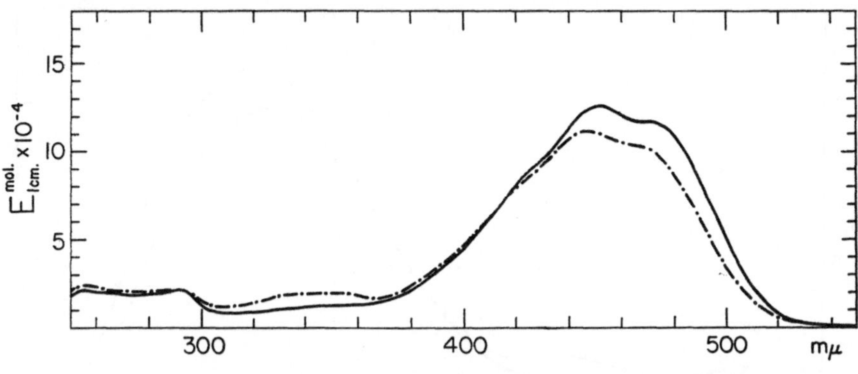

Fig. 17. 4-Keto-α-carotene. [From: J. Amer. Chem. Soc. *80*, 2991 (1958).]

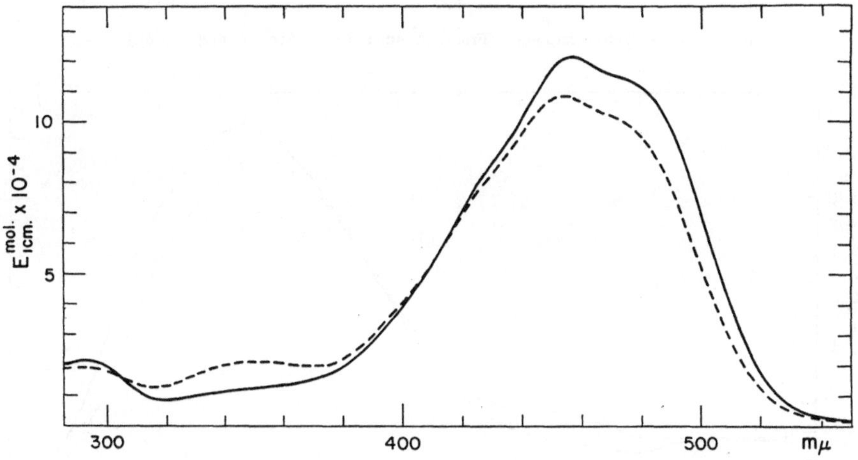

Fig. 18. 4-Keto-β-carotene. [From: J. Amer. Chem. Soc. *78*, 1427 (1956).]

configurations each of which can be characterized spectroscopically (*115*). As a rule, all-*trans* → *cis* rearrangements involve in the visible region a displacement of the main maxima toward shorter wavelengths, furthermore, a decrease both in extinction values and the degree of fine structure of the main band. For instance, in the stereoisomeric lycopene set forty well-defined *cis* forms are known [cf. MAGOON and the writer (*79*, *121*)]; some of them were prepared by in vitro rearrangements of the all-*trans* form, others by partial *cis* → *trans* isomerization of a naturally occurring poly-*cis* compound, again others by total synthesis, while some were isolated from plants. They all comply to the rule mentioned, from which, however, a few exceptions have been recorded in special instances, in related classes of compounds. Thus, all-*cis*-deca-2,4,6,8-

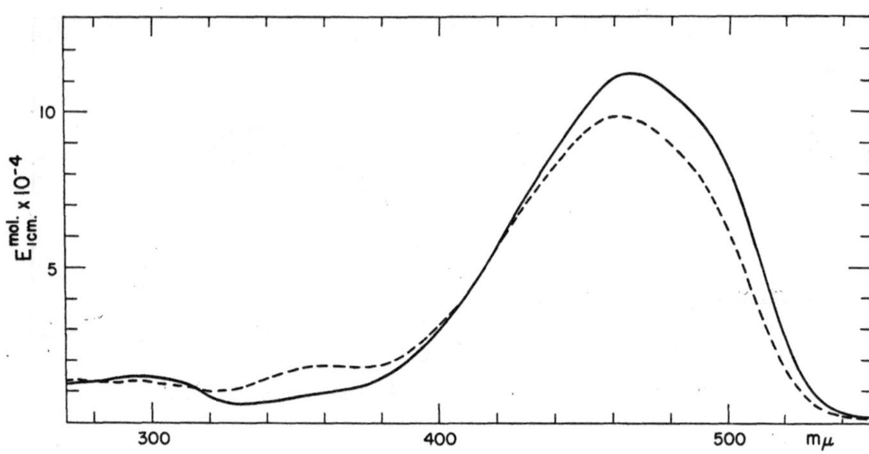

Fig. 19. 4,4'-Diketo-β-carotene. [From: J. Amer. Chem. Soc. *78*, 1427 (1956).]

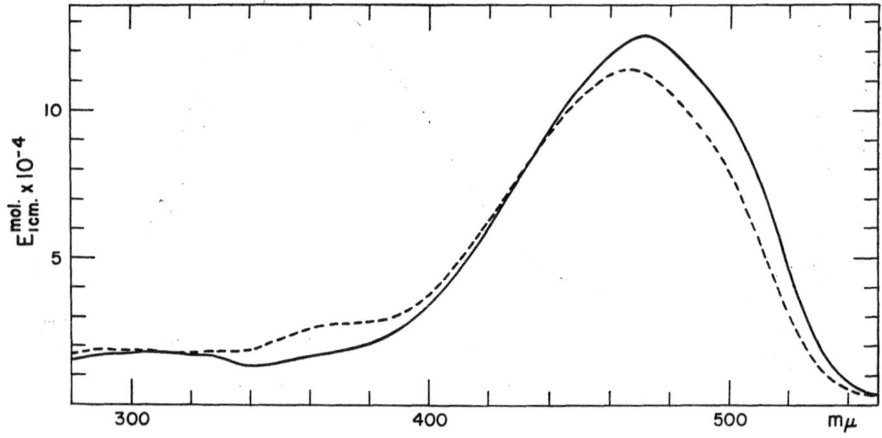

Fig. 20. 4-Keto-3',4'-dehydro-β-carotene. [From: J. Amer. Chem. Soc. *78*, 1427 (1956).]

tetraene shows longer wavelength maxima than its all-*trans* isomer [HOLME, JONES and WHITING (*34*)].

In the near ultraviolet region the bent molecular species are characterized by the so-called *cis*-peak effect, i. e. the appearance of a maximum located at a distance of about 140 mμ (towards shorter wavelengths) from the first peak in the main band [POLGÁR et al. (*126*)]. Poly-*cis* carotenoids that possess a straight overall molecular shape do not show *cis*-peaks (*120*, *124*, *79*).

Because of possible spontaneous stereoisomerization that may take place even at room temperature, spectral curves of carotenoids are reliable only if either fresh solutions of crystals or rapidly prepared eluates of homogeneous chromatographic zones are used.

Transition from normal to retro Structures. Such transitions give rise to conspicuous spectroscopic changes in the visible and/or near-ultra-violet regions as first pointed out in the C_{20}-series by OROSHNIK et al. (*85*).

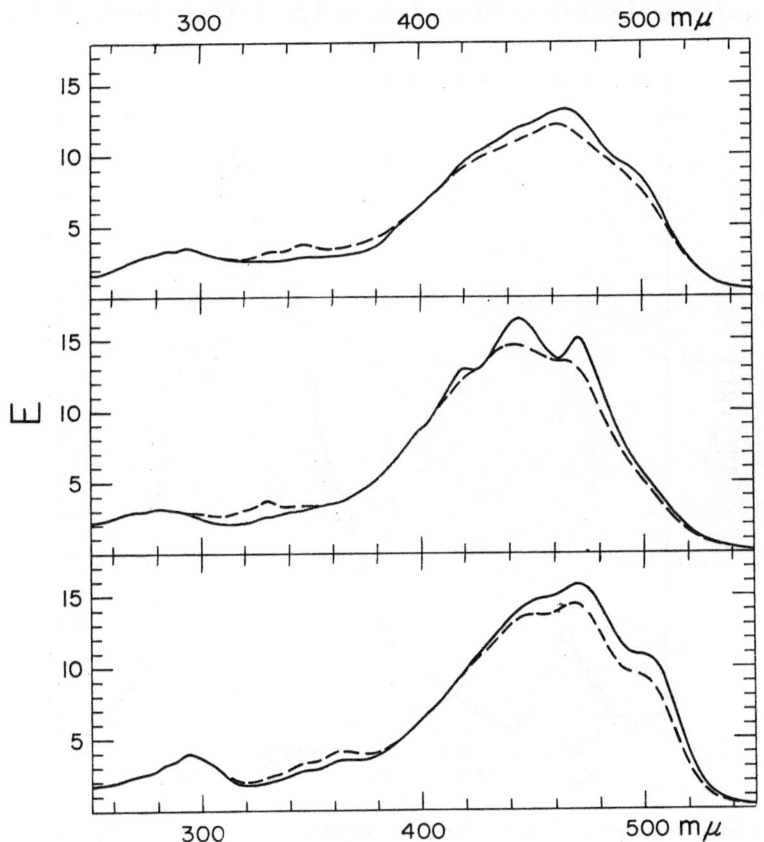

Fig. 21. 4-Keto-γ-carotene (top); 5′(?)-hydroxy-5′,6′-dihydro-γ-carotene (middle), and 4′-hydroxy-3,4-dehydro-γ-carotene (bottom) (*5*).

The wavelength of maximum extinction (in hexane) is, for *normal* vitamin A_1 acetate, 325 mμ ($\varepsilon = 51000$) but 348 mμ ($\varepsilon = 56800$) for the corresponding *retro* compound (*1*, cf. also *35*).

We have observed in several instances that when a C_{40}-carotenoid had acquired *retro* structure in the course of chemical conversions, the maxima were displaced toward longer wavelengths, the extinction values in the main band were heightened, and the extent of the fine structure increased (*133, 134, 122*). As shown on models, these observations are in accordance with the behavior of *retro* ionone rings which may easily assume coplanarity while the *normal* ring tends to be puckered [DALE (*10, 11*)].

The two structural types can also be differentiated by the spectrum of the *cis-trans*-isomeric mixture, furnished by iodine catalysis, in light.

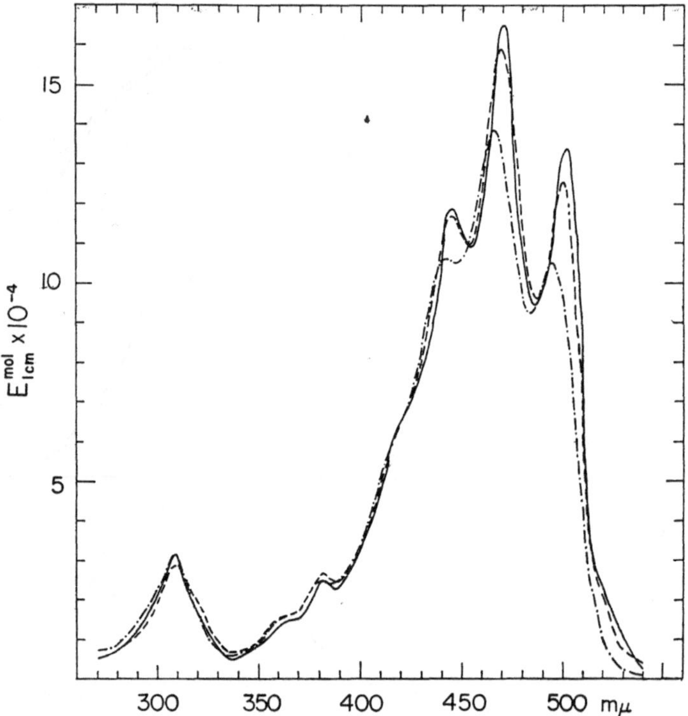

Fig. 22. *retro*-Dehydrocarotene (------, after refluxing; and —·—·—, after iodine catalysis). [From: J. Amer. Chem. Soc. 75, 5341 (1953).]

It was found that the *cis*-peak effect was absent in the case of *retro* compounds, although the greater part of the stereoisomeric mixture did consist of *cis* isomers (*133, 110*). Furthermore, the shape of the main band was much less modified by iodine catalyzed all-*trans* → *cis* rearrangements than that of a comparable *normal* carotenoid. This means that the extinction curves of the major *cis* components of the *retro* mixture do not differ markedly from the all-*trans* curve in the visible and near-ultraviolet regions.

A modern discussion of the influence of stereochemical factors on "overtone" bands of polyenes has been presented recently by DALE (*10, 11*).

Spectral Curves. On the preceeding pages the reader will find first, several curves that are essentially identical with those of the naturally

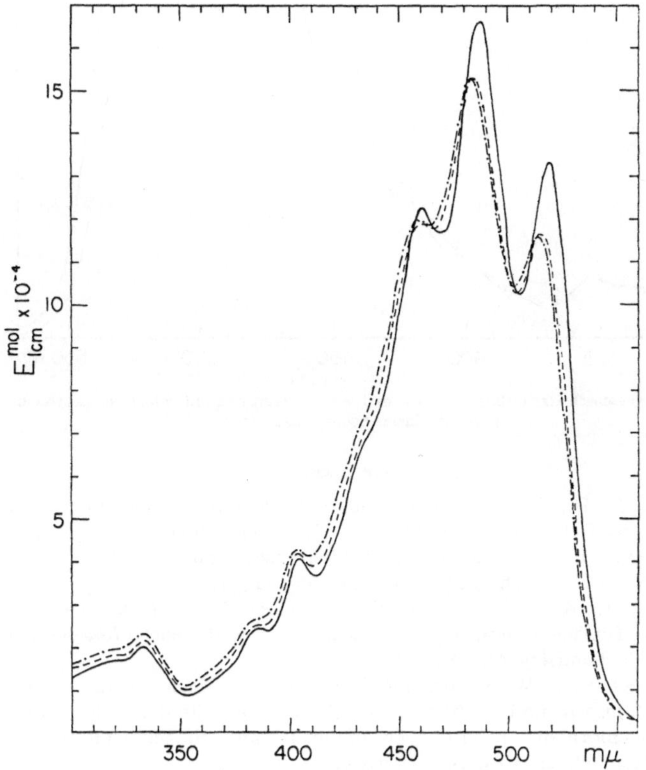

Fig. 23. *retro*-Bisdehydrocarotene (- - - - - -, after refluxing; and –·–·–·–, after iodine catalysis). [From: J. Amer. Chem. Soc. *75*, 4493 (1953).]

occurring pigments, then curves of dehydrogenated carotenoids and of polyene-ketones, and, finally, those of some *retro* compounds.

All spectra refer to hexane solutions. When a Figure shows, besides the full-line, also a dashed- or dash-dot-line curve, the latter represents the stereoisomeric mixture obtained upon iodine catalysis, if no other explanation is given in the Legend.

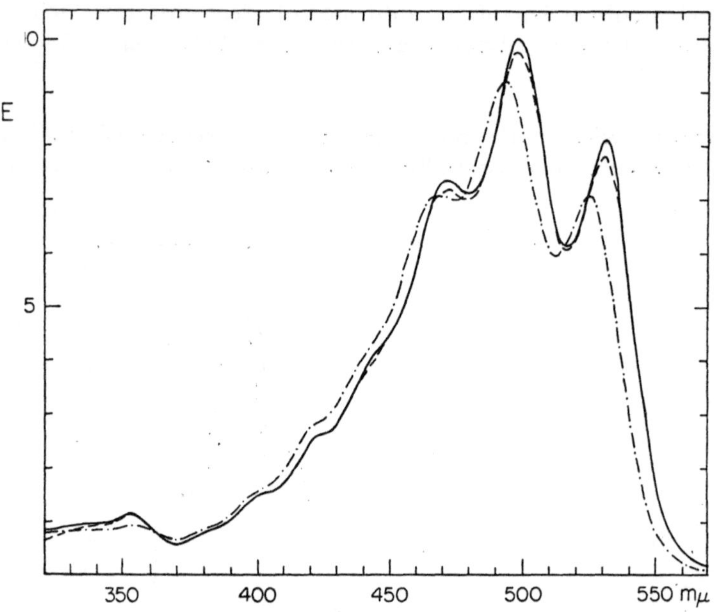

Fig. 24. Anhydro-eschscholtzxanthin (- - - - - - - and —·— —·— represent individual *cis* compounds). [From: J. Amer. Chem. Soc. 75, 4493 (1953).]

References.

1. BEUTEL, R. H., D. F. HINKLEY and P. I. POLLAK: Conversion of Vitamin A Acetate to Retrovitamin A Acetate. J. Amer. Chem. Soc. **77**, 5166 (1955).
2. BOHLMANN, F.: Konstitution und Lichtabsorption. IV. Mitt.: Dicarbonyl-Derivate. Ber. dtsch. chem. Ges. **84**, 860 (1951).
3. BONNER, J., A. SANDOVAL, Y. W. TANG and L. ZECHMEISTER: Changes in Polyene Synthesis Induced by Mutation in a Red Yeast *(Rhodotorula rubra)*. Arch. Biochemistry **10**, 113 (1946).
4. BRÜGGEMANN, J., W. KRAUSS und J. TIEWS: Zum Mechanismus der Reaktionen von Vitamin A und D bzw. β-Carotin mit Metallhalogeniden, insbesondere Antimonchloriden. I. Mitt.: Zusammensetzung einiger Halogenidkomplexe. Ber. dtsch. chem. Ges. **85**, 315 (1952).
5. BUSH, W. V.: Thesis, California Institute of Technology, Pasadena, 1958.
6. BUSH, W. V. and L. ZECHMEISTER: On Some Cleavage Products of the Boron Trifluoride Complexes of α-Carotene, Lycopene and γ-Carotene. J. Amer. Chem. Soc. **80**, 2991 (1958).
7. CARR, F. H. and E. A. PRICE: Colour Reactions Attributed to Vitamin A. Biochemic. J. **20**, 497 (1926).
8. CHOLNOKY, L., C. GYÖRGYFY, E. NAGY and M. PÁNCZÉL: Function of Carotenoids in Chlorophyll-containing Organs. Nature (London) **178**, 410 (1956).
9. DALE, J.: Dehydrogenation of Squalene with N-Bromosuccinimide. Arch. Biochem. Biophys. **41**, 475 (1952).
10. — Empirical Relationships of the Minor Bands in the Absorption Spectra of Polyenes. Acta Chem. Scand. **8**, 1235 (1954).

11. DALE, J.: The Free-Electron Model "Overtone" Bands, and Vibrational Structure in Absorption Spectra of Polyenes and Polyenynes. Acta Chem. Scand. **11**, 265 (1957); cf. also **11**, 640, 650 and 971 (1957).

12. DEUEL, H. J., Jr., J. GANGULY, L. WALLCAVE and L. ZECHMEISTER: Provitamin A Activity of a Structural Isomer of Cryptoxanthin and Its Methyl Ether. Arch. Biochem. Biophys. **47**, 237 (1953).

13. DEUEL, H. J., Jr. and A. WELLS: Private communication.

14. DUGGAR, B. M.: Lycopersicin, the Red Pigment of the Tomato, and the Effects of Conditions upon its Development. Washington Univ. Studies **1**, 22 (1913) [Chem. Abstr. **9**, 1346 (1915)].

15. ENTSCHEL, R. und P. KARRER: Carotinoidsynthesen. XXI. Synthese des Eschscholtzxanthins. Helv. Chim. Acta **40**, 1809 (1957).

15a. — — Carotinoidsynthesen. XXII. Umsetzungsprodukte des β-Carotins mit Bromsuccinimid. (Einführung von Äther- und Hydroxyl-Gruppen in den Kohlenwasserstoff.) Helv. Chim. Acta **41**, 402 (1958).

16. EUGSTER, C. H. und P. KARRER: Taraxanthin und Tarachrom, sowie Beobachtungen über stereoisomere Trollixanthine. Helv. Chim. Acta **40**, 69 (1957).

17. EULER, H. v. und P. KARRER: Über die Vitamin-A-Wirkung des β-Carotin-di-epoxyds und des Luteochroms. Helv. Chim. Acta **33**, 1481 (1950).

18. FARRAR, K. R., J. C. HAMLET, H. B. HENBEST and E. R. H. JONES: Studies in the Polyene Series. XLIII. The Structure and Synthesis of Vitamin A_2 and Related Compounds. J. Chem. Soc. (London) **1952**, 2657.

19. FOX, D. L. and B. T. SCHEER: Comparative Studies of the Pigments of Some Pacific Coast Echinoderms. Biol. Bull. **80**, 441 (1941).

20. GANGULY, J., N. I. KRINSKY and J. H. PINCKARD: Isolation and Nature of Echinenone, a Provitamin A. Arch. Biochem. Biophys. **60**, 345 (1956).

21. GANGULY, J., N. I. KRINSKY, J. H. PINCKARD und H. J. DEUEL, Jr.: Untersuchungen über den Carotinoid-Stoffwechsel. XIV. Biologische Wirksamkeit von Echinenon. Z. physiol. Chem. (Hoppe-Seyler) **295**, 61 (1953).

22. GANSSER, CH. und L. ZECHMEISTER: Über einige *cis*-Formen des Canthaxanthins. Helv. Chim. Acta **40**, 1757 (1957).

23. GILLAM, A. E., I. M. HEILBRON, R. A. MORTON and J. C. DRUMMOND: The Isomerisation of Carotene by Means of Antimony Trichloride. Biochemic. J. **26**, 1174 (1932).

24. GOODWIN, T. W.: The Comparative Biochemistry of the Carotenoids. London: Chapman & Hall. 1952.

25. — Studies in Carotenogenesis. 22. The Structure of Echinenone. Biochemic. J. **63**, 481 (1956).

26. GOODWIN, T. W. and M. M. TAHA: The Carotenoids of the Gonads of the Limpets *Patella vulgata* and *Patella depressa*. Biochemic. J. **47**, 244 (1950).

27. — — A Study of the Carotenoids Echinenone and Myxoxanthin with Special Reference to their Probable Identity. Biochemic. J. **48**, 513 (1951).

28. GOUVEIA, A. J. A. DE and A. P. GOUVEIA: Chemical Study of the Fish of the Portuguese Coast. II. Carotenoids of *Sardina pilchardus*. Rev. fac. ciênc., Univ. Coimbra **21**, 166 (1952) [Chem. Abstr. **48**, 2281 (1954)].

28a. GROB, E. C.: Über die Bildung der Carotinoide bei *Neurospora crassa*. Chimia **12**, 86 (1958).

29. HAUSSER, K. W., R. KUHN, A. SMAKULA und A. DEUTSCH: Lichtabsorption und Doppelbindung. III. Untersuchungen in der Furanreihe. Z. physik. Chem. B **29**, 378 (1935).

30. HAXO, F. (T.): Studies on the Carotenoid Pigments of *Neurospora*. I. Composition of the Pigment. Arch. Biochemistry **20**, 400 (1949).

31. HAXO, F. (T.): Carotenoids of the Mushroom *Cantharellus cinnabarinus*. Bot. Gaz. **112**, 228 (1950).
32. HEILBRON, I. M., E. R. H. JONES, J. T. McCOMBIE and B. C. L. WEEDON: Studies in the Polyene Series. XX. The Formation of Ethers and Esters from Propenylvinylcarbinol and Related Compounds, and the Simultaneous Rearrangements. J. Chem. Soc. (London) **1945**, 88.
33. HENBEST, H. B. and T. I. WRIGLEY: Aspects of Stereochemistry. Part VI. Reactions of Some Epoxy-steroids with the Boron Trifluoride-Ether Complex. J. Chem. Soc. (London) **1957**, 4596.
34. HOLME, D., E. R. H. JONES and M. C. WHITING: The Synthesis of an All-*cis*-tetraene. Chem. and Ind. **1956**, 928.
35. HUISMAN, H. O., A. SMIT, P. H. VAN LEEUWEN and J. H. VAN RIJ: Investigations in the Vitamin A Series. III. Rearrangement of the *retro*-System to the *normal* System of Conjugated Double Bonds in the Vitamin A Series. Rec. trav. chim. Pays-Bas **75**, 977 (1956).
36. INHOFFEN, H. H., K. BRÜCKNER und R. GÜNDEL: Studien in der Vitamin D-Reihe: Umlagerung des Vitamins D_2 zu einem *iso*-Tachysterin und Partialsynthese eines *iso*-Vitamins D_2. Ber. dtsch. chem. Ges. **87**, 1 (1954).
37. INHOFFEN, H. H. und G. RASPÉ: Synthesen in der Carotinoid-Reihe. XXXII. Totalsynthese des 3,4,3',4'-Bisdehydro-β-carotins. Liebigs Ann. Chem. **594**, 165 (1955).
38. ISLER, O., M. MONTAVON, R. RÜEGG, G. SAUCY und P. ZELLER: Synthese hydroxyhaltiger Carotinoide. Verh. Naturf. Ges. Basel **67**, 379 (1956).
39. KARMAKAR, G. and L. ZECHMEISTER: On Some Dehydrogenation Products of α-Carotene, β-Carotene and Cryptoxanthin. J. Amer. Chem. Soc. **77**, 55 (1955).
40. KARRER, P.: Carotinoid-epoxyde und furanoide Oxyde von Carotinoidfarbstoffen. Fortschr. Chem. organ. Naturstoffe **5**, 1 (1948).
41. — Zur Stellung der Hydroxyle im Xanthophyll und anderen Carotinoiden. Helv. Chim. Acta **34**, 2160 (1951).
42. KARRER, P., A. HELFENSTEIN, R. WIDMER und TH. B. VAN ITALLIE: Über Bixin. (XIII. Mitt. über Pflanzenfarbstoffe.) Helv. Chim. Acta **12**, 741 (1929).
43. KARRER, P. und E. JUCKER: Carotinoide. Basel: Birkhäuser. 1948.
44. — — Partialsynthesen des Flavoxanthins, Chrysanthemaxanthins, Antheraxanthins, Violaxanthins, Mutatoxanthins und Auroxanthins. Helv. Chim. Acta **28**, 300 (1945).
45. — — Oxyde des β-Carotins: β-Carotin-mono-epoxyd, β-Carotin-di-epoxyd, Mutatochrom, Aurochrom, Luteochrom. Helv. Chim. Acta **28**, 427 (1945).
46. — — Über weitere Vorkommen von Carotinoid-epoxyden. Trollixanthin und Trollichrom. Helv. Chim. Acta **29**, 1539 (1946).
47. KARRER, P., E. JUCKER, J. RUTSCHMANN und K. STEINLIN: Zur Kenntnis der Carotinoid-epoxyde. Natürliches Vorkommen von Xanthophyll-epoxyd und α-Carotin-epoxyd. Helv. Chim. Acta **28**, 1146 (1945).
48. KARRER, P. und E. LEUMANN: Eschscholtzxanthin und Anhydro-eschscholtzxanthin. Helv. Chim. Acta **34**, 445 (1951).
49. KARRER, P., L. LOEWE und H. HÜBNER: Konstitution des Astacins. Helv. Chim. Acta **18**, 96 (1935).
50. KARRER, P. und J. RUTSCHMANN: Über Violaxanthin, Auroxanthin und andere Pigmente der Blüten von *Viola tricolor*. Helv. Chim. Acta **27**, 1684 (1944).
51. — — Dehydro-lycopin, ein Carotinoidfarbstoff mit 15 konjugierten Doppelbindungen. Helv. Chim. Acta **28**, 793 (1945).

52. KARRER, P., K. SCHÖPP und R. MORF: Pflanzenfarbstoffe. XLII. Zur Kenntnis der isomeren Carotine und ihre Beziehungen zum Wachstumsvitamin A. Helv. Chim. Acta **15**, 1158 (1932).

53. KARRER, P. und G. SCHWAB: Die Konstitution des sog. Isocarotins. Helv. Chim. Acta **23**, 578 (1940).

54. KARRER, P. und U. SOLMSSEN: Überführung von Rhodoxanthin in Zeaxanthin. Helv. Chim. Acta **18**, 477 (1935).

55. KARRER, P. und T. TAKAHASHI: Pflanzenfarbstoffe. LIV. Methylierungsprodukte des Zeaxanthins. Helv. Chim. Acta **16**, 1163 (1933).

56. KOE, B. K. and L. ZECHMEISTER: *In Vitro* Conversion of Phytofluene and Phytoene into Carotenoid Pigments. Arch. Biochem. Biophys. **41**, 236 (1952).

57. — — Preparation and Spectral Characteristics of all-*trans*- and a *cis*-Phytofluene. Arch. Biochem. Biophys. **46**, 100 (1953).

58. KÖRÖSY, F.: Electrolytic Behaviour of Some Carotenoids in Strongly Acid Media. Experientia **11**, 342 (1955).

59. KREIDER, H. R.: Reaction of Vitamin A with Super-Filtrol. Science (Washington) **101**, 377 (1945).

60. KUHN, R. und H. BROCKMANN: Über Rhodo-xanthin, den Arillus-Farbstoff der Eibe *(Taxus baccata)*. Ber. dtsch. chem. Ges. **66**, 828 (1933).

61. — — Über den stufenweisen Abbau und die Konstitution des β-Carotins. Liebigs Ann. Chem. **516**, 95 (1935).

62. KUHN, R. und A. DEUTSCH: Die Konstitution des Azafrins. Ber. dtsch. chem. Ges. **66**, 883 (1933).

63. KUHN, R. und E. LEDERER: Fraktionierung und Isomerisierung des Carotins. Naturwiss. **19**, 306 (1931).

64. — — Iso-carotin. (Über das Vitamin des Wachstums, 3. Mitt.) Ber. dtsch. chem. Ges. **65**, 637 (1932).

65. — — Über die Farbstoffe des Hummers (*Astacus gammarus* L.) und ihre Stammsubstanz, das Astacin. Ber. dtsch. chem. Ges. **66**, 488 (1933).

66. KUHN, R. und N. A. SÖRENSEN: Über Astaxanthin und Ovoverdin. Ber. dtsch. chem. Ges. **71**, 1879 (1938).

67. — — Über die Farbstoffe des Hummers (*Astacus gammarus* L.). Z. angew. Chem. **51**, 465 (1938).

68. KUHN, R. und W. WIEGAND: Über konjugierte Doppelbindungen. IX. Der Farbstoff der Judenkirschen (*Physalis Alkekengi* und *Physalis Franchetti*). Helv. Chim. Acta **12**, 499 (1929).

69. KUHN, R. und A. WINTERSTEIN: Über konjugierte Doppelbindungen. I. Synthese von Diphenyl-poly-enen. II. Synthese von Biphenylen-poly-enen. III. Wasserstoff- und Brom-anlagerung an Poly-ene. IV. Molekelverbindungen und Farbreaktionen der Poly-ene. Helv. Chim. Acta **11**, 87, 116, 123, 144 (1928).

70. KUHN, R., A. WINTERSTEIN und H. ROTH: Über den Polyen-Farbstoff der Azafranillo-Wurzeln. (Über konjugierte Doppelbindungen, XVII.) Ber. dtsch. chem. Ges. **64**, 333 (1931).

71. LEDERER, E.: Échinénone et pentaxanthine; deux nouveaux caroténoïdes trouvés dans l'oursin *(Echinus esculentus)*. C. R. hebd. Séances Acad. Sci. **201**, 300 (1935).

72. LEDERER, E. and T. MOORE: Echinenone as a Provitamin A. Nature (London) **137**, 996 (1936).

73. LEWIS, G. N. and G. T. SEABORG: Primary and Secondary Acids and Bases. J. Amer. Chem. Soc. **61**, 1886 (1939).

74. LIJINSKY, W. and L. ZECHMEISTER: On the Existence of Some Intermediate Products in the Catalytic Hydrogenation of Lycopene. Arch. Biochem. Biophys. **52**, 358 (1954).
75. LOWMAN, A.: A New Reagent for Vitamin A. Science (Washington) **101**, 183 (1945).
76. LUBIMENKO, V. N.: On the Transformations of Plastid Pigments in Living Plant Tissue. Mém. Acad. Sci. Pétrograd [8] **33**, 275 pp. (1916) [Physiol. Abstr. **4**, 413 (1919)].
77. LUNDE, K. and L. ZECHMEISTER: *cis-trans* Isomeric 1,6-Diphenylhexatrienes. J. Amer. Chem. Soc. **76**, 2308 (1954).
78. MACKINNEY, G., C. O. CHICHESTER and P. S. WONG: Carotenoids in *Phycomyces*. J. Amer. Chem. Soc. **75**, 5428 (1953).
79. MAGOON, E. F. and L. ZECHMEISTER: Stepwise Stereoisomerization of Prolycopene, a Poly*cis* Carotenoid, to all-*trans*-Lycopene. Arch. Biochem. Biophys. **69**, 535 (1957).
80. MEUNIER, P.: De l'action des argiles montmorillonites sur la vitamine A et les phénomènes de mésomérie dans le groupe des caroténoïdes. C. R. hebd. Séances Acad. Sci. **215**, 470 (1942).
81. MEUNIER, P., R. DULOU et A. VINET: Sur les conditions de formation et la constitution de la vitamine A dite «cyclisée». Bull. soc. chim. biol. (Paris) **25**, 371 (1943).
82. MEUNIER, P. et A. VINET: Chromatographie et mésomérie. Adsorption et résonance. Paris: Masson & Cie. 1947.
83. NASH, H. A., F. W. QUACKENBUSH and J. W. PORTER: Studies on the Structure of ζ-Carotene. J. Amer. Chem. Soc. **70**, 3613 (1948).
84. NASH, H. A. and F. P. ZSCHEILE: Absorption Spectrum of ζ-Carotene. Arch. Biochemistry **7**, 305 (1945).
85. OROSHNIK, W., G. KARMAS and A. D. MEBANE: Synthesis of Polyenes. I. *Retro*-vitamin A Methyl Ether. Spectral Relationships between the β-Ionylidene and *Retro*ionylidene Series. J. Amer. Chem. Soc. **74**, 295 (1952).
86. PETRACEK, F. J.: Thesis, California Institute of Technology, Pasadena, 1956.
87. PETRACEK, F. J. and L. ZECHMEISTER: Stereoisomeric Phytofluenes. J. Amer. Chem. Soc. **74**, 184 (1952).
88. — — Reaction of β-Carotene with N-Bromosuccinimide: The Formation and Conversions of Some Polyene Ketones. J. Amer. Chem. Soc. **78**, 1427 (1956).
89. — — The Hydrolytic Cleavage Products of Boron Trifluoride Complexes of β-Carotene, Some Dehydrogenated Carotenes and Anhydrovitamin A_1. J. Amer. Chem. Soc. **78**, 3188 (1956).
90. — — The Structure of Canthaxanthin. Arch. Biochem. Biophys. **61**, 137 (1956).
91. — — Determination of Partition Coefficients of Carotenoids as a Tool in Pigment Analysis. Analyt. Chemistry **28**, 1484 (1956).
92. POLGÁR, A. and L. ZECHMEISTER: Action of Cold Concentrated Hydriodic Acid on Carotenes: Structure and *cis-trans*-Isomerization of Some Reaction Products. J. Amer. Chem. Soc. **65**, 1528 (1943).
93. PORTER, J. W. and R. E. LINCOLN: I. *Lycopersicon* Selections Containing a High Content of Carotenes and Colorless Polyenes. II. The Mechanism of Carotene Biosynthesis. Arch. Biochemistry **27**, 390 (1950).
94. PORTER, J. W. and F. P. ZSCHEILE: Naturally Occurring Colorless Polyenes. Arch. Biochemistry **10**, 547 (1946).
95. RABOURN, W. J. and F. W. QUACKENBUSH: The Occurrence of Phytoene in Various Plant Materials. Arch. Biochem. Biophys. **44**, 159 (1953).

96. RABOURN, W. J. and F. W. QUACKENBUSH: The Structure of Phytoene. Arch. Biochem. Biophys. **61**, 111 (1956).
97. ROSENHEIM, O. and W. W. STARLING: The Purification and Optical Activity of Carotene. Chem. and Ind. **50**, 443 (1931).
98. SANDOVAL, A., E. R. MESERVE, H. J. DEUEL, Jr. and L. ZECHMEISTER: Behavior of Phytofluene in the Animal Body. Arch. Biochemistry **11**, 373 (1946).
99. SAPERSTEIN, S. and M. P. STARR: The Ketonic Carotenoid Canthaxanthin Isolated from a Colour Mutant of *Corynebacterium michiganense*. Biochemic. J. **57**, 273 (1954).
100. SAPERSTEIN, S., M. P. STARR and J. A. FILFUS: Alterations in Carotenoid Synthesis accompanying Mutation in *Corynebacterium michiganense*. J. Gen. Microbiol. **10**, 85 (1954).
101. SHANTZ, E. M. and J. H. BRINKMAN: Biological Activity of Pure Vitamin A_2. J. Biol. Chem. **183**, 467 (1950).
102. STRAIN, H. H.: Eschscholtzxanthin: A new Xanthophyll from the Petals of the California Poppy, *Eschscholtzia californica*. J. Biol. Chem. **123**, 425 (1938).
103. — Carotene. XI. Isolation and Detection of α-Carotene, and the Carotenes of Carrot Roots and of Butter. J. Biol. Chem. **127**, 191 (1939); Nature (London) **137**, 946 (1936).
104. — Isomerization of Polyene Acids and Carotenoids. Preparation of β-Eleostearic and β-Licanic Acids. J. Amer. Chem. Soc. **63**, 3448 (1941).
105. TAPPI, G. und P. KARRER: Über die Carotinoide aus den Staubbeuteln von *Lilium candidum*. *Cis*-Antheraxanthin. Helv. Chim. Acta **32**, 50 (1949).
106. TSUKIDA, K. and L. ZECHMEISTER: The Stereoisomerization of β-Carotene Epoxides and the Simultaneous Formation of Furanoid Oxides. Arch. Biochem. Biophys. **74**, 408 (1958).
107. WALLACE, V. and J. W. PORTER: Phytofluene. Arch. Biochem. Biophys. **36**, 468 (1952).
108. WALLCAVE, L.: Thesis, California Institute of Technology, Pasadena, 1953.
109. WALLCAVE, L., J. LEEMANN and L. ZECHMEISTER: Action of Boron Trifluoride Etherate on β-Carotene. Proc. Nat. Acad. Sci. (USA) **39**, 604 (1953).
110. WALLCAVE, L. and L. ZECHMEISTER: Conversion of Dehydro-β-carotene, *via* its Boron Trifluoride Complex, into an Isomer of Cryptoxanthin. J. Amer. Chem. Soc. **75**, 4495 (1953).
111. WASSERMANN, A.: Proton-acceptor Properties of Carotene. J. Chem. Soc. (London) **1954**, 4329.
112. ZECHMEISTER, L.: Carotinoide. Ein biochemischer Bericht über pflanzliche und tierische Polyenfarbstoffe. Berlin: Julius Springer. 1934.
113. — *Cis-trans* Isomerization and Stereochemistry of Carotenoids and Diphenylpolyenes. Chem. Rev. **34**, 267 (1944).
114. — Stereoisomeric Provitamins A. Vitamins and Horm. **7**, 57 (1949).
115. — Some Stereochemical Aspects of Polyenes. Experientia **10**, 1 (1954).
116. ZECHMEISTER, L., L. CHOLNOKY und V. VRABÉLY: Über die katalytische Hydrierung von Carotin. Ber. dtsch. chem. Ges. **61**, 566 (1928).
117. ZECHMEISTER, L. and F. (T.) HAXO: Phytofluene in *Neurospora*. Arch. Biochemistry **11**, 539 (1946).
118. ZECHMEISTER, L. and G. KARMAKAR: The Occurrence of Phytofluene in Green Plant Organs. Arch. Biochem. Biophys. **47**, 160 (1953).
119. ZECHMEISTER, L. and B. K. KOE: Stepwise Dehydrogenation of the Colorless Polyenes Phytoene and Phytofluene with N-Bromosuccinimide to Carotenoid Pigments. J. Amer. Chem. Soc. **76**, 2923 (1954).

120. Zechmeister, L., A. L. LeRosen, W. A. Schroeder, A. Polgár and L. Pauling: Spectral Characteristics and Configuration of Some Stereoisomeric Carotenoids Including Prolycopene and Pro-γ-carotene. J. Amer. Chem. Soc. **65**, 1940 (1943).

121. Zechmeister, L. and E. F. Magoon: Spectral Maxima of Stereoisomeric Polyenes. Chem. and Ind. **1957**, 431.

122. Zechmeister, L. and F. J. Petracek: Bisdehydro-carotenes. J. Amer. Chem. Soc. **77**, 2567 (1955).

123. — — On the Structure of the Deoxyluteins. Arch. Biochem. Biophys. **61**, 243 (1956).

124. Zechmeister, L. and J. H. Pinckard: Some Poly-*cis*-lycopenes Occurring in the Fruit of *Pyracantha*. J. Amer. Chem. Soc. **69**, 1930 (1947).

125. — — On Naturally Occurring Colorless Polyenes. Experientia **4**, 474 (1948).

126. Zechmeister, L. and A. Polgár: *cis-trans* Isomerization and Spectral Characteristics of Carotenoids and Some Related Compounds. J. Amer. Chem. Soc. **65**, 1522 (1943).

127. — — On the Occurrence of a Fluorescing Polyene with a Characteristic Spectrum. Science (Washington) **100**, 317 (1944).

128. Zechmeister, L. and A. Sandoval: The Occurrence and Estimation of Phytofluene in Plants. Arch. Biochemistry **8**, 425 (1945).

129. — — The Coloration Given by Vitamin A and other Polyenes on Acid Earths. Science (Washington) **101**, 585 (1945).

130. — — Phytofluene. J. Amer. Chem. Soc. **68**, 197 (1946).

131. Zechmeister, L. and J. W. Sease: Conversion of Lutein in a Boric Acid-Naphthalene Melt. I. J. Amer. Chem. Soc. **65**, 1951 (1943).

132. Zechmeister, L. und P. Tuzson: Über den Farbstoff der Sonnenblume. (II. Mitt.) Ber. dtsch. chem. Ges. **67**, 170 (1934).

133. Zechmeister, L. and L. Wallcave: Action of N-Bromosuccinimide on β-Carotene. J. Amer. Chem. Soc. **75**, 4493 (1953).

134. — — A Study of Some *cis-trans* Isomeric Dehydro-β-carotenes. J. Amer. Chem. Soc. **75**, 5341 (1953).

(Received, November 20, 1957.)

The Chemistry of Podophyllum.

By J. L. HARTWELL and A. W. SCHRECKER, Bethesda, Maryland.

With 5 Figures.

Contents.

Acknowledgment. The authors are indebted to Miss MARY M. TRAIL for valuable help in preparing the manuscript.

I. History.

Podophyllum is the dried roots and rhizomes of species of *Podophyllum* (Fam. Berberidaceae). It is derived commercially from two species of plants, namely, *Podophyllum peltatum* L., the American species, and *P. emodi* WALL. (*P. hexandrum* ROYLE), the Indian. Both are herbaceous perennials. The species do not have an ancient history compared with that of many other medicinal plants. *P. peltatum* is indigenous to the United States and Canada and grows commonly in eastern North America from Quebec through Florida and westward to Minnesota and Texas. It is usually called in the United States "May apple" or "American mandrake"; older names are "Indian apple", "wild lemon", "duck's foot", "vegetable calomel", etc.

The plant and the properties of its root were first called to the attention of travelers and colonists in North America by the Indians who knew of its properties as a cathartic, anthelmintic, and as a mortal poison (*47*)*. CHAMPLAIN, 1615, described the plant and spoke of the fruit as edible, but was apparently unaware of the medicinal properties of the root (*21*). The colonists used the latter extensively as a cathartic, emetic, and cholagogue. The plant was described and first given its modern botanical name by LINNAEUS in 1753 (*119*). At that time he

* A more detailed account of the early medicinal uses of this plant is given in KELLY and HARTWELL (*96*).

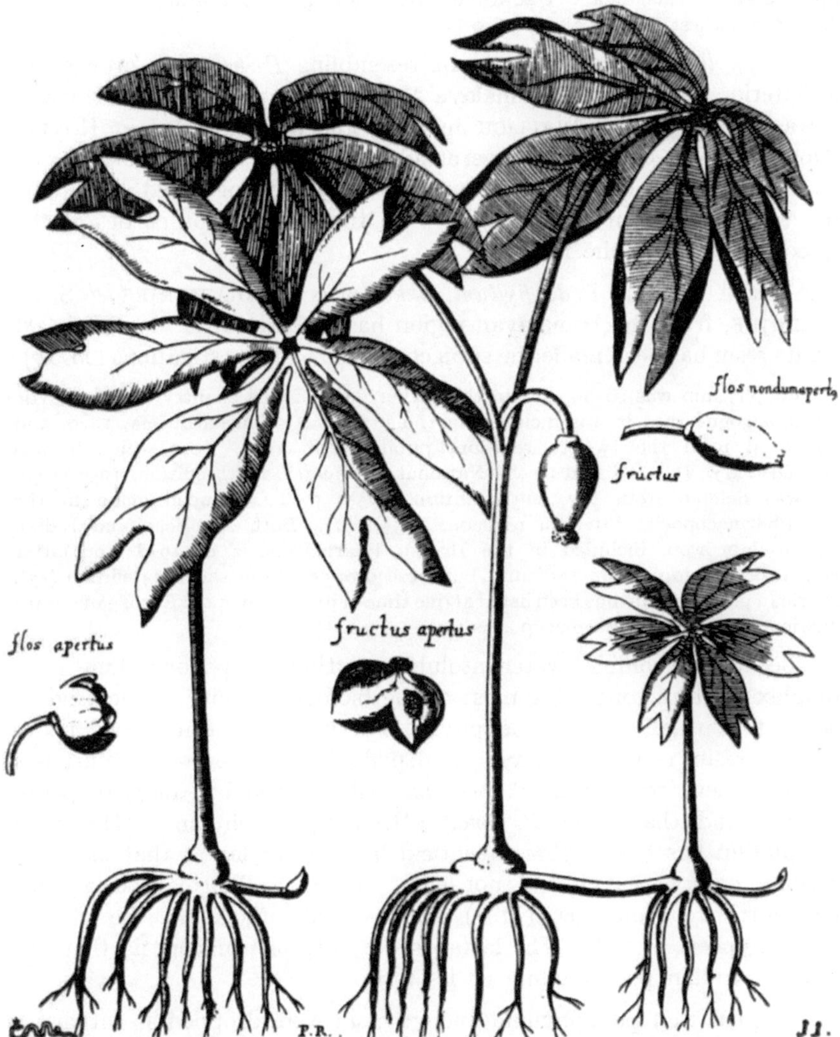

Fig. 1. *Podophyllum peltatum* L., according to MENTZEL, 1682 (*130*). [From: Index nominum plantarum universalis, by courtesy of Dr. B. G. SCHUBERT, U. S. Dept. of Agriculture.]

referred to two of his own earlier works, in 1737 (*117*) and 1748 (*118*), in which he called it simply "podophyllum", as well as to CATESBY, 1731 (*19*), GRONOVIUS, 1739 (*62*), and VAN ROYEN, 1740 (*206*). He also cited an illustration of the plant from MENTZEL, 1682 (*130*), which may be the earliest picture of the plant known; this is reproduced in *Fig. 1*.

CATESBY called the plant "anapodophyllon canadense MORINI" after TOURNEFORT (*204*) and mentioned its emetic properties. He noted its popular names "May apple" and "ipecacuanha". GRONOVIUS listed several 17th century references of which the earliest is JONCQUET, 1659 (*93*).

*Podophyllum emodi** is a plant resembling *P. peltatum*, growing in the interior ranges of the Himalaya Mountains from Sikkim to Hazara. It was discovered by WALLICH in 1824 and was included in ROYLE, 1839 (*159*). It is called, in the vernacular, "papri", "bhavan-bakra", etc. Several varieties of this species have been distinguished (*22*). The natives of the region were familiar with the cathartic properties of the aqueous extract of the roots.

A third species, *Podophyllum sikkimensis* R. CHATTERJEE *et* S. K. MUKERJEE, from the Himalayan region has recently been identified (*28*) and its resin has been made the subject of chemical investigations (*26, 27*).

Podophyllum was so popular in the earlier days of this country as a cathartic and cholagogue that it was included in the first U. S. Pharmacopoeia, 1820, and was listed until the twelfth revision, published in 1942, from which it was dropped (*141*). It was listed in the National Formulary, ninth edition, 1950 (*135*), but was deleted from the tenth edition, 1955, to be included again in the U. S. Pharmacopoeia, fifteenth revision, 1955 (*141*). Both American and Indian podophyllum were included in the British Pharmacopoeia of 1948 (the latter being called Podophyllum Indicum) but were dropped from the 1953 edition (*17*). American podophyllum has been listed at one time or another in most European, South American and Asian pharmacopoeias (*89*).

The alcohol-soluble water-insoluble portion of podophyllum is a complex mixture containing most of the biologic activity of the original root. It is usually called podophyllin but has also been named podophyllum resin, resina podophylli, and podophyllinum. For the purposes of this review, resin from *P. peltatum* will be called "American podophyllin" and that from *P. emodi* "Indian podophyllin". The resin podophyllin has had a pharmaceutical history similar to that of podophyllum except that it did not enter the U. S. Pharmacopoeia until the fourth revision (1863) (*141*) and is still official in the British Pharmacopoeia of 1953. The latter is the only pharmacopoeia that has included Indian podophyllum or its resin.

The year that podophyllum and its resin were dropped as cathartics from the U. S. Pharmacopoeia (1942) marked the appearance of a report by KAPLAN (*95*) that the topical application of podophyllin in condyloma acuminatum, a type of venereal wart, produced very satisfactory clinical results. This paper was soon followed by one by KING and SULLIVAN (*102*) in which it was shown that podophyllin caused pronounced cytological changes in normal human and rabbit skin. These reports initiated a renewed medical interest in podophyllin from

* An excellent discussion of the history and botany of this plant, including its several varieties, is given by CHATTERJEE (*22*).

the standpoint of its antimitotic activity*. KAPLAN's work was amply confirmed until, at the present time, podophyllin is the drug of choice in the treatment of condyloma acuminatum. BELKIN (*5*) and HARTWELL and SHEAR (*75*) were first to report a destructive effect of podophyllin on cells of experimental cancer in animals.

Although podophyllin became non-official as a purgative in 1942, there was no diminution in its use for this purpose as it continues to appear in many proprietary medicines and "liver" pills. Similarly, there are to be found scattered references in the older literature to the use of podophyllum or podophyllin in folk medicine and orthodox medicine for cancer or other growths. The plant was utilized as a remedy for cancer by the Penobscot Indians of Maine (*121*). GOOD in 1845 (*59*) wrote: "Some Physicians and Practitioners recommend the powdered root as an escharotic to cleanse foul and ill-conditioned ulcers and dispose them to heal and to promote the exfoliation or removal of carious or rotten bones . . . it is also said to destroy proud flesh without any injury to the sound parts." Podophyllin has been used in the treatment of cancer by private practitioners in the United States prior to 1897 (*4*). SULLIVAN and KING noted (*199*) that "the urologists in New Orleans have treated genital verrucae with topical applications of resin of podophyllum", while SULLIVAN (*195*) states that podophyllin has been used popularly in Louisiana for many years for condyloma acuminatum.

This overlapping of activity is negligible in comparison with the revival in research on this drug on many fronts since 1942, especially in pharmacology, biochemistry, cytology, and clinical medicine (*96*). During this period the drug has been studied in many clinical conditions other than condyloma acuminatum, including diseases of the skin due to infectious agents (verrucae, granuloma inguinale, molluscum contagiosum, tinea capitis), non-specific dermatoses (eczema, psoriasis, neurodermatoses), metabolic diseases (amyloidosis cutis, acanthosis nigricans, gout, rheumatoid arthritis), benign new growths, and malignant new growths. Although there have been a number of reports of successful treatment of papilloma of various sites, of senile keratosis, and of intradermal carcinoma, the drug has achieved no unequivocal therapeutic effect except in the case of condyloma acuminatum.

Corresponding with this medical and biological research activity has been a rebirth of the chemical investigation of podophyllin. In the last ten years, more than a dozen new compounds have been isolated from podophyllum or its resin. The continued study of podophyllin based upon its recognition as a cytotoxic agent, and the growing knowledge of the nature and biological properties of the pure constituents, should broaden the usefulness of the drug and its derivatives in biology and medicine.

---

* An extensive account of this later work, both experimental and clinical, is given in Reference *96*.

II. Preparation of Podophyllin.

The resin was first separated from podophyllum by KING (*98–101*) in 1835, and not by HODGSON in 1832 as has been stated sometimes (*42, 43, 114, 207*). HODGSON's preparation was derived from an aqueous extract (*90*).

The resin was first named "podophyllin" by MERRELL at the suggestion of Prof. G. B. WOOD, the editor of the U. S. Dispensatory, and was first prepared on a commercial scale by him in 1850 (*131*). It became official, as has been noted above, in the fourth revision of the U. S. Pharmacopoeia in 1863 (*141*).

Three methods have been commercially employed for obtaining the resin: by pouring an alcoholic extract of the rhizome into (*a*) water, (*b*) acidulated water, and (*c*) acidulated water containing about 5% alum. The second method is official in the United States. The following is reproduced from the U. S. Pharmacopoeia, fifteenth revision (*141*):

"Extract the drug [Podophyllum in fine powder, 1000 gm.] by slow percolation until it is exhausted of its resin, using alcohol as the menstruum. Concentrate the percolate by evaporation until the residue has the consistency of a thin syrup, and pour this, with constant stirring, into 1000 ml. of water containing the hydrochloric acid [10 ml.] and previously cooled to a temperature below 10°. Allow the precipitate to settle, decant the clear liquid, and wash the precipitate with two 1000 ml. portions of cold water. Dry the resin, and powder it."

The British Pharmacopoeia has no specifications for the preparation of podophyllin.

Podophyllin, prepared by the directions given, is an amorphous powder, light brown to greenish yellow, turning darker when subjected to temperatures exceeding 20° or when exposed to light. It has a characteristic odor, a bitter taste, and is irritating to the eyes and mucous membranes. American podophyllum yields 4–6% resin (*42*), Indian podophyllum 9–12% (*42*), *P. emodi* var. *hexandrum* 7.3% (*20*), and *P. sikkimensis* 7.5–15% (*26, 27*).

III. Composition of Podophyllum.

An earlier review of this subject is in Reference *96*.

Most of the chemical studies, until recent times, dealt with podophyllin, the resin, rather than with podophyllum, the root. Podophyllin is a complex mixture of crystalline compounds and resinous components. Although the physiological properties of podophyllins from different sources appear to be essentially the same, the chemical composition differs greatly.

The first serious chemical investigation was carried out by PODWYSSOTZKI (*142, 143*) in 1880. Using American podophyllum and its resin, he obtained a white substance, crystalline under the microscope, which he named "podophyllotoxin" and which he believed to be the chief carrier of the (purgative) activity, and a coloring matter, which he named podophylloquercetin but which was later shown by DUNSTAN and HENRY (*42*) to be identical with quercetin. Podophyllotoxin was first isolated from Indian podophyllin in non-crystalline form in 1892 by UMNEY (*205*) and in crystalline form by DUNSTAN and HENRY (*42*), who also showed that podophyllotoxin from the two sources is identical. CHAKRAVARTI and CHAKRABORTY recently isolated podophyllotoxin from the resin of *P. emodi* WALL. var. *hexandrum* ROYLE (*20*).

PODWYSSOTZKI also isolated from podophyllin: (*a*) a crystalline compound, which he named picropodophyllin, and although he could obtain this also from podophyllotoxin by the action of alkalies, he did not realize that it was an artifact produced by the use of slaked lime in his isolation method; (*b*) a brown, resin-like material, which he called "podophyllic acid", which was later prepared either from American or Indian podophyllin by THOMPSON (*201*), UMNEY (*205*), MELLANOFF and SCHAEFFER (*129*), and VIEHOEVER and MACK (*207*), and which appears, as shown in the writers' laboratory (*96*), to be a mixture containing podophyllotoxin, α-peltatin and picropodophyllin glucoside; (*c*) a green oil; and (*d*) a crystalline fatty acid, which separated from the oil in rectangular plates. Of these latter two substances no further identification was made. A pungent brown oil was found in the resin of the new variety *P. emodi* var. *hexandrum* (*20*).

A crystalline fatty substance had been obtained earlier by POWER (*146*). Similar fatty or sterol-like materials were later isolated from either the root or the resin of either variety of podophyllum by UMNEY (*205*), DOHME and ENGELHARDT (*38*), MELLANOFF and SCHAEFFER (*129*), and BARTEK et al. (*2*), but were never identified.

The next serious investigation of podophyllin was that of UMNEY (*205*), who concluded that the two kinds of podophyllin were alike in composition qualitatively but different quantitatively. As will be shown later, this conclusion broke down when new components began to be discovered.

DUNSTAN and HENRY (*42*), working with Indian podophyllin, found that the residue after removal of podophyllotoxin and quercetin was still active as a purgative. They were able to separate it into two resinous fractions, one of which possessed all the remaining biological activity and was named "podophylloresin". Recently, SESHADRI and SUBRAMANIAN (*183*) in a new study of this resin, also using Indian podophyllin, have obtained it in a yield of 8% as a pale brown powder. They renamed it "podophyllol" to avoid confusion with resin of podophyllum and suggested that it might be structurally related to podophyllotoxin.

In 1932, BORSCHE (*9*), and SPÄTH (*185*) and their collaborators, isolated analytically pure podophyllotoxin from Indian podophyllin and, after a series of papers, some of which were polemical (*11*, *12*), arrived at identical formulas for this important substance, which they published the same year. Although this formula (XXXVIII, p. 103) was later proved to be wrong in detail, their work was of great importance in establishing the main features of the structure. Their researches are fully discussed on pp. 99–103.

In addition to podophyllotoxin, BORSCHE and NIEMANN (*9*) isolated a yellow crystalline substance, melting at 140–143°, which was never studied further.

In 1932, the list of well-defined components of podophyllum consisted only of podophyllotoxin and quercetin. With the discovery of the cytotoxic activity of podophyllin and its action on venereal warts and experimental cancer in mice already mentioned, the drug and its resin were subjected to more searching inquiry, and over a dozen more new substances were isolated from it. HARTWELL and collaborators, beginning in 1947 (*64*), isolated α-peltatin and β-peltatin from American podophyllin and 4′-demethylpodophyllotoxin and picropodophyllin-β-*D*-glucoside from Indian podophyllin. The first three of these showed tumor-damaging activity. An investigation by CHATTERJEE (*26, 27*) of the resin from the newly established *P. sikkimensis* yielded sikkimotoxin, which is structurally related to podophyllotoxin, and two pigments (beside quercetin), namely, isorhamnetin and quercetin 3-galactoside. PANKAJAMANI and SESHADRI (*139*) found that Indian podophyllin contained not only quercetin, but another pigment, namely, kaempferol. STOLL, RENZ, VON WARTBURG and ANGLIKER, looking for water-soluble compounds in both American and Indian podophyllum, succeeded in isolating the β-*D*-glucosides of podophyllotoxin, α- and β-peltatin, and 4′-demethylpodophyllotoxin; these results were reported in a series of papers beginning in 1954 (*188*). Most recently, KOFOD and JØRGENSEN found dehydropodophyllotoxin (*104*) and desoxypodophyllotoxin (*105*) in American podophyllin.

The structures of podophyllotoxin and its derivatives, as well as of α- and β-peltatin, of sikkimotoxin and of the glucosides are discussed in detail in Chapters VI to XII. These substances belong to *a class of optically active plant products, named "lignans"* by HAWORTH (*77*), *which contain the 2,3-dibenzylbutane skeleton* (I) and are probably derived by dimerization of two C_6–C_3 units at the β-carbon atoms of the side-chains (*45, 78*). Reviews dealing with the lignans isolated from various plant sources have appeared recently (*46, 86*).

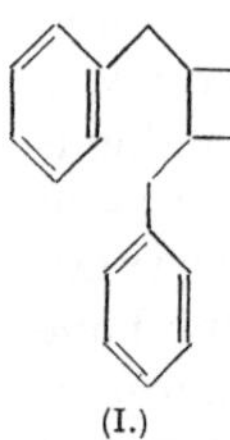
(I.)

Podophyllin and podophyllum have been reported to contain many other substances, some of which have been denied while others have been incompletely characterized. Beside the substances already mentioned are the following: (*a*) methyl podophylloquercetin, erroneously cited by WEHMER (*220*) as having been reported by KÜRSTEN (*108*) in American podophyllum; (*b*) berberine, long suspected and sought for, since *Podophyllum* is in the family Berberidaceae, and reported in the American root along with a colorless alkaloid by MAYER (*128*), but denied by POWER (*145*), MAISCH (*125*), PODWYSSOTZKI (*142*) and others; (*c*) saponin, mentioned early (*128*, *145*) as a constituent of American podophyllum or its resin; (*d*) a glucoside, first reported from the resin but never isolated, by GUARESCHI (*63*) (source not stated), receiving confirmation in the isolation from both kinds of podophyllum of several glucosides (*218*) already mentioned; (*e*) a sugar said to be sucrose (from the rhizome of the American variety) (*109*, *145*); (*f*) a high molecular weight fraction from the resin (origin not given), possibly a complex polysaccharide, having an oncolytic effect on certain tumors in mice (*122–124*); (*g*) a substance called picro-α-peltatin from American podophyllum (*148*), but shown to be most likely α-peltatin (*171*); (*h*) tannins from the Indian resin (*188*, *189*); (*i*) a substance from the American resin, melting at 303–305° (dec.) (*2*, *3*); (*j*) a substance from the American resin, either 4′-demethylpodophyllotoxin or (less likely) 4′-demethylpicropodophyllin, yielding diacetyl-4′-demethylpicropodophyllin on acetylation in the presence of potassium acetate (*2*); and (*k*) two tumor-damaging polysaccharide fractions, isolated from American podophyllum (*6*, *184*).

In summary, sixteen well-characterized compounds have been isolated from podophyllin or from the whole root of the plant. They fall into two chemical classes: the lignans and the flavonol pigments. These are listed, with the reference to the first mention in the literature, in *Table 1*, p. 145.

Two compounds are omitted from Table 1: (*a*) picropodophyllin, described by PODWYSSOTZKI (*143*) as having been obtained from podophyllin by the action of slaked lime, which is undoubtedly an artifact; and (*b*) podophyllol, obtained as a pale brown powder by SESHADRI and SUBRAMANIAN (*183*), the structure of which is not yet known. Picropodophyllin has been reported by other workers, always in small amounts (e. g. *20* and *205*), and it is questionable if it is present as anything but an artifact.

The structures of the compounds isolated from the *Podophyllum* species are as follows:

(II.) R = OH; R' = CH_3; R'' = H. Podophyllotoxin.
(III.) R = R' = H; R'' = OH. α-Peltatin.
(IV.) R = H; R' = CH_3; R'' = OH. β-Peltatin.
(V.) R = OH; R' = R'' = H. 4′-Demethylpodophyllotoxin.
(VI.) R = R'' = H; R' = CH_3. Desoxypodophyllotoxin.
(VII.) R = O-glucosyl; R' = CH_3; R'' = H. Podophyllotoxin glucoside.
(VIII.) R = O-glucosyl; R' = CH_3; R'' = H. Picropodophyllin glucoside.
(IX.) R = R' = H; R'' = O-glucosyl. α-Peltatin glucoside.
(X.) R = H; R' = CH_3; R'' = O-glucosyl. β-Peltatin glucoside.
(XI.) R = O-glucosyl; R' = R'' = H. 4′-Demethylpodophyllotoxin glucoside.

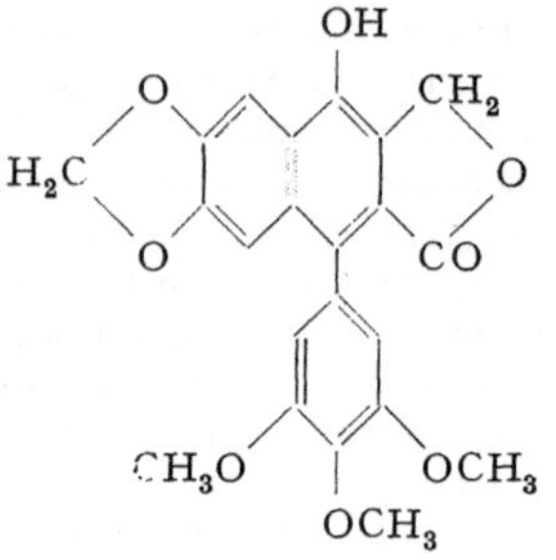

(XII.) Dehydropodophyllotoxin.

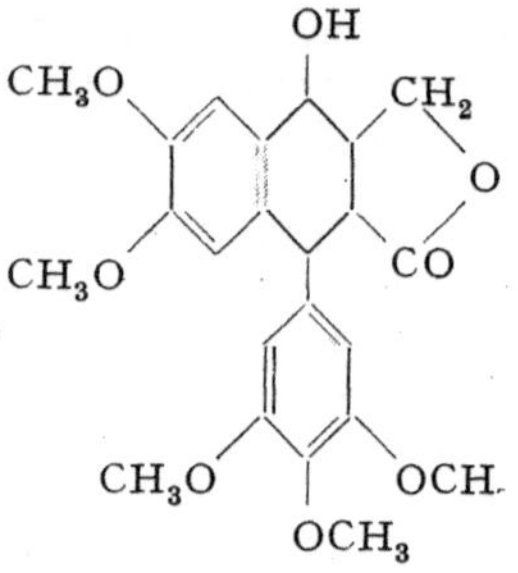

(XIII.) Sikkimotoxin.

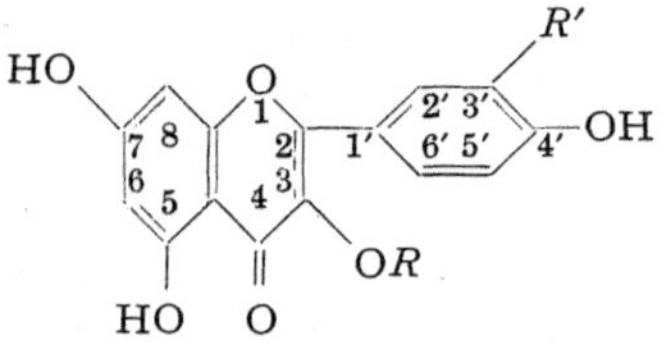

(XIV.) R = H; R' = OH. Quercetin.
(XV.) R = H; R' = OCH_3. Isorhamnetin.
(XVI.) R = galactosyl; R' = OH. Quercetin 3-galactoside.
(XVII.) R = R' = H. Kaempferol.

The *lignans* that have so far been isolated from podophyllum differ from the other known phenyltetralin lignans [such as conidendrin, isotaxiresinol, isoolivil, galbulin, galcatin (*46*, *86*)] in several respects. First, they are the only ones in which ring *C* is a fully or partly methylated pyrogallol nucleus: in the other phenyltetralin derivatives both rings *A* and *C* are derived from catechol. Second, they are the only ones that possess the *trans*-(2 : 3)-*cis*-(3 : 4) configuration (see p. 113)*: the other phenyltetralin lignans have the thermodynamically more stable *trans*-(3 : 4) configuration (*172*), an arrangement which would seem more likely to result from the cyclization of a dibenzylbutane-type (I) precursor (*78*). Third, the lactone carboxyl group is located at $C_{(3)}$ in the podophyllum lignans, but at $C_{(2)}$ in conidendrin (see *Chart 9*, p. 116), a compound more directly related to the other lignans by its structure and configuration (*172*).

These differences may have interesting implications for the biogenesis (*46*) of the various lignans. There is, however, one common feature which makes a totally different biogenetic pathway unlikely: the podophyllum lignans have the same absolute configuration at $C_{(2)}$ and $C_{(3)}$ (pp. 115–118) as the large majority of the naturally-occurring

* The *cis*-(2 : 3)-*trans*-(3 : 4)-picropodophyllin glucoside may be derived from primarily formed podophyllotoxin glucoside by epimerization (at $C_{(3)}$) in the plant or possibly during the subsequent steps leading to its isolation (see Chapter XII, p. 134).

lignans, including dibenzylbutane, phenyltetralin and tetrahydrofuran derivatives (*172*, *174*). Finally, the podophyllum lignans are unique in their biologic (especially, antimitotic and tumor-damaging) activity, which is not shared by any other known lignans and which is closely associated with their unique configuration at $C_{(2)}$, $C_{(3)}$ and $C_{(4)}$ (*74*) (Table 10, p. 153).

IV. Other Sources of Podophyllum Lignans.

While the flavonols have marked biochemical and biological reactions, their implication in antimitotic or tumor-damaging actions has been far less than that of the lignan constituents of podophyllum (Chapter XVI, p. 144). The latter compounds have therefore received the greater interest from chemists, biologists and clinicians, and it is appropriate that the remainder of this review should be concerned largely with the detailed chemistry of these compounds. In passing, however, it may be of interest and value to record the natural occurrence of two of the *Podophyllum* lignans—desoxypodophyllotoxin and podophyllotoxin—in other genera of plants, and to list several observations from the medical literature on the uses of some of these plants for cancer or other growths.

Desoxypodophyllotoxin was isolated in 1940 from the roots of the wild chervil, *Anthriscus sylvestris* HOFFM. (Fam. Umbelliferae), by NOGUCHI and KAWANAMI (*136*), who called it "anthricin". It was found in the seed oil of *Hernandia ovigera* L. (Fam. Hernandiaceae)* by HATA (*76*), who named it "hernandion". HARTWELL et al. (*67*, *73*) isolated it under the name "silicicolin" from the needles of the juniper *Juniperus silicicola* (SMALL) BAILEY (Fam. Pinaceae), and later under the name "desoxypodophyllotoxin" from the needles of *J. sabina* var. *tamariscifolia* AIT., *Libocedrus chilensis* (D. DON) ENDL. (Fam. Pinaceae), *Chamaecyparis lawsoniana* (MURR.) PARL. (Fam. Pinaceae), and from the berries of *J. sabina* var. *tamariscifolia* (*48*). It was shown (*71*) that anthricin, hernandion and silicicolin are all identical, and the name desoxypodophyllotoxin was proposed for all of them.

Cicutin, found by MARION (*126*) in the root of the water hemlock, *Cicuta maculata* L. (Fam. Umbelliferae), is quite likely an artifact since sodium hydroxide was employed in its isolation. If this is so, the original compound in the plant would be desoxypodophyllotoxin (*71*). Podophyllotoxin has been found (*48*, *68*) in the needles of *Juniperus lucayana* BRITT., *J. sabina* L., *J. sabina* var. *tamariscifolia*, *J. scopularum* SARG., *J. silicicola*, and *J. virginiana* MILL.

In the following citations, the implication is not meant to be made that the lignans under consideration are necessarily the active agents responsible for reputed beneficial effects. In the first place, most of the reports are from the folklore and

* The O-acetyl derivatives of podophyllotoxin and picropodophyllin were isolated by KING (*97*) in 1953 from the wood of *Hernandia sonora* L.

old medical works, when diagnosis was uncertain and terminology was often obscure. Secondly, beneficial effects were undoubtedly rare. The works are cited merely out of the possibility that there may be more than coincidence in the presence of these lignans and the usefulness of the plants. We do have evidence that they are responsible for some of the clinical effects claimed for some of the plants. For instance, SULLIVAN found that podophyllotoxin (*196*, *197*) and peltatins (*198*) destroy condyloma acuminatum. KELLY and HARTWELL (*96*) have given several references to clinical trials of one or more of these components in cancerous conditions; the results are too scanty yet to be at all conclusive.

Anthriscus sylvestris was a component of a salve for cancer in the Leech Book of Bald, 900–950 A. D. (*31*), a pre-conquest English medical book; in more modern times, BOHN (*8*) says that an extract of the plant has been used successfully in cancerous affections. The root of *Cicuta maculata* was first recommended by HILL in England in 1755 (*88*) as an excellent poultice for hard swellings. Later, other parts of the plant were quite widely quoted as being good for scirrhous tumors (*151*), cancerous ulcers (*158*), and carcinoma (*30*). It was also said to relieve pain in these diseases (*61*). The needles of *Juniperus sabina* var. *tamarisci-folia* were said by DIOSCORIDES, 1st century A. D., as quoted by AL-GHAFIQI (d. 1165) (*132*), to remove unhealthy granulations. The powdered dry needles of *J. virginiana* were said by HENRY, 1814, in an American family herbal (*87*) to destroy venereal warts when applied topically twice a day; this recalls the similar use of podophyllum. *J. sabina*, however, has the most ancient and extensive history. The dried needles are called savin and are the part generally used. SCRIBONIUS LARGUS wrote in 47 A. D. (*156*) that the oil of savin softens the hardest female genital parts; this may refer to uterine tumors. PLINY said in 77 A. D. (*14*) that savin reduces gatherings, and ORIBASIUS, 4th century (*137*), recommended the oil of savin for scirrhus. AETIOS OF AMIDA, 6th century, recommended (*155*) a decoction of savin in a composition for uterine fibroids. The Leech Book of Bald, 900–950 A. D. (*31*), listed savin as a component of a salve for cancer; to the authors' knowledge this is the earliest reference (with the possible exception of the ORIBASIUS reference, above) to the use of savin in cancer. IBN AL-BAITAR (*92*) quotes the Persian RHAZES, 860–932 A. D., on the use of savin for the resolution of tumors. One of the earliest Danish medical books, that of HENRIK HARPESTRENG, 13th century (*132a*), states that savin mixed with honey dries up dangerous lumps. In the herbal of RUFINUS of Genoa, written not long after 1287 (*203*), savin is given as a component of an ointment for sclerosis of the spleen and liver (this ointment also supresses tumors), and of another ointment for tumor of the spleen; both these preparations are attributed to the Antidotarium Nicolai (by the unknown NICOLAUS SALERNITANUS, first half of the 12th century). In COLES' famous work (*33*) of 1657, it is said of savin that "The fresh Leaves bruised and laid upon running and fretting *Cancers* and the like . . . killeth and destroyeth them". CULPEPPER, 1681 (*36*), made a similar claim. These ancient references are the basis for later recommendations such as BERGIUS (*7*), LEWIS (*115*), LINDLEY (*116*), SCOTTI (*181*), and POTTER and SCOTT (*144*) for venereal warts; EISENMANN (*44*) for polyps; and SCOTTI (*181*) for uterine carcinoma.

V. Isolation Procedures.

During a span of sixty-six years (1880–1946), the orthodox methods for the isolation of natural products (extraction, fractional precipitation, crystallization) failed to secure any pure compounds from *Podophyllum peltatum* or *P. emodi* other than the two discovered by PODWYSSOTZKI in 1880 (*142*), namely, podophyllotoxin and quercetin. The superiority of modern chromatographic techniques over the older procedures is illustrated vividly by the considerable number of additional substances that were obtained in the last decade. Indeed, thanks to adsorption chromatography, four new lignans (α- and β-peltatin, 4′-demethylpodophyllotoxin, picropodophyllin glucoside) were isolated between 1947 and 1952 (*64, 65, 133*). The even more recent methods of solvent partition and paper chromatography led to the separation of six further lignans in 1954 and 1955 (dehydropodophyllotoxin, desoxypodophyllotoxin, and the glucosides of podophyllotoxin, 4′-demethylpodophyllotoxin, α- and β-peltatin) (*104, 105, 188, 191–193*) and of one additional flavonol in 1952 (kaempferol) (*139*). During the same decade, the classical isolation methods afforded one new lignan (sikkimotoxin) and two additional flavonols (isorhamnetin, quercetin 3-galactoside). These three compounds, however, were obtained (*27*) from a newly discovered (*28*) species, *P. sikkimensis*, while the chromatographic procedures dealt so successfully with the other two species, which had been studied for such a long time. A short description of the various isolation procedures that have been employed in the investigation of podophyllum constituents is, therefore, not only pertinent to the subject matter at hand, but also demonstrates the importance in natural products chemistry of the newer techniques available to the organic chemist.

1. Isolation without Chromatography.

DUNSTAN and HENRY (*42*) separated podophyllin (from *P. emodi* or *P. peltatum*) into three main fractions: (*a*) one soluble in chloroform, (*b*) one insoluble in chloroform, but soluble in ether, which yielded quercetin by crystallization from acetic acid, (*c*) one insoluble in both solvents, which they named "podophylloresin". The chloroform-soluble fraction was treated with boiling benzene, and the solution cooled slightly, decanted from dark resin and allowed to stand for several days, during which podophyllotoxin separated slowly.

BORSCHE and NIEMANN (*9*) employed the same method to obtain podophyllotoxin, which was then purified by recrystallization from aqueous ethanol. SPÄTH (*185*) improved the procedure by dissolving the chloroform-soluble fraction in ethanol and adding benzene; this made prior removal of the dark resin unnecessary. A recent preparative method by DE-AMBROSI (*37*) is based essentially on SPÄTH's procedure. It is noteworthy that most of these preparations were carried out with Indian podophyllin, which contains a much larger amount of podophyllotoxin and a much smaller proportion of other lignans than American podophyllin.

A different separation procedure was reported by SESHADRI (*183*):

An acetone solution of podophyllin (ex *P. emodi*) was subjected to fractional precipitation with chloroform and ether. Podophyllotoxin and quercetin were obtained in 35 and 7% yields, respectively. The "podophylloresin" fraction was dissolved in dilute sodium hydroxide, freed from some impurities by saturating the solution with carbon dioxide, and recovered by acidification. Further purification by precipitation with ether from an alcohol solution gave an amorphous product which SESHADRI named "podophyllol". This substance, to which SESHADRI assigned the formula $C_{20}H_{22}O_8 \cdot H_2O$, was soluble in aqueous sodium bicarbonate solution and contained a methylenedioxy, a methoxyl, and a free phenolic hydroxyl group. It was converted to an optically active acetyl derivative and a methyl ether and was apparently not epimerized by basic reagents. Its structure, possibly that of a lignan related to podophyllotoxin (*183*), is unknown.

CHATTERJEE (*27*) separated podophyllin (ex *P. sikkimensis*) into a chloroform-soluble fraction, which yielded sikkimotoxin by crystallization from ethanol-benzene, and a chloroform-insoluble residue, from which quercetin, isorhamnetin and quercetin 3-galactoside were obtained by a fractional extraction procedure, described in more detail in Chapter XIV, p. 138.

2. Adsorption Chromatography.

In a search for new tumor-damaging constituents in American podophyllin, HARTWELL and DETTY (*66*) applied chromatography to its fractionation. A 1 : 1 ethanol-benzene solution of the drug was placed on a column of alumina. Podophyllotoxin, then β-peltatin were eluted with 1 : 1 ethanol-benzene, and the more strongly adsorbed α-peltatin with 19 : 19 : 2 ethanol-benzene-water. The yields, after crystallization, were about 9–10, 5–7 and 5–6%, respectively (*66, 72*). A similar procedure, applied to Indian podophyllin (*133, 134*), yielded 50% podophyllotoxin, 1.7% 4′-demethylpodophyllotoxin and 1.8% picropodophyllin glucoside.

PRESS and BRUN (*148*) applied a somewhat different procedure to an extract obtained from rhizomes of *P. peltatum*.

Fractions were eluted from alumina with benzene-ether, ether-chloroform and chloroform-methanol mixtures of increasing polarity. The crystalline substances isolated from these fractions were reported as podophyllotoxin, "β-peltatin", α-peltatin and "picro-α-peltatin". Structural formulas that were quite at variance with the ones published by the writers (*70, 169*) and are totally incompatible with all the known reactions of the compounds were proposed on the basis of a few analyses. SCHRECKER and HARTWELL (*171*), in a critical evaluation of PRESS and BRUN's report, showed that their podophyllotoxin sample was a solvate (*175*), $C_{22}H_{22}O_8 \cdot {}^1/_2\, C_6H_6 \cdot {}^1/_2\, H_2O$, that their "β-peltatin" was also solvated podophyllotoxin, that their α-peltatin was impure and that their "picro-α-peltatin" was α-peltatin. The claim (*149*) that podophyllotoxin, $C_{22}H_{22}O_8$, m. p. 183–184°, was an artifact produced during isolation or by heating of "native podophyllotoxin" was disproved by demonstrating (*175*) that podophyllotoxin isolated from the rhizomes by extraction at room temperature, chromatography on neutral alumina, elution with chloroform and crystallization at room temperature is identical with the compound, $C_{22}H_{22}O_8$, previously obtained from podophyllin.

By careful chromatographic fractionation of podophyllin (ex *P. peltatum*) BARTEK and ŠANTAVÝ (*2, 3*) not only were able to confirm the writers' formulas for podophyllotoxin and the peltatins, but also isolated several other constituents. A large number of fractions were eluted from alumina with ether, ether-chloroform, chloroform and chloroform-methanol mixtures. In order of increasing polarity, a phytosterol mixture, podophyllotoxin, β-peltatin, α-peltatin, and (in one experiment) a new substance of unknown structure, m. p. 303–305° (dec.), named "P-1", were isolated. Both β- and α-peltatin were obtained in a higher state of purity than by HARTWELL's original procedure (*66*). The tail fractions and the residues remaining in the mother liquors were acetylated with acetic anhydride and potassium acetate, then rechromatographed. A trace of diacetyl-4'-demethylpicropodophyllin, some tetraacetyl-β-*D*-glucopyranosyl-picropodophyllin and a trace of a substance, m. p. 220 to 222°, named "P-2" were thus obtained. The first was probably derived (by acetylation and epimerization) from 4'-demethylpodophyllotoxin, and the second from podophyllotoxin glucoside or, less likely, picropodophyllin glucoside. BARTEK and ŠANTAVÝ suggested that the substance "P-2" might be identical with pentaacetyl-β-*D*-glucopyranosyl-α-peltatin (*218*).

While so far only alumina has been employed in the fractionation of podophyllin by adsorption chromatography, v. WARTBURG, ANGLIKER and RENZ (*218*) have shown recently that good separation of the aglycones can be accomplished by adsorption on dry silica gel and elution with chloroform containing a small amount of methanol.

3. Partition Chromatography.

In 1954, KOFOD and JØRGENSEN (*94*) found paper chromatography to be a convenient method for the separation of the podophyllin lignans.

Whatman No. 1 paper was impregnated with formamide, and benzene was used as the mobile phase. An alkaline diazobenzenesulfonic acid solution was used for visualizing spots corresponding to the peltatins, while the other lignans were detected by spraying with antimony pentachloride. The following approximate R_F values were determined with the pure compounds: α-peltatin-B, 0.02—; 4'-demethylpodophyllotoxin, 0.02+; α-peltatin-A, 0.03+; β-peltatin-B and picropodophyllin, 0.19–0.23; podophyllotoxin, 0.3; β-peltatin-A, 0.35. The R_F value was thus decreased (*a*) when the methoxyl group at 4' in ring *C* was replaced with a phenolic hydroxyl group, (*b*) when the hydroxyl group in ring *A* was shifted to ring *B*, (*c*) when the natural lignans were epimerized to the "picro" ("B") compounds.

Paper chromatography of American podophyllin revealed, in addition to the already known constituents, two compounds: one of them strongly fluorescent under ultraviolet light, with an R_F value between that of α-peltatin and podophyllotoxin, and the other with a higher R_F

value than that of podophyllotoxin. Both substances were isolated by partition on silica gel, again with formamide as the stationary and benzene as the mobile phase. The fluorescent compound was identified as dehydropodophyllotoxin (*104*), and the other as desoxypodophyllotoxin (*105*). Since podophyllotoxin and desoxypodophyllotoxin are isomorphous and difficult to separate by crystallization (*179*), KOFOD's technique appears to be a method of choice for detecting small quantities of one in the presence of the other.

Partition chromatography, in the hands of STOLL, RENZ, V. WARTBURG and ANGLIKER, proved most valuable in the separation of the lignan glucosides. A short summary of their isolation from *P. peltatum* (*218*) is illustrative.

The dried rhizomes were extracted with 90% methanol, and the solution was concentrated, diluted with water and extracted with chloroform. After precipitation of tannins with lead acetate, it was reextracted with chloroform and chloroform-butanol (9 : 1, then 7 : 3). The various extracts were placed on columns of dry or water-saturated diatomaceous earth. In the order of decreasing partition coefficient (ethyl acetate/water), the following fractions were eluted with moist ethyl acetate: (*a*) aglycones, (*b*) the glucosides of podophyllotoxin and β-peltatin (partial separation), (*c*) the glucosides of 4′-demethylpodophyllotoxin and α-peltatin. Complete separation of the glucosides was then accomplished by chromatography on silica gel and fractional elution with moist isopropyl acetate containing 0.5 to 2% methanol. The course of the fractionation was followed by the Liebermann color reaction (with acetic anhydride and sulfuric acid). By essentially the same procedure, the glucosides of podophyllotoxin and 4′-demethylpodophyllotoxin were separated from *P. emodi* (*189, 191*).

Paper chromatography was also employed in the separation of quercetin and kaempferol from Indian podophyllin (*139*).

VI. Podophyllotoxin.

1. Properties.

The correct empirical formula for podophyllotoxin (XLIV, p. 105), $C_{22}H_{22}O_8$, first advanced by BORSCHE and NIEMANN (*9*), has been confirmed repeatedly (*2, 39, 70, 175, 185, 189*). Some authors (*148*) were led to propose erroneous formulas by not recognizing that solvates of podophyllotoxin may retain solvent tenaciously (*175*). BORSCHE's unsolvated sample, m. p. 114–118°, obtained by drying the solvate at 100°, was probably amorphous. DUNSTAN and HENRY (*42*) and SPÄTH (*185*) obtained a crystalline modification, m. p. 157–158°, which was reported to be anhydrous.

This product (modification "A") is actually a hydrate, which retains solvent even after prolonged drying. It crystallizes from aqueous ethanol or from methylene chloride-pentane as needles, m. p. 161–162° (*175*). Complete removal of solvent from modification "A" generally yields the unsolvated modification "B", m. p. 183–184° (*175*), first isolated by THOMS and PUPKO (*202*), which also separates as prisms from benzene-hexane or ethyl acetate-hexane (*175*). Another solvate, melting (with foaming) between 114° and 118° (modification "C") crystallizes from aqueous ethanol containing some benzene or from benzene alone in prismatic needles, which contain both benzene and water of crystallization (*9, 175, 185*). This solvate yields modification "B" by vacuum drying at 110° (*175*). Other aromatic hydrocarbons can replace benzene in modification "C" (*221*). KOFOD and JØRGENSEN (*106*) obtained another unsolvated modification ("D") (*175*), m. p. 188–189°, by slow heating of solvated podophyllotoxin. "B" and "D" are definitely different polymorphic modifications because their infrared spectra are identical in solution, but different in mulls (*175*). Modification "B" appears to be the most stable of the anhydrous forms.

The solvates and modifications of podophyllotoxin are listed in *Table 2*, p. 146.

Unsolvated podophyllotoxin, m. p. 183–184°, has $[\alpha]_D$ — 108° in ethanol (*70*) and — 133° in chloroform (*179*). It is freely soluble in alcohol, chloroform, acetone, and ethyl acetate, moderately so in benzene and ether, and difficultly soluble in hexane and water. Treatment with base-catalysts like alcoholic ammonia (*9, 185*), sodium acetate (*9, 39*), and piperidine (*157*) converts it to an isomer, named (*142*) picropodophyllin (XLV, p. 105), which is much less soluble in alcohol. Picropodophyllin is somewhat difficult to purify (*185*), and the range of melting points (usually up to 228°) and rotations that have been published varies widely. The purest sample, prepared via the acetyl derivative, was reported to have m. p. 235 to 237° and $[\alpha]_D$ + 9° in chloroform (*2*).

Podophyllotoxin and picropodophyllin are isomeric lactones because they are saponified to the same hydroxy acid (XXIX, p. 102), $C_{22}H_{24}O_9$, m. p. 163–165° (foaming), $[\alpha]_D$ — 103° (ethanol) (*9*). This acid was first named "picropodophyllic acid" by PODWYSSOTZKI (*142*), but renamed "podophyllic acid" by KÜRSTEN (*108*). It is lactonized to picropodophyllin by heating or treating with mineral acid (*2, 9*).

2. Structure.

Since podophyllotoxin and picropodophyllin are isomeric lactones of the same hydroxy acid (XXIX, p. 102), they yield identical degradation products in most reactions. Analytical data show the presence of three methoxyl groups (*9*) and of one active hydrogen (*185*). Both lactones form monoacetyl derivatives. Podophyllotoxin yields acetylpodophyllotoxin, m. p. 210–211°, $[\alpha]_D$ — 143° (chloroform), with acetic anhydride alone (*9, 70, 189*) or in pyridine (*185*); picropodophyllin in pyridine (*185*) yields acetylpicropodophyllin, m. p. 218–219°, $[\alpha]_D$ + 19° (chloroform) (*70*); the latter is also obtained from podophyllotoxin by heating with sodium acetate and acetic anhydride (*9*). Both acetyl derivatives have been isolated by KING (*97*) from the wood of *Hernandia sonora* L. Benzoylpodophyllotoxin and benzoylpicropodophyllin have also been prepared (*39, 70*). Treatment of picropodophyllin with acetic anhydride and a trace of sulfuric acid, however, does not lead to acetylpicropodophyllin, but to the unsaturated α-apopicropodophyllin (LXI, p. 109), $C_{22}H_{20}O_7$ (*9, 157, 167*), which, like picropodophyllin itself, is dehydrogenated to dehydro-anhydropicropodophyllin (XXXV, p. 103), $C_{22}H_{18}O_7$ (*167, 185*). These findings establish the presence of a free alcoholic hydroxyl group in the lactones. The absence of phenolic hydroxyl groups was confirmed by the negative ferric chloride test and the unreactiveness toward diazomethane (*9*).

One of the most important structural clues was the degradation (*9*) of picropodophyllin by boiling hydriodic and acetic acid to podophyllomeronic acid, $C_{13}H_{10}O_4$, m. p. 243–244°. BORSCHE and NIEMANN (*10*) identified this compound as 3-methyl-6,7-methylenedioxy-2-naphthoic acid (XVIII) by its stepwise oxidation to toluene-2,4,5-tricarboxylic (XIX) and pyromellitic acid (XX), by its decarboxylation to podophyllomerol (XXI), and by the formation of 2-methylnaphthalene (XXIII) after alkali fusion, followed by zinc dust distillation of the resulting phyllomeronic acid (XXII). The latter and its dimethyl ether (XXIV) were decarboxylated to phyllomerol (XXV) and its dimethyl ether (XXVI), respectively *(Chart 1)*.

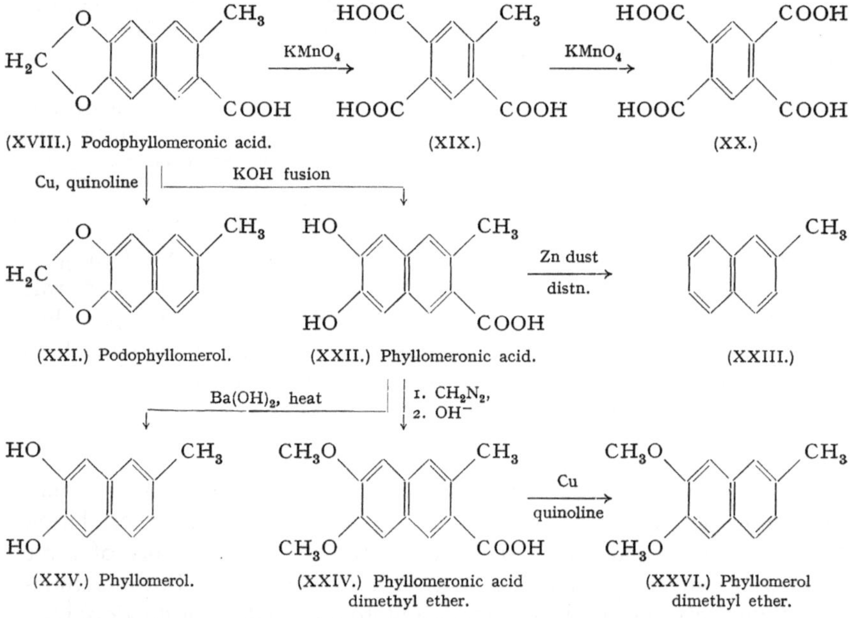

(XVIII.) Podophyllomeronic acid. —$KMnO_4$→ (XIX.) —$KMnO_4$→ (XX.)

(XVIII.) —Cu, quinoline→ (XXI.) Podophyllomerol.

(XVIII.) —KOH fusion→ (XXII.) Phyllomeronic acid. —Zn dust, distn.→ (XXIII.)

(XXII.) —$Ba(OH)_2$, heat→ (XXV.) Phyllomerol.

(XXII.) —1. CH_2N_2, 2. OH^-→ (XXIV.) Phyllomeronic acid dimethyl ether. —Cu, quinoline→ (XXVI.) Phyllomerol dimethyl ether.

Chart 1. Structure Proof of Podophyllomeronic Acid.

SPÄTH, WESSELY and NADLER (*186*) established the previously assumed position of the methylenedioxy group in podophyllomeronic acid (XVIII) by converting phyllomeronic acid dimethyl ether (XXIV) to the corresponding amine (XXVII), which they oxidized to *m*-hemipinic acid (XXVIII).

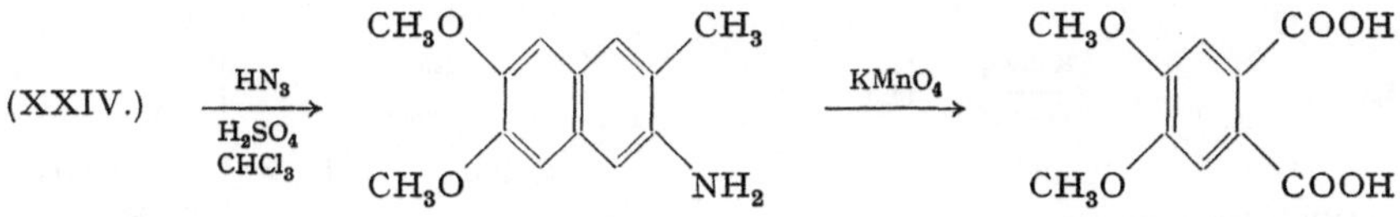

(XXIV.) $\xrightarrow[H_2SO_4,\ CHCl_3]{HN_3}$ (XXVII.) $\xrightarrow{KMnO_4}$ (XXVIII.) *m*-Hemipinic acid.

ROBERTSON and WATERS (*157*) subsequently synthesized podophyllomerol (XXI) by the following route *(Chart 2)* [see also BORSCHE and NIEMANN (*13*)].

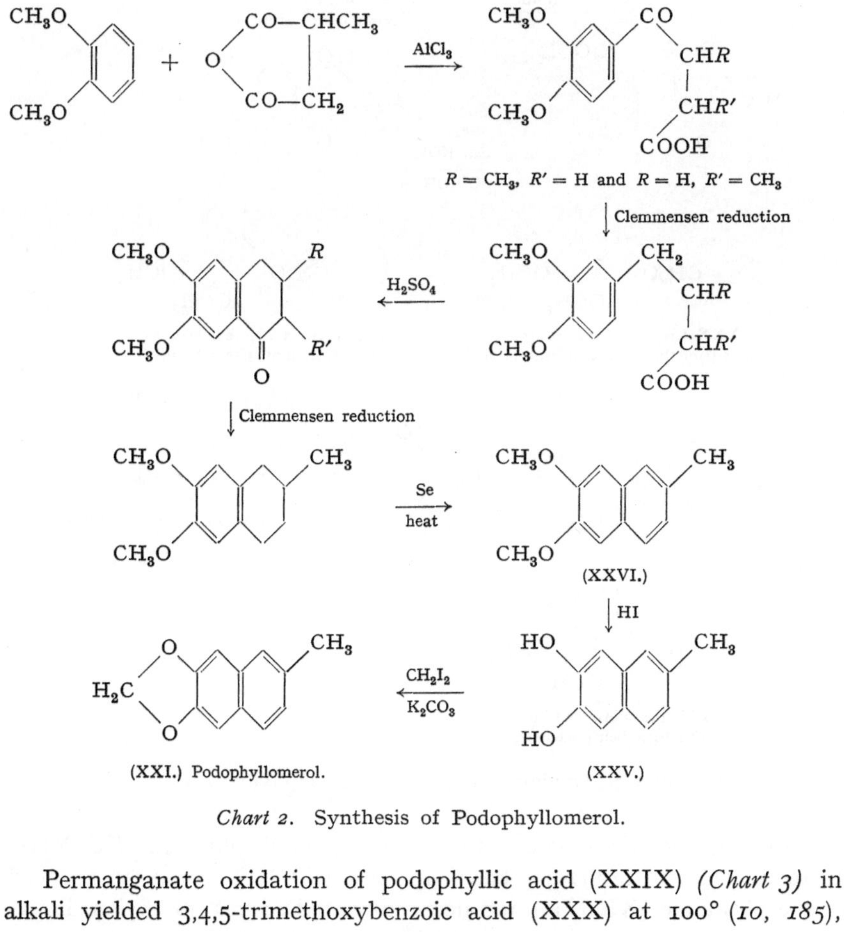

$R = CH_3$, $R' = H$ and $R = H$, $R' = CH_3$

Clemmensen reduction

H_2SO_4

Clemmensen reduction

Se, heat

(XXVI.)

HI

CH_2I_2, K_2CO_3

(XXI.) Podophyllomerol.

(XXV.)

Chart 2. Synthesis of Podophyllomerol.

Permanganate oxidation of podophyllic acid (XXIX) *(Chart 3)* in alkali yielded 3,4,5-trimethoxybenzoic acid (XXX) at 100° (*10, 185*), a small amount of hydrastic acid (XXXI) at 60–70° (*186*), 3,4-methylenedioxy-6-(3,4,5-trimethoxybenzoyl)-benzoic acid (XXXII) at 50° (*187*),

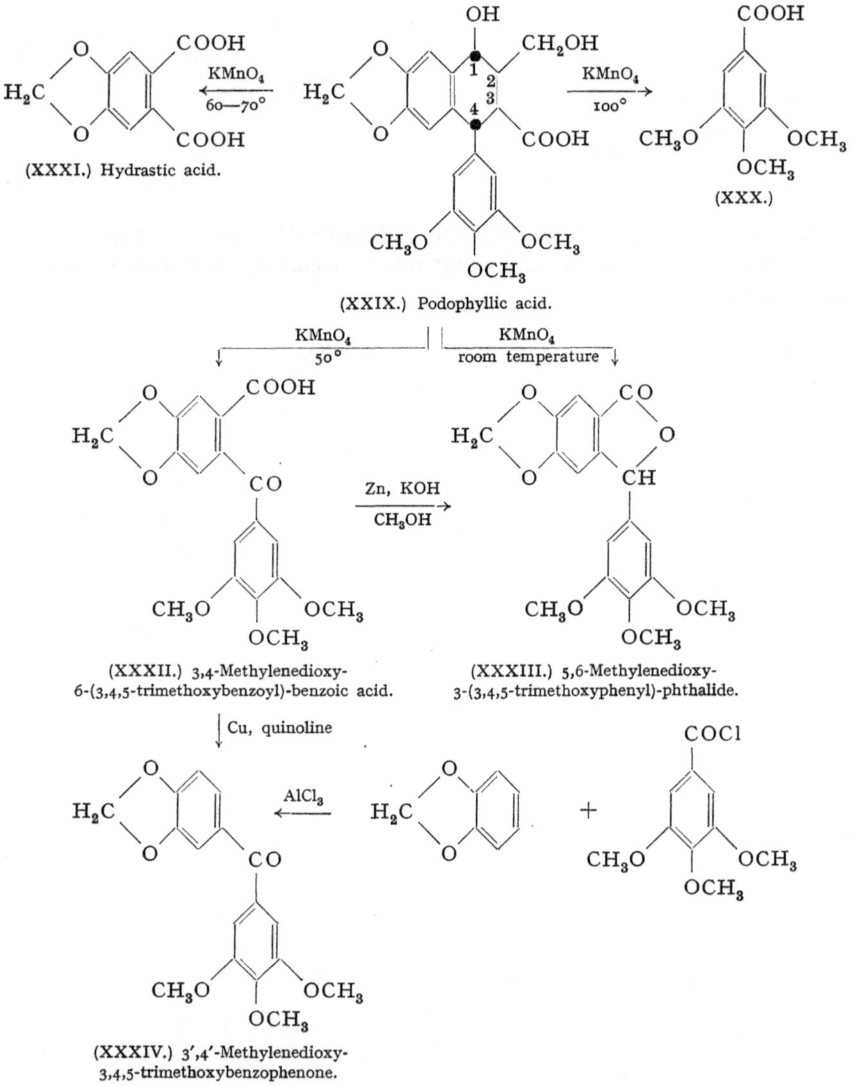

(XXXI.) Hydrastic acid.

(XXIX.) Podophyllic acid.

(XXX.)

(XXXII.) 3,4-Methylenedioxy-6-(3,4,5-trimethoxybenzoyl)-benzoic acid.

(XXXIII.) 5,6-Methylenedioxy-3-(3,4,5-trimethoxyphenyl)-phthalide.

(XXXIV.) 3′,4′-Methylenedioxy-3,4,5-trimethoxybenzophenone.

Chart 3. Oxidation Products of Podophyllic Acid.

and 5,6-methylenedioxy-3-(3,4,5-trimethoxyphenyl)-phthalide (XXXIII) at room temperature (*10*). The keto acid (XXXII) could be reduced to the phthalide (XXXIII) and decarboxylated to 3′,4′-methylenedioxy-

3,4,5-trimethoxybenzophenone (XXXIV), the structure of which was proved by its synthesis (*187*)*.

Oxidation of dehydro-anhydropicropodophyllin (XXXV), on the other hand, afforded benzenepentacarboxylic acid (XXXVI) (*185*).

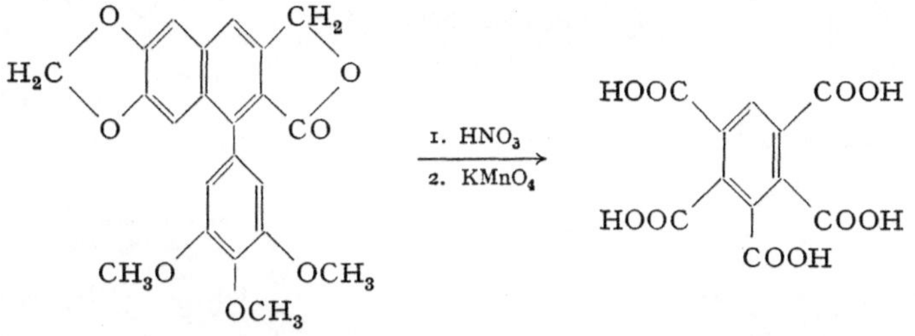

$\xrightarrow[\text{2. } KMnO_4]{\text{1. } HNO_3}$

(XXXV.) Dehydro-anhydropicropodophyllin. (XXXVI.)

These findings led to structure (XXIX) for podophyllic acid, which was published first by BORSCHE and NIEMANN (*10, 11*), and about a month later by SPÄTH, WESSELY and NADLER (*186*). The substituents at $C_{(1)}$, $C_{(2)}$ and $C_{(3)}$ were placed as shown to account for the existence of the isomeric lactones. The fact that picropodophyllin, but not podophyllotoxin, was dehydrated readily [to α-apopicropodophyllin (LXI)] led BORSCHE and SPÄTH to assume that they were not stereoisomers, but structural isomers, possessing structure (XXXVII) and (XXXVIII), respectively.

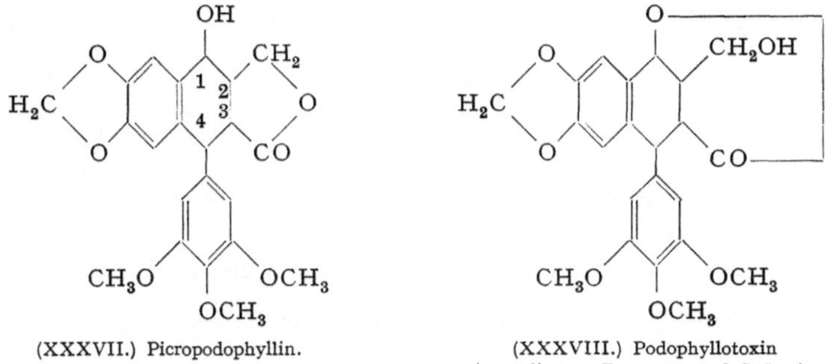

(XXXVII.) Picropodophyllin.

(XXXVIII.) Podophyllotoxin (according to BORSCHE and SPÄTH).

ROBERTSON and WATERS (*157*) suggested a different set of formulas, derived from BORSCHE and SPÄTH's by placing the trimethoxyphenyl residue at $C_{(1)}$ rather than at $C_{(4)}$. This alternative did not account for the formation of the phthalide (XXXIII, *Chart 3*) and had, therefore, been rejected by BORSCHE (*10*).

* The keto acid (XXXII) was synthesized by GENSLER (*54, 55*) and by REEVE (*152*). 1-(3,4,5-Trimethoxyphenyl)-6,7-methylenedioxy-3,4-dihydroisoquinoline, obtained by cyclization of *N*-(3,4,5-trimethoxybenzoyl)-homopiperonylamine, was degraded with methyl sulfate and alkali to 2′-vinyl-4′,5′-methylenedioxy-3,4,5-trimethoxybenzophenone, which was oxidized with permanganate to (XXXII).

Haworth and Richardson's (*81*) synthesis of dehydro-anhydropicropodophyllin (XXXV) provided additional evidence for the respective positions of the carboxyl and aryl groups, as postulated by Borsche and Späth. Haworth and Atkinson (*79*) proposed the following scheme for this synthesis (*Chart 4*):

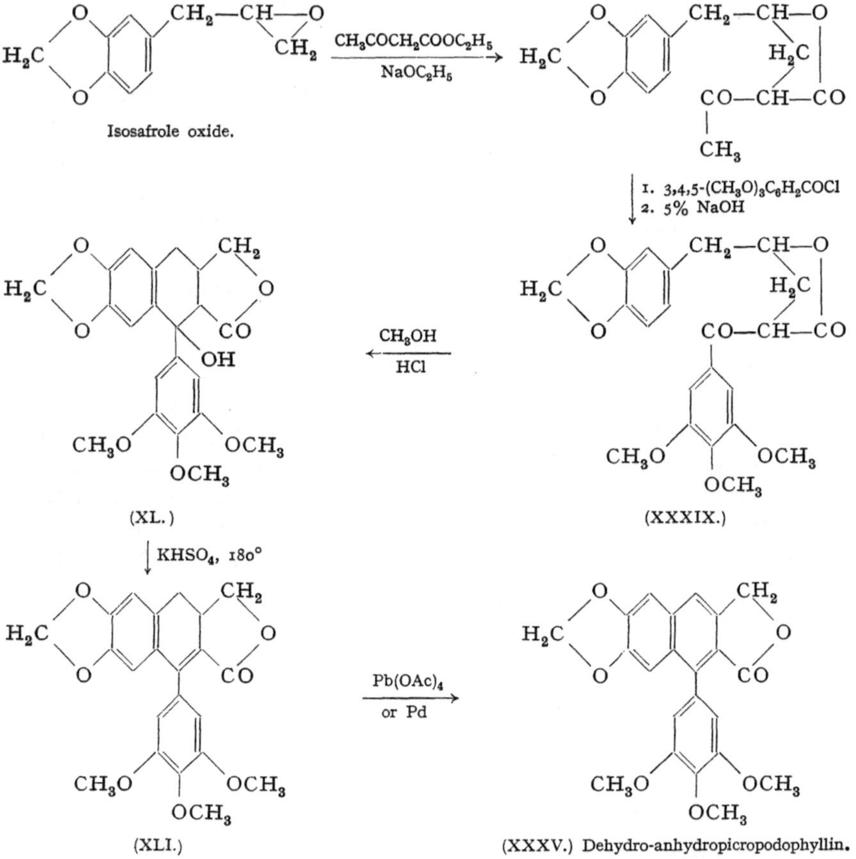

Isosafrole oxide.

$CH_3COCH_2COOC_2H_5$ / $NaOC_2H_5$

1. $3,4,5\text{-}(CH_3O)_3C_6H_2COCl$
2. 5% NaOH

(XXXIX.)

CH_3OH / HCl

(XL.)

$KHSO_4$, 180°

(XLI.)

$Pb(OAc)_4$ or Pd

(XXXV.) Dehydro-anhydropicropodophyllin.

Chart 4. Synthesis of Dehydro-anhydropicropodophyllin, according to Haworth.

Schrecker and Hartwell (*166*) later showed that the product obtained from (XXXIX) with methanolic hydrogen chloride could not have structure (XL) because it contained four methoxyl groups, exhibited an infrared peak at 1725 cm.$^{-1}$, was unaffected by acetic anhydride and phosphorus trichloride, and was saponified to an acid, $C_{22}H_{22}O_8$, which could not be lactonized. This made it likely that the compound had structure (XLII) or, less probably, (XLIII).

Borsche and Späth's formula (XXXVIII, p. 103) for podophyllotoxin was generally accepted until 1950, when Hartwell and Schrecker (*69, 70*) demonstrated that the compound was actually a stereoisomer of picropodophyllin and that both possessed structure

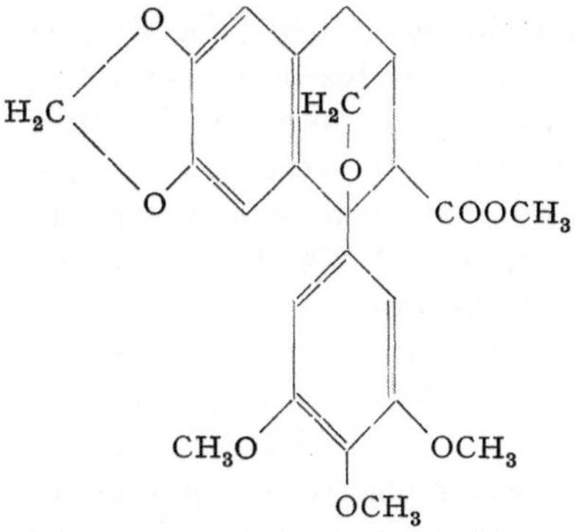

(XLII.) 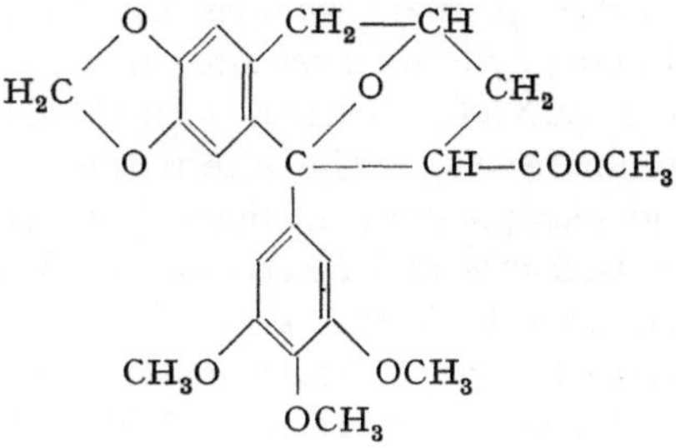 (XLIII.)

(XXXVII). Base-catalysts like sodium acetate convert benzoyl- and acetylpodophyllotoxin (L, p. 107) to benzoyl- and acetylpicropodophyllin (LI), respectively. This conversion cannot be explained on the basis of the BORSCHE-SPÄTH formulas, but only by postulating that the two lactones are diastereoisomers (XLIV and XLV)* [see also Chapter VI, p. 113] differing in the configuration at $C_{(3)}$, the carbon atom α to the carboxyl group. The base-catalyzed epimerization of podophyllotoxin and of its O-acyl derivatives parallels that of desoxypodophyllotoxin (VI, p. 91) and of the peltatins (III and IV, p. 91), which possess no free alcoholic hydroxyl groups and in which the existence of two structurally isomeric lactones is, therefore, impossible.

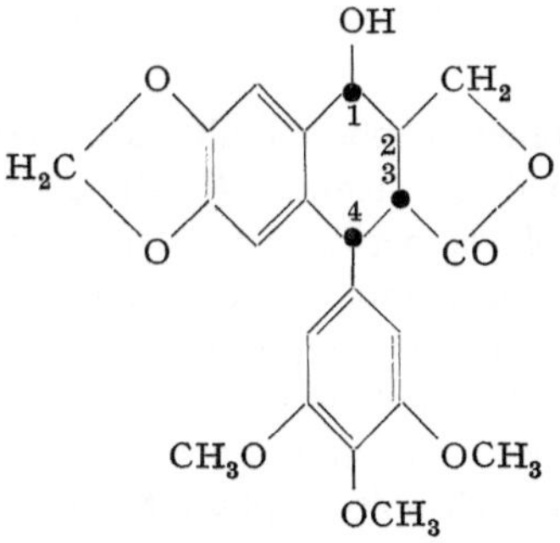

(XLIV.) Podophyllotoxin. 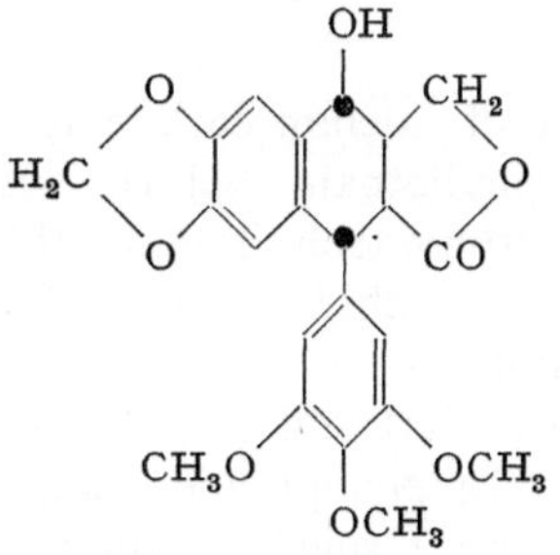 (XLV.) Picropodophyllin.

HARTWELL and SCHRECKER also advanced new evidence for the location of the free hydroxyl group at $C_{(1)}$. Formation of the

* The configurational formulas are drawn according to LINSTEAD's "black dot" convention (*120*), in which a dot indicates that the hydrogen atom is above (or in front of) the molecule [see also Footnote 31 in SCHRECKER and HARTWELL (*174*)].

phthalide (XXXIII) in the oxidation of podophyllic acid (XXIX) (see *Chart 3*, p. 102) excludes $C_{(4)}$ (*10*). The base-catalyzed epimerization of podophyllotoxin requires an α-hydrogen at $C_{(3)}$. Failure of podophyllic acid (XXIX) to yield formaldehyde on periodate oxidation (*69, 70*) eliminates $C_{(2)}$. The alternative possibility that both podophyllotoxin and picropodophyllin might possess the structure (XXXVIII), proposed by BORSCHE and SPÄTH for the former, was disproved by showing that the free hydroxyl group was attached directly to an asymmetric center (*69, 70*). Treatment of podophyllotoxin (XLIV) with phosphorus trichloride or tribromide yielded the corresponding halides (XLVI and XLVII), in which the hydroxyl group was replaced by chlorine or bromine*. These halides were hydrolyzed in aqueous acetone (in the

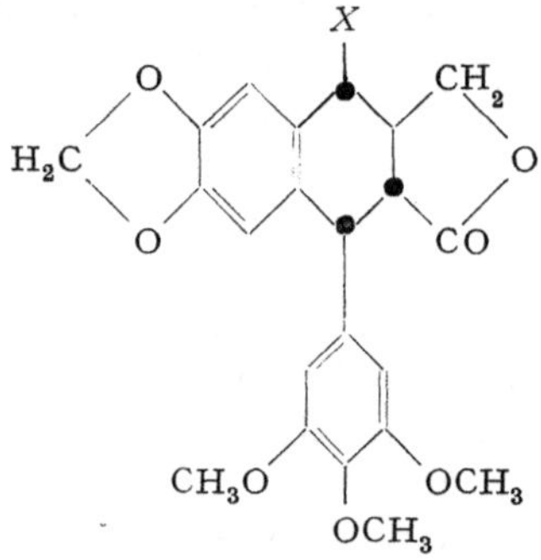

(XLVI.) X = Cl. Podophyllotoxin chloride.
(XLVII.) X = Br. Podophyllotoxin bromide.

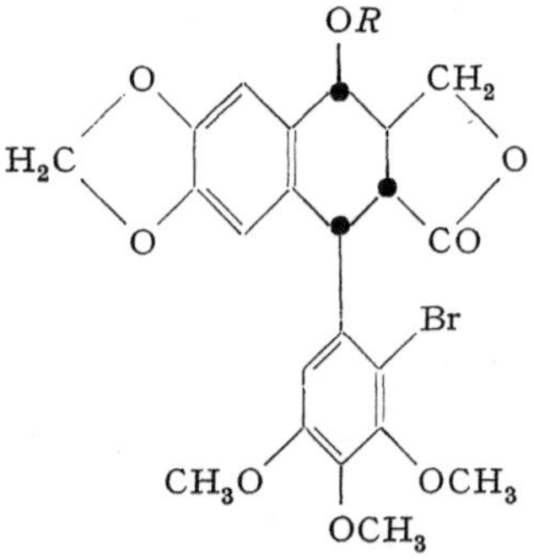

(XLVIII.) R = H. Bromopodophyllotoxin.
(XLIX.) R = Ac. Acetylbromopodophyllotoxin.

presence of calcium carbonate) to an isomer of podophyllotoxin, named epipodophyllotoxin (LIII), which formed an acetate (LIV) different from acetylpodophyllotoxin (L). Ethanolysis similarly yielded epipodophyllotoxin ethyl ether (LV). These compounds were converted by base-catalysts to the corresponding epipicropodophyllin (LVI), its acetate (LVII) and its ethyl ether (LVIII), obviously by epimerization at $C_{(3)}$. Epipodophyllic acid, isomeric with podophyllic acid (XXIX, p. 102), was formed by saponification of both epipodophyllotoxin (LIII) and epipicropodophyllin (LVI) and was lactonized to the latter. These findings indicate that the "normal" and "epi" series differ by the configuration at $C_{(1)}$, and the "toxin" and "picro" series by the configuration at $C_{(3)}$ *(Chart 5)*.

* KOFOD and JØRGENSEN (*103, 107*) have brominated podophyllotoxin and thus obtained a different type of halogenated derivative, namely, bromopodophyllotoxin (XLVIII), which formed an acetyl derivative (XLIX) and was oxidized with permanganate to 2-bromo-3,4,5-trimethoxybenzoic acid.

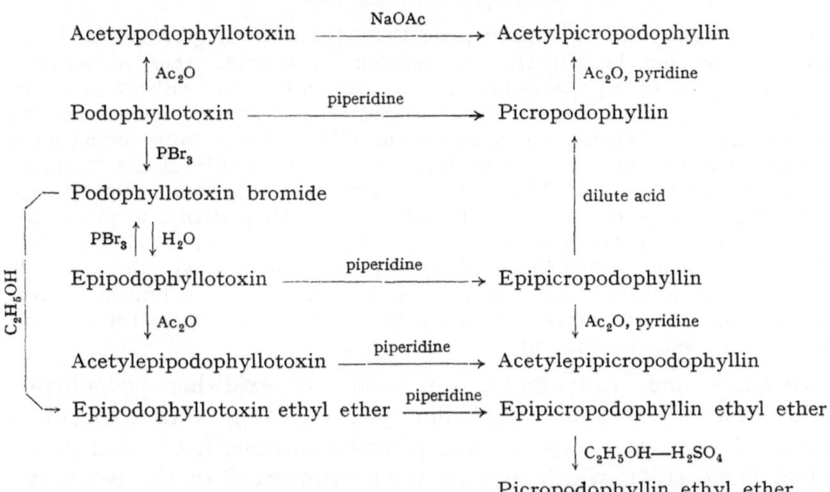

Chart 5. Epimerizations in the Podophyllotoxin Series.

These configurational changes are expressed in the following partial formulas *(Chart 6)*. [Proof of the configurations is deferred to Chapter VI, pp. 111–113.]

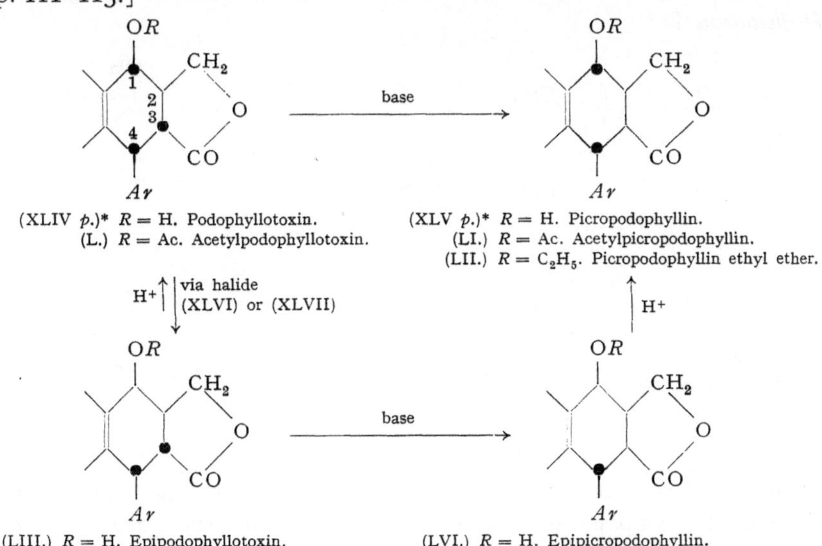

Chart 6. Partial Formulas Showing the Configurations of Podophyllotoxin, its Epimers and their Derivatives and Summarizing their Interconversions.

* The "*p*" stands for "partial formula". The complete formula is shown, with the same Roman numeral, elsewhere in the text. *Ar* = 3,4,5-trimethoxyphenyl.

It is noteworthy that podophyllotoxin (XLIV) and epipodophyllotoxin (LIII) yield the same bromide (XLVII) with phosphorus tribromide; thus, replacement of OH by Br must have proceeded in one case with, in the other without, inversion at $C_{(1)}$ (*70*). The halides are more likely to possess the "normal" rather than the "epi" configuration because their solvolysis should be expected to be accompanied by inversion and because there is evidence for greater stability of the "normal" [*trans*-(1 : 2)] configuration. Thus, dilute mineral acids epimerize epipicropodophyllin (LVI) completely, and epipodophyllotoxin (LIII) partially, to picropodophyllin (XLV) and podophyllotoxin (XLIV), respectively (*170*). Similarly, picropodophyllin, epipicropodophyllin and epipicropodophyllin ethyl ether (LVIII) are converted to picropodophyllin ethyl ether (LII) by ethanolic sulfuric acid (*170*), and epipodophyllotoxin yields acetylpodophyllotoxin (L) when treated with acetic anhydride and sulfuric acid (*70*).

GENSLER and JOHNSON (*52*) obtained, by oxidizing podophyllotoxin (XLIV) and picropodophyllin (XLV, p. 105) with manganese dioxide, the corresponding ketones, podophyllotoxone (LIX) and picropodophyllone (LX), which in turn were reconverted to the respective hydroxylactones with zinc borohydride. This confirmed the position of the free hydroxyl group, because only benzylic and allylic alcohols are oxidized with manganese dioxide and because the ketones could be dehydrogenated to dehydropodophyllotoxin (XII), identical with the compound obtained by KOFOD and JØRGENSEN (*104*) from *P. peltatum* L.

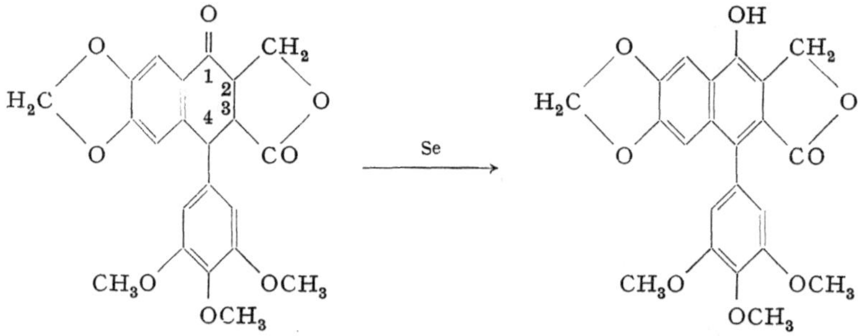

(LIX.) Podophyllotoxone [*trans*-(2 : 3)-*cis*-(3 : 4)].
(LX.) Picropodophyllone [*cis*-(2 : 3)-*trans*-(3 : 4)].

(XII.) Dehydropodophyllotoxin.

3. The Apopicropodophyllins.

ROBERTSON and WATERS (*157*) showed that the unsaturated compound, α-apopicropodophyllin, formed in the acid-catalyzed dehydration of picropodophyllin (XLV, p. 105), was converted by weakly basic reagents to a more stable isomer, β-apopicropodophyllin, subsequently obtained (*39*) directly by pyrolysis of benzoylpicropodophyllin (LXVI). A third isomer, γ-apopicropodophyllin, isolated after prolonged heating of the α-isomer with strong alkali (*167*), was found to be structurally identical with HAWORTH's (*79*, *81*) synthetic intermediate (XLI) (*Chart 4*, p. 104), which on dehydrogenation yielded dehydro-anhydropicropodophyllin (XXXV).

SCHRECKER and HARTWELL (*167*) proposed the following structures, derived largely from a comparison of their ultraviolet spectra (*Fig. 4*, p. 142). This spectroscopic evidence is discussed in Chapter XV, p. 141.

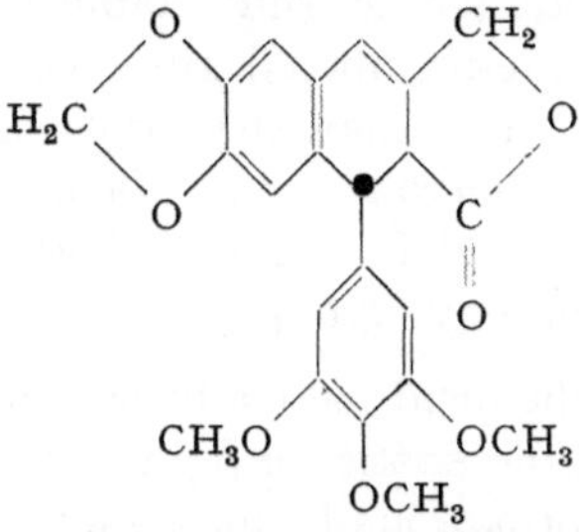

(LXI.) α-Apopicropodophyllin.

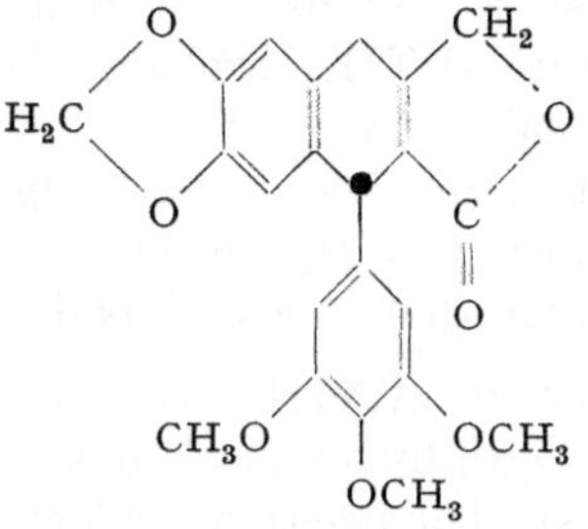

(LXII.) β-Apopicropodophyllin.

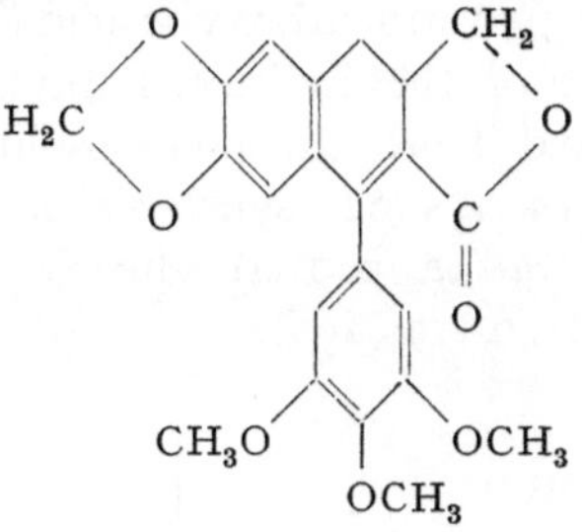

(XLI.) γ-Apopicropodophyllin.

γ-Apopicropodophyllin is saponified to the corresponding hydroxy acid, γ-apopodophyllic acid, and regenerated from it by lactonization. On the other hand, α- and β-apopicropodophyllin both yield α-apopodophyllic acid (LXIII), which in its structure corresponds to the α-lactone because it is relactonized to it and absorbs bromine readily, like the α- but not the β-lactone. In addition, the ultraviolet spectra of this acid and of its methyl ester (prepared with diazomethane) are

α-Apopicropodophyllin → (NaOAc, pyridine, piperidine, or 220°) → β-Apopicropodophyllin

α-Apopicropodophyllin ⇅ (185° ↑; dil. NaOH ↓) α-Apopodophyllic acid

β-Apopicropodophyllin → (dilute NaOH) → α-Apopodophyllic acid

Methyl α-apopodophyllate → (NaOAc or piperidine) → β-Apopicropodophyllin

α-Apopodophyllic acid → (CH_2N_2) → Methyl α-apopodophyllate

α-Apopodophyllic acid ↓ (20% KOH, heat) γ-Apopodophyllic acid

γ-Apopodophyllic acid ⇄ (mineral acid or 255° →; ← dil. NaOH) γ-Apopicropodophyllin

Chart 7. Interconversions of the Apopicropodophyllins.

very similar to that of the α-lactone. The α-lactone (LXI) is isomerized to the β-lactone (LXII) by weak-base catalysts (*167*) or by heating above 220° (*168*). Methyl α-apopodophyllate also yields the β-lactone when treated with base catalysts; α-apopodophyllic acid is, however, not affected (*167*) (see *Chart 7*, p. 109).

These results indicate that the intact lactone ring stabilizes the β-structure (LXII), probably because a five-membered ring with two non-vicinal exocyclic double bonds is less stable than the corresponding exo-endocyclic structure. Opening the lactone ring favors the α-structure (LXIII), in which the double bond is conjugated with the aryl rather than the carboxyl or carbomethoxyl group.

Structure (LXIII) for α-apopodophyllic acid is confirmed by its reaction with hypoiodite (*167*), which is characteristic for β,γ-unsaturated acids (*15*). The reaction product (LXIV), formation of which is analogous to that of 2,4,4-trimethylcyclohexanol from α-cyclogeranic acid (*16*), is oxidized to benzene-1,2,3,5-tetracarboxylic acid (LXV). This establishes the point of attachment of the hydroxymethyl group in α-apopodophyllic acid (LXIII), and hence in podophyllotoxin (XLIV, p. 105), more directly than HAWORTH's (*81*) synthesis of dehydro-anhydropicropodophyllin (XXXV) (*Chart 4*, p. 104), during which carbon-skeleton rearrangement had occurred (*79*, *166*).

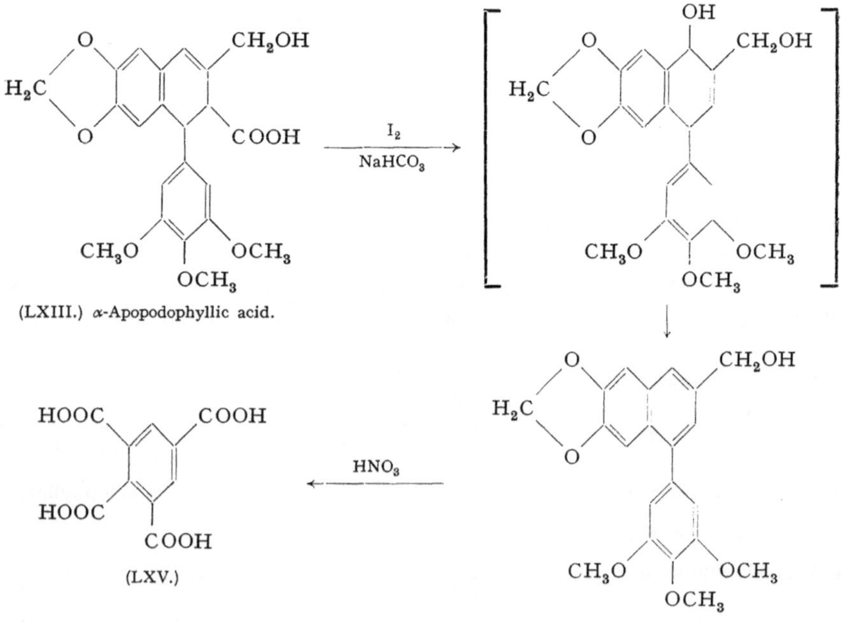

(LXIII.) α-Apopodophyllic acid.

$\xrightarrow[NaHCO_3]{I_2}$

(LXIV.)

$\xleftarrow{HNO_3}$

(LXV.)

4. Stereochemistry.

The finding (*111*) that epimerization of podophyllotoxin (XLIV, p. 105) to picropodophyllin (XLV) was accompanied by almost total loss of biologic activity made it desirable to investigate the stereochemistry of these and related compounds. HAWORTH's suggestion (*78*) that podophyllotoxin had an all-*trans* configuration was not based on experimental evidence and was later shown to be incorrect. The epimerization of podophyllotoxin at $C_{(3)}$ under mild conditions led HARTWELL and SCHRECKER (*70*) to postulate a *trans*-lactone ring, and PRICE (*150*) to suggest a *cis* arrangement of the bulky substituents of $C_{(3)}$ and $C_{(4)}$. DRAKE and PRICE (*39*) proposed that the facile pyrolysis of benzoylpicropodophyllin (LXVI) was due to a *cis* arrangement of the benzoxy group and the adjacent hydrogen. SCHRECKER and HARTWELL (*168*) finally demonstrated experimentally that podophyllotoxin (XLIV, p. 105) has indeed the *trans*-(1 : 2)-*trans*-(2 : 3)-*cis*-(3 : 4) configuration.

These authors found that esters of podophyllotoxin (XLIV) and picropodophyllin (XLV) are pyrolyzed more readily than those of their respective $C_{(1)}$-epimers (cf. *Chart 6*, p. 107), epipodophyllotoxin (LIII) and epipicropodophyllin (LVI), and demonstrated that, at least in the case of benzoylpicropodophyllin (LXVI), the primary decomposition product is α-apopicropodophyllin (LXI), and not β-apopicropodophyllin (LXII). Since intramolecular 1,2-eliminations proceed preferentially when the *R*COO and H are *cis* (*35*), it follows that the non-hydrogen substituents are *trans* in podophyllotoxin and picropodophyllin.

$OCOC_6H_5$ … CH_2 … O … CO … *Ar* —215°, 5 min.→ CH_2 … O … CO … *Ar* —220°, 10 min.→ CH_2 … O … CO … *Ar*

(LXVI.) Benzoylpicropodophyllin [$OCOC_6H_5$ at $C_{(1)}$ and H at $C_{(2)}$ are *cis*].

(LXI *p.*)* α-Apopicropodophyllin.

(LXII *p.*)* β-Apopicropodophyllin.

The relative configuration of $C_{(2)}$, $C_{(3)}$ and $C_{(4)}$ was deduced from a study of hydrogenation products (see *Chart 8*). Podophyllotoxin chloride (XLVI), podophyllotoxin (XLIV) and epipodophyllotoxin (LIII) are hydrogenolyzed (*73*, *179*) to desoxypodophyllotoxin (LXVII), $C_{22}H_{22}O_7$; this leaves the configuration at $C_{(2)}$, $C_{(3)}$ and $C_{(4)}$ unchanged. Base-

* The "*p*" stands for "partial formula". The complete formula is shown, with the same Roman numeral, elsewhere in the text.

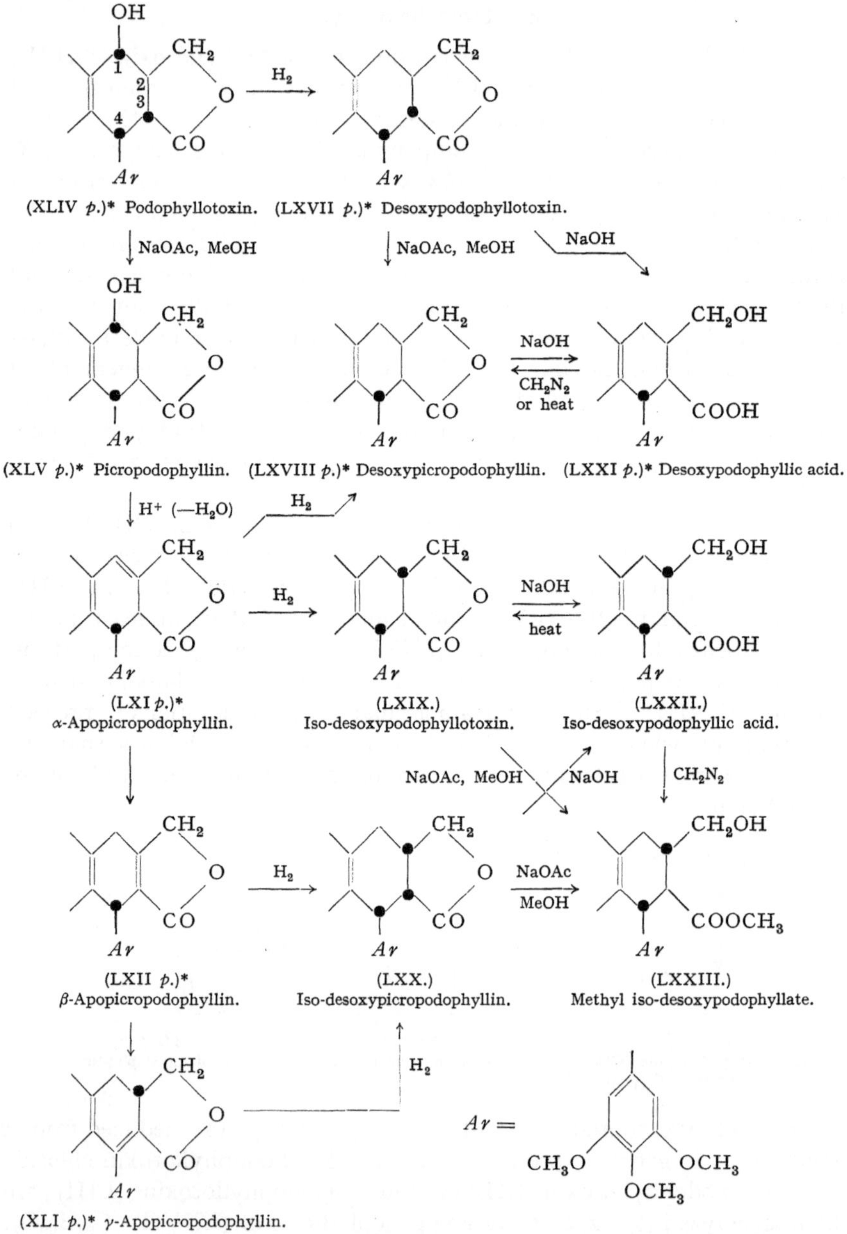
OH
CH2
1
2
3
4
O
CO
Ar
H2
(XLIV p.)* Podophyllotoxin.
(LXVII p.)* Desoxypodophyllotoxin.
NaOAc, MeOH
NaOH
CH2OH
COOH
NaOH
CH2N2
or heat
(XLV p.)* Picropodophyllin.
(LXVIII p.)* Desoxypicropodophyllin.
(LXXI p.)* Desoxypodophyllic acid.
H+ (—H2O)
heat
(LXI p.)*
α-Apopicropodophyllin.
(LXIX.)
Iso-desoxypodophyllotoxin.
(LXXII.)
Iso-desoxypodophyllic acid.
NaOAc, MeOH
NaOH
CH2N2
NaOAc
MeOH
COOCH3
(LXII p.)*
β-Apopicropodophyllin.
(LXX.)
Iso-desoxypicropodophyllin.
(LXXIII.)
Methyl iso-desoxypodophyllate.
Ar =
CH3O
OCH3
OCH3
(XLI p.)* γ-Apopicropodophyllin.

Chart 8. Proof of the Relative Configuration at $C_{(2)}$, $C_{(3)}$, and $C_{(4)}$ of Podophyllotoxin.

* The "*p*" stands for "partial formula". The complete formula is shown, with the same Roman numeral, elsewhere in the text.

catalyzed epimerization at $C_{(3)}$ converts desoxypodophyllotoxin to desoxypicropodophyllin (LXVIII) (*73*), which thus has the same configuration at $C_{(2)}$, $C_{(3)}$ and $C_{(4)}$ as picropodophyllin (XLV). Hydrogenation of α-apopicropodophyllin (LXI) [same configuration at $C_{(3)}$ and $C_{(4)}$ as (XLV)] yields desoxypicropodophyllin and a third isomer, iso-desoxypodophyllotoxin (LXIX). The fourth possible diastereoisomer, iso-desoxypicropodophyllin (LXX) is obtained by hydrogenation of both β-apopicropodophyllin (LXII) and γ-apopicropodophyllin (XLI). This compound (LXX) must be *cis*-(2 : 3)-*cis*-(3 : 4), because catalytic hydrogenation proceeds with preferential *cis* and *syn* addition of hydrogen (*120*). Desoxypicropodophyllin and iso-desoxypodophyllotoxin must be *trans*-(3 : 4) because, by their formation from α-apopicropodophyllin, they have identical configurations at $C_{(3)}$ and $C_{(4)}$, and because only two *cis*-(3 : 4) diastereoisomers can exist. Therefore desoxypodophyllotoxin, and hence podophyllotoxin, can only be *trans*-(2 : 3)-*cis*-(3 : 4). Desoxypicropodophyllin, by its formation from desoxypodophyllotoxin, is then *cis*-(2 : 3)-*trans*-(3 : 4), and iso-desoxypodophyllotoxin, finally, *trans*-(2 : 3)-*trans*-(3 : 4) (*168*).

While hydrogenation of β- (LXII) and γ-apopicropodophyllin (XLI) with Raney nickel in ethanol yielded exclusively iso-desoxypicropodophyllin (LXX), this compound was isolated only as a by-product with palladium on carbon in

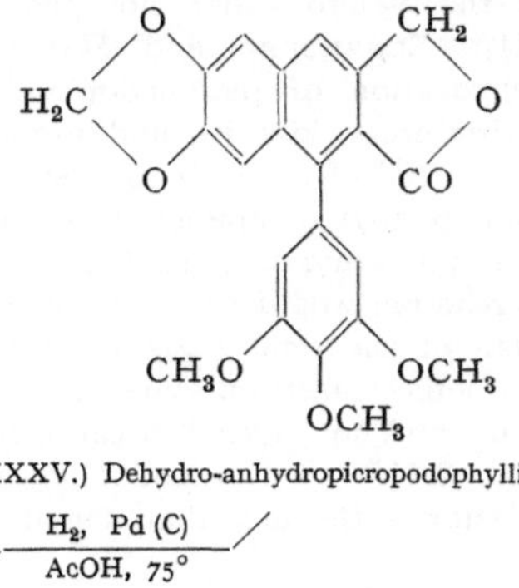

(XXXV.) Dehydro-anhydropicropodophyllin.

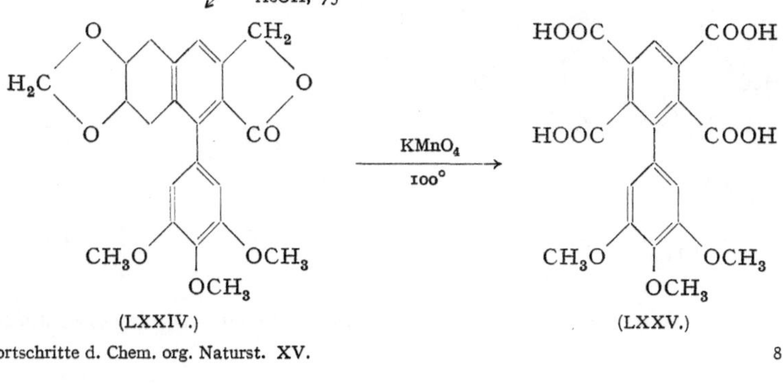

H_2, Pd (C)
AcOH, 75°

$KMnO_4$
100°

(LXXIV.)

(LXXV.)

acetic acid at 75°. The main product, under these conditions, was 6,7-methylenedioxy-1-(3,4,5-trimethoxyphenyl)-3-hydroxymethyl-5,6,7,8-tetrahydro-2-naphthoic acid lactone (LXXIV), which was also obtained by similar hydrogenation of dehydroanhydropicropodophyllin (XXXV). The structure of (LXXIV) was proved by its oxidation to 3',4',5'-trimethoxybiphenyl-2,3,5,6-tetracarboxylic acid (LXXV) (*168*).

Conformational analysis of the desoxylactones (LXVII–LXX) indicates the presence of two steric effects which may support or oppose each other: the strain inherent in the *trans*-lactone ring and the interference of *cis*-substituents at $C_{(3)}$ and $C_{(4)}$. Both factors favor the epimerization of desoxypodophyllotoxin (LXVII, p. 112) to desoxypicropodophyllin (LXVIII) by reagents like methanolic sodium acetate. This reagent converts both iso-desoxypodophyllotoxin (LXIX) and iso-desoxypicropodophyllin (LXX) to the all-*trans* methyl iso-desoxypodophyllate (LXXIII) because there is no other way in which to relieve simultaneously both the *trans*-lactone ring strain and the *cis*-(3 : 4) interference. Saponification of the lactones yields the *trans*-(3 : 4) acids. Desoxypodophyllic acid (LXXI) is converted to the stable *cis*-lactone, desoxypicropodophyllin (LXVIII), with diazomethane, while iso-desoxypodophyllic acid (LXXII) forms the methyl ester (LXXIII) (*168*) *(Chart 8)*.

Establishment of the structure and configuration of podophyllotoxin, epipodophyllotoxin, picropodophyllin and epipicropodophyllin (cf. *Chart 6*, p. 107) invalidates prior explanations (*24, 25*) for their contrasting behavior toward acid reagents, which dehydrate the "picro", but not the "toxin" compounds to α-apopicropodophyllin (LXI). SCHRECKER and HARTWELL (*170*) have shown that the acid-catalyzed dehydration of picropodophyllin (XLV) and epipicropodophyllin (LVI) follows first-order kinetics and probably involves a common carbonium ion intermediate (LXXVI), which is also implicated in the acid-catalyzed conversion (*Chart 5*, p. 107) of epipicropodophyllin and its ethyl ether (LVIII) to picropodophyllin and its ethyl ether (LII, p. 107). The activation energy required for the elimination reaction would be expected to be lower in the flexible *cis*-lactones (XLV, LVI) than in the rigid *trans*-lactones (XLIV, LIII), because resonance stabilization of the ionic transition state (LXXVI) requires coplanarity. The difference is of degree only, and not of kind, because acid-catalyzed conversions from the epipodophyllotoxin (LIII) to the podophyllotoxin (XLIV) series do occur (*70, 170*). A second factor is the fact that dehydration of podophyllotoxin

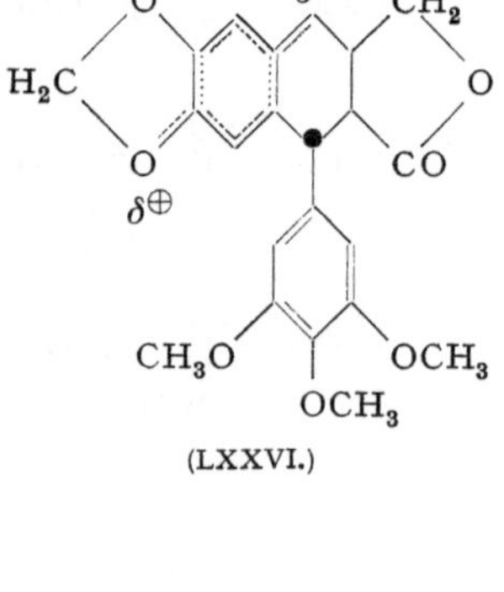

(LXXVI.)

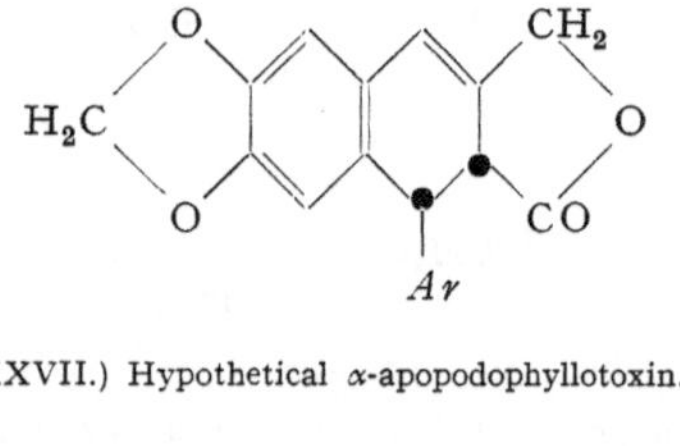

(LXXVII.) Hypothetical α-apopodophyllotoxin.

would not yield α-apopicropodophyllin (LXI), but its hypothetical diastereoisomer, α-apopodophyllotoxin (LXXVII), in which the substituents at $C_{(3)}$ and $C_{(4)}$ would be *cis* and interfere with each other even more than in podophyllotoxin (XLIV) (*170*). It has been found (*53*) that dehydration of podophyllotoxin could be accomplished by prolonged heating with 10% sulfuric acid; the product was not α-apopodophyllotoxin, but β-apopicropodophyllin (LXII). It is noteworthy that the *trans*-(3 : 4) α-apopicropodophyllin (LXI) is isomerized by base, but stable toward acid (*167*).

Attempts to detect α-apopodophyllotoxin (LXXVII) as an intermediate in the pyrolysis of benzoylpodophyllotoxin (LXVI) to β-apopicropodophyllin (LXII) failed. However, a spectroscopic study of the product obtained by thermal decomposition of podophyllotoxin bromide (XLVII) in pinene revealed (*164*) the presence of a compound with the characteristic ultraviolet absorption (Fig. 4, p. 141) of α-apopicropodophyllin. This indicated the formation of α-apopodophyllotoxin, unless epimerization at $C_{(3)}$ had taken place prior to, or during, the elimination of HBr.

Stereochemical correlation of podophyllotoxin with other lignans (*172*) has led to the elucidation of its ***absolute configuration*** (*173, 174*). Changes in the alkoxy substituents on the aromatic ring of lignans affect only little their molecular rotations, in agreement with TCHUGAEFF's rule (*200*). This has made it possible to correlate the configuration of podophyllotoxin (XLIV) with that of α-conidendrin

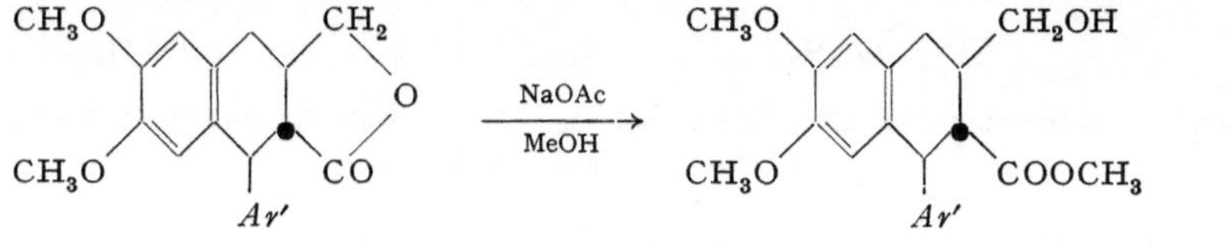

(LXXIX.) α-Retrodendrin dimethyl ether.

(LXXX.) Methyl α-retrodendrate dimethyl ether.

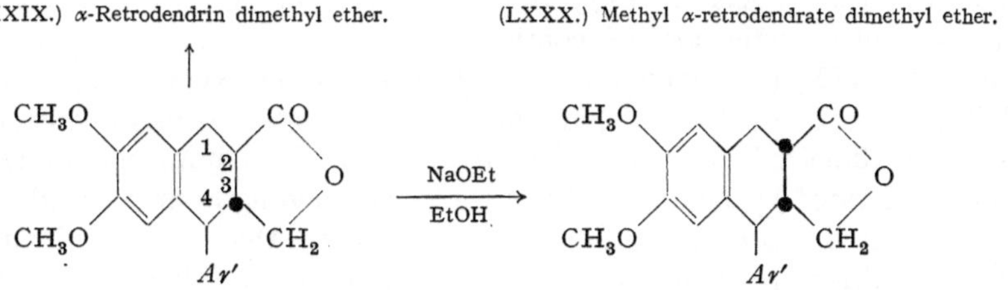

(LXXVIII.) α-Conidendrin dimethyl ether.

β-Conidendrin dimethyl ether.

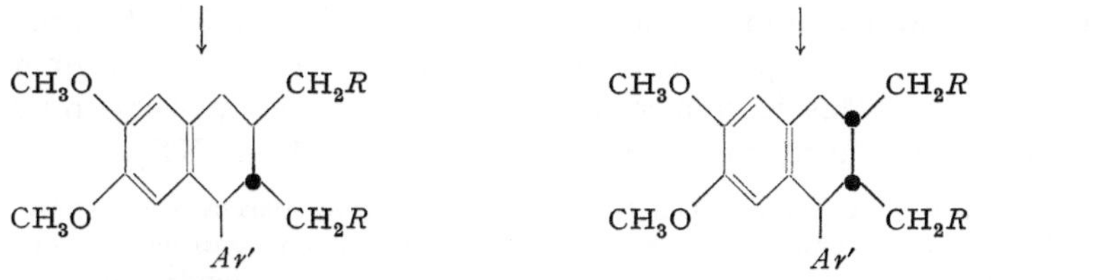

(LXXXI.)
R = OH. Iso-lariciresinol dimethyl ether.
(LXXXII.)
RR = O. Anhydro-iso-lariciresinol dimethyl ether.

(LXXXIII.)
R = OH. β-Conidendryl alcohol dimethyl ether.
(LXXXIV.)
RR = O. Anhydro-β-conidendryl alcohol dimethyl ether.

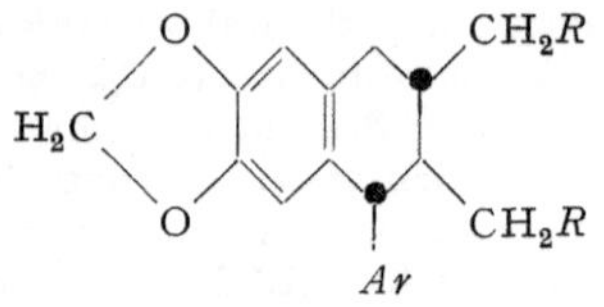

(LXXXV.)
R = OH. Iso-desoxypodophyllyl alcohol.
(LXXXVI.)
RR = O. Anhydro-iso-desoxypodophyllyl alcohol.

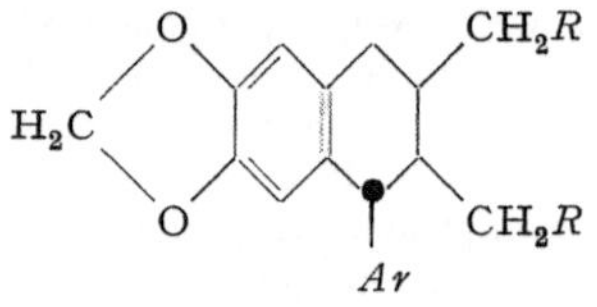

(LXXXVII.)
R = OH. Desoxypicropodophyllyl alcohol.
(LXXXVIII.)
RR = O. Anhydro-desoxypicropodophyllyl alcohol.

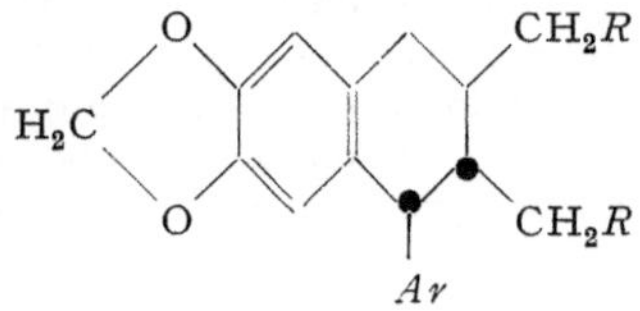

(LXXXIX.)
R = OH. Desoxypodophyllyl alcohol.
(XC.)
RR = O. Anhydro-desoxypodophyllyl alcohol.

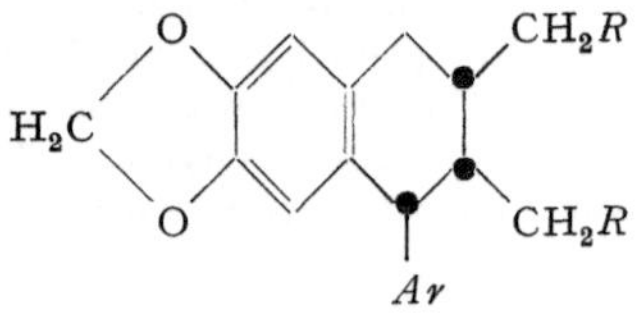

(XCI.)
R = OH. Iso-desoxypicropodophyllyl alcohol.
(XCII.)
RR = O. Anhydro-iso-desoxypicropodophyllyl alcohol.

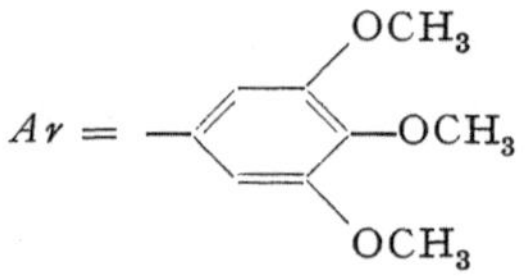

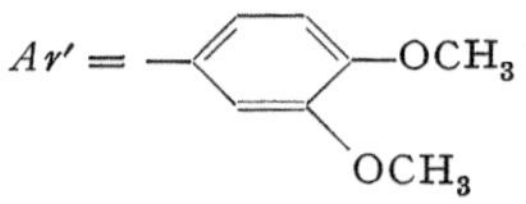

Chart 9. Stereochemical Correlation between Compounds in the Podophyllotoxin and the Conidendrin Series.

dimethyl ether (LXXVIII) (*45, 82*) *(Chart 9)*. The latter was converted with complete retention of configuration to α-retrodendrin dimethyl ether (LXXIX) (*29*), which is analogous to iso-desoxypodophyllotoxin (LXIX) (see *Chart 8*, p. 112) in that it is converted to methyl α-retrodendrate dimethyl ether (LXXX) by methanolic sodium acetate (*172*) and regenerated by lactonization of the corresponding hydroxy acid (*29*). This proves its all-*trans* configuration and, hence, that of α-conidendrin. Since iso-desoxypodophyllotoxin (LXIX) (but not its diastereoisomers) and α-retrodendrin dimethyl ether (LXXIX) have molecular rotations that are about equal in magnitude, but opposite in sign (*Table 3*, p. 146), they must have opposite configurations at all three asymmetric centers (*172*). This is confirmed by the equal, but opposite, rotations of the hydroxy acid methyl esters (LXXIII) and (LXXX).

A similar relationship exists between other pairs of derivatives in the podophyllotoxin and conidendrin series. Lithium aluminum hydride reduction of podophyllotoxin, picropodophyllin (*39*), and of the four desoxylactones (LXVII, LXVIII, LXIX, LXX; see *Chart 8*) (*172*) affords the corresponding 2,3-bis-(hydroxymethyl) compounds [podophyllyl alcohol, etc. (*86*)]; these are dehydrated to tetrahydrofuran derivatives [anhydro-podophyllyl alcohol, etc. (*86*)]. α-Conidendrin dimethyl ether (LXXVIII) yields iso-lariciresinol dimethyl ether (LXXXI) [α-conidendryl alcohol dimethyl ether] (*80, 83*), which corresponds to iso-desoxypodophyllyl alcohol (LXXXV) by its opposite rotation. Base-catalyzed

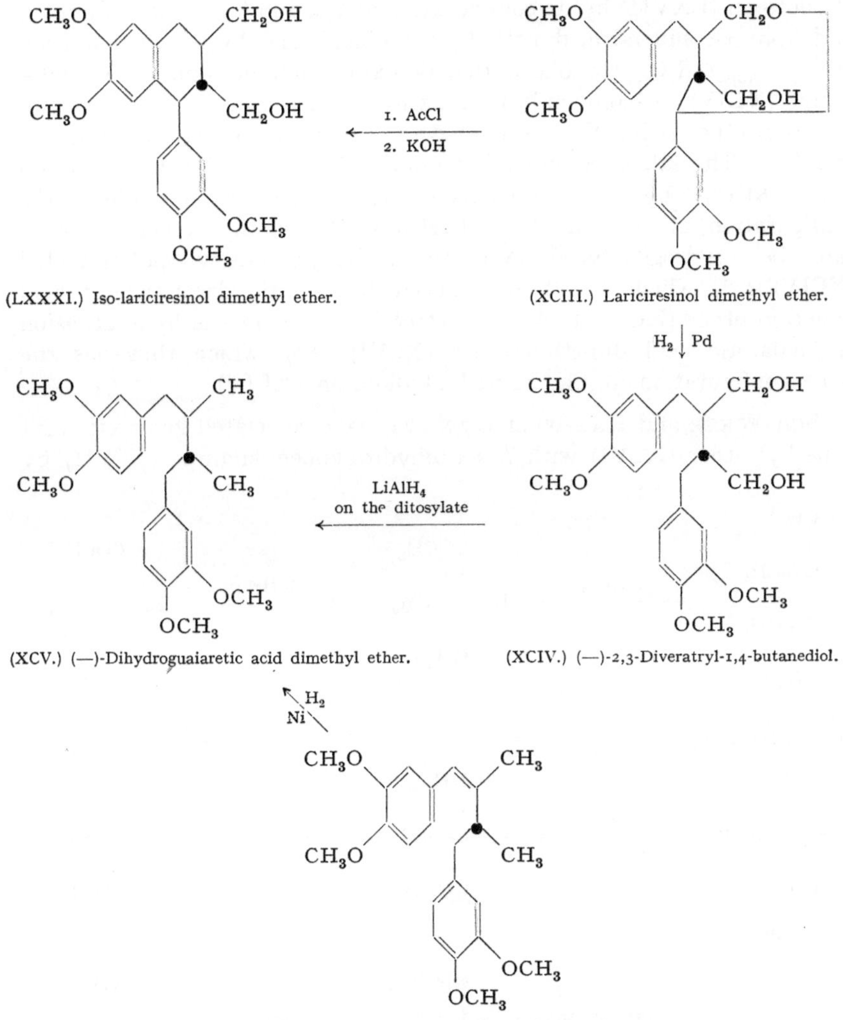

1. AcCl
2. KOH

(LXXXI.) Iso-lariciresinol dimethyl ether.

(XCIII.) Lariciresinol dimethyl ether.

H_2 | Pd

$LiAlH_4$ on the ditosylate

(XCV.) (—)-Dihydroguaiaretic acid dimethyl ether.

(XCIV.) (—)-2,3-Diveratryl-1,4-butanediol.

H_2 Ni

(XCVI.) Guaiaretic acid dimethyl ether.

Chart 10. Stereochemical Correlation of Iso-lariciresinol Dimethyl Ether with Guaiaretic Acid Dimethyl Ether.

epimerization (*85, 91*) at $C_{(2)}$ of α-conidendrin dimethyl ether, followed by reduction (*29, 172*) yields β-conidendryl alcohol dimethyl ether (LXXXIII), which corresponds to the antipode of desoxypicropodophyllyl alcohol (LXXXVII). The same relation holds true for the anhydro derivatives (*172*). The molecular rotations of these various compounds (*Chart 9*) are listed in *Table 3*, p. 146.

Since iso-desoxypodophyllotoxin (LXIX) differs from desoxypodophyllotoxin (LXVII) by its configuration at $C_{(2)}$ and $C_{(3)}$ (*Chart 8*, p. 112) and from α-conidendrin dimethyl ether (LXXVIII) by its configuration at $C_{(2)}$, $C_{(3)}$ and $C_{(4)}$, it follows that desoxypodophyllotoxin, podophyllotoxin (XLIV), α-conidendrin dimethyl ether, and iso-lariciresinol dimethyl ether (LXXXI) are related by a common configuration at $C_{(2)}$ and $C_{(3)}$. The latter compound is obtained from lariciresinol dimethyl ether (XCIII) by a rearrangement (*80*) that does not affect the configuration at $C_{(2)}$ and $C_{(3)}$. Lariciresinol dimethyl ether, in turn, can be hydrogenolyzed (*84*) to (—)-2,3-diveratryl-1,4-butanediol (XCIV) (*83*), which has been reduced to (—)-dihydroguaiaretic acid dimethyl ether (XCV) (*172*). The latter is formed in the hydrogenation of guaiaretic acid dimethyl ether (XCVI) (*180*), which thus has the same configuration at $C_{(3)}$ as podophyllotoxin (XLIV).

SCHRECKER and HARTWELL (*173, 174*) have correlated guaiaretic acid dimethyl ether (XCVI) with *L*-3,4-dihydroxyphenylalanine (XCVII) by

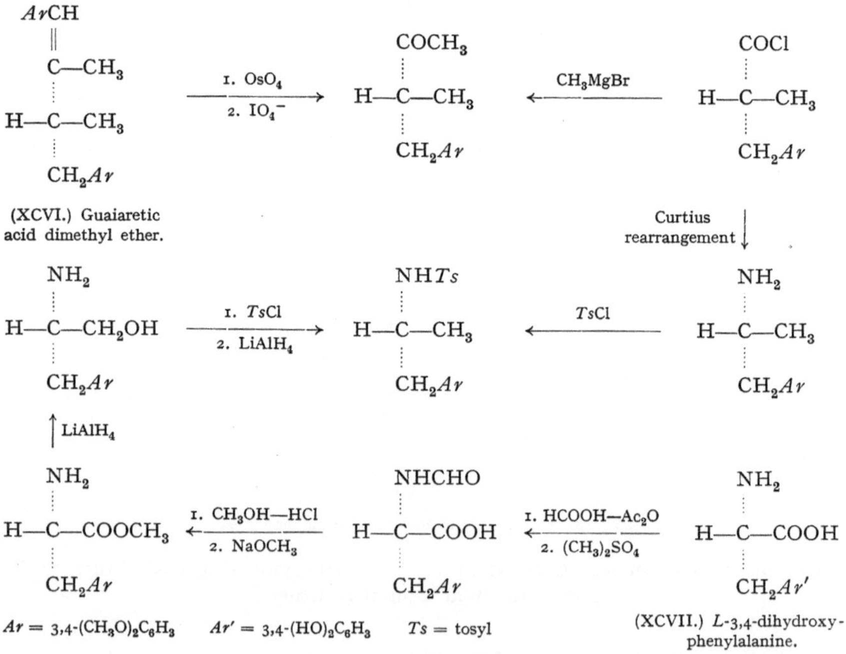

ArCH=C—CH_3 / H—C—CH_3 / CH_2Ar (XCVI.) Guaiaretic acid dimethyl ether. —(1. OsO_4; 2. IO_4^-)→ $COCH_3$ / H—C—CH_3 / CH_2Ar ←(CH_3MgBr)— COCl / H—C—CH_3 / CH_2Ar

↓ Curtius rearrangement

NH_2 / H—C—CH_2OH / CH_2Ar —(1. TsCl; 2. $LiAlH_4$)→ NHTs / H—C—CH_3 / CH_2Ar ←(TsCl)— NH_2 / H—C—CH_3 / CH_2Ar

↑ $LiAlH_4$

NH_2 / H—C—$COOCH_3$ / CH_2Ar ←(1. CH_3OH—HCl; 2. $NaOCH_3$)— NHCHO / H—C—COOH / CH_2Ar ←(1. HCOOH—Ac_2O; 2. $(CH_3)_2SO_4$)— NH_2 / H—C—COOH / CH_2Ar' (XCVII.) *L*-3,4-dihydroxyphenylalanine.

Ar = 3,4-$(CH_3O)_2C_6H_3$ Ar' = 3,4-$(HO)_2C_6H_3$ Ts = tosyl

Chart 11. Stereochemical Correlation of Guaiaretic Acid Dimethyl Ether with *L*-3,4-Dihydroxyphenylalanine.

the series of reactions shown in *Chart 11*. This establishes its absolute configuration and, therefore, that of podophyllotoxin. It is noteworthy that of all the lignans tested for tumor-damaging activity, only the ones that have the same configuration at $C_{(2)}$, $C_{(3)}$ and $C_{(4)}$ as podophyllotoxin (XLIV) show any appreciable potency (*74*).

5. Synthetic Approaches.

Attempts to synthesize podophyllotoxin (XLIV, p. 105) have so far not been successful, probably because of its strained and hindered *trans*-(2 : 3)-*cis*-(3 : 4) arrangement. A number of analogs embodying certain structural features of the molecule have been prepared (*18*, *40*, *41*, *152–154*, *208–210*). Finally, GENSLER and his coworkers (*57*, *58*) have accomplished the total synthesis of optically active picropodophyllin (XLV), α-apopicropodophyllin (LXI) and α-apopodophyllic acid (LXIII), identical in all respects with the compounds obtained from natural podophyllotoxin.

GENSLER'S synthesis is summarized in *Chart 12*. The configurations of the *DL*-compounds shown are, of course, those of one of the possible antipodes. Recent work (*53*) has shown that *DL*-α-apopicropodophyllin (LXI) was the primary dehydration product of the dihydroxy acid (XCVIII) and that *DL*-β-apopicropodophyllin (LXII), reported earlier (*57*) to be the product, was formed from *DL*-(LXI) during its purification. It is noteworthy that the last step in this synthesis is a reversal of the dehydration of picropodophyllin.

The relative configuration of the intermediary dihydroxy acid (XCVIII) (*DL*-epiiso-podophyllic acid) has recently been established, as shown in *Chart 13*, by GENSLER and JOHNSON (*53*). It was lactonized with dicyclohexylcarbodiimide to *DL*-epiiso-podophyllotoxin (XCIX), which underwent hydrogenolysis to *DL*-iso-desoxypodophyllotoxin (LXIX), also obtained by hydrogenolysis of the dihydroxy acid (XCVIII) to *DL*-iso-desoxypodophyllic acid (LXXII), followed by lactonization. The identity of the *DL*-iso-desoxypodophyllotoxin (LXIX) with an authentic optically active sample (*168*) (see *Chart 8*, p. 112) followed from that of their infrared spectra. This showed that the dihydroxy acid (XCVIII) and the hydroxylactone (XCIX) had the *trans*-(2 : 3)-*trans*-(3 : 4) arrangement. The configuration at $C_{(1)}$: $C_{(2)}$ was deduced as follows: *DL*-epiiso-podophyllotoxin (XCIX) was oxidized to *DL*-iso-podophyllotoxone (C), which was reduced with zinc borohydride to an epimer of (XCIX), named *DL*-iso-podophyllotoxin. By analogy with the zinc borohydride reduction of podophyllotoxone (LIX) and picropodophyllone (LX), which yields the *trans*-(1 : 2)-isomers (XLIV) and (XLV), respectively (pp. 107–108) (*52*), *DL*-iso-podophyllotoxin (CI) is most likely to be *trans*-(1 : 2) (OH at $C_{(1)}$ equatorial). *DL*-Epiiso-podophyllotoxin (XCIX) and the corresponding dihydroxy acid (XCVIII) are therefore probably *cis*-(1 : 2).

Table 4 (pp. 147–149) gives a list of podophyllotoxin derivatives.

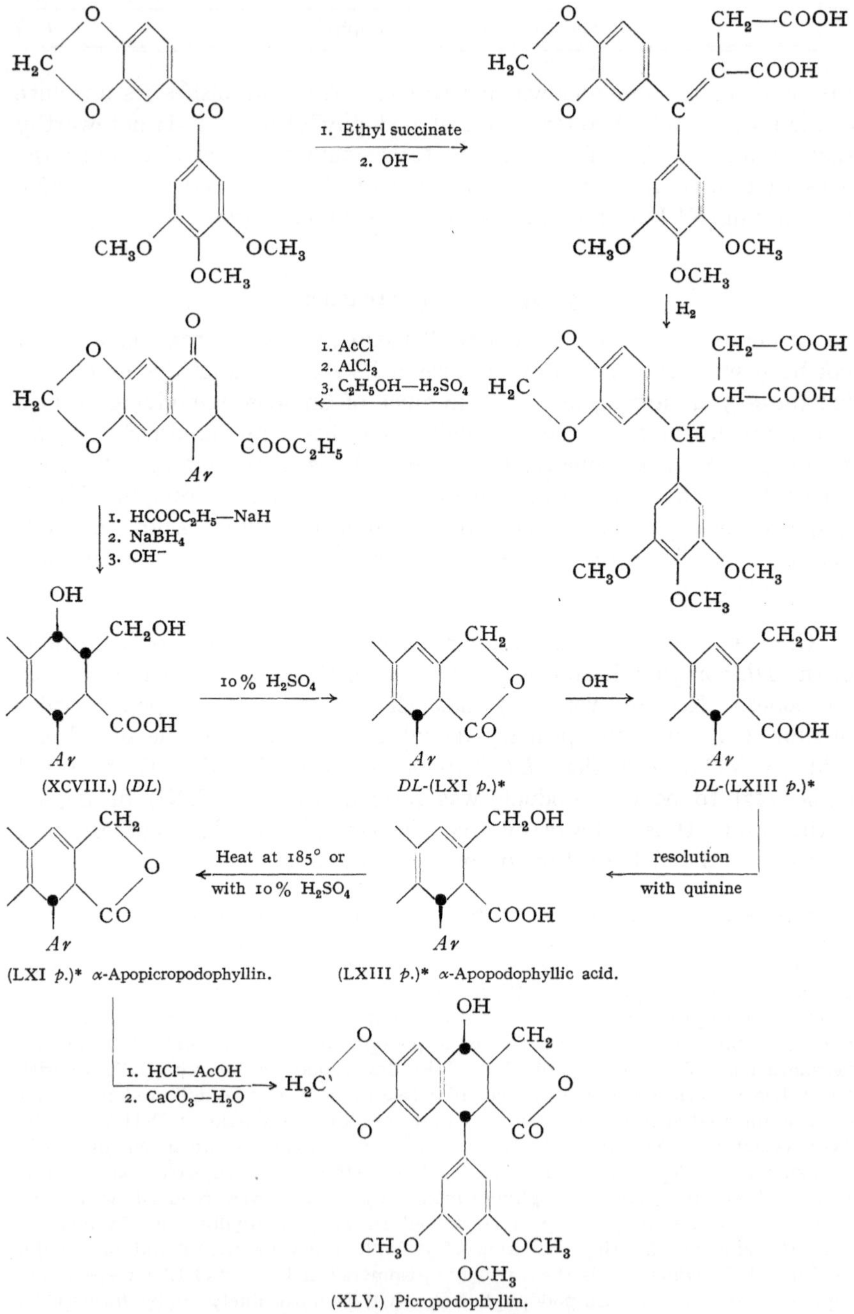

H_2C O O CO

CH_3O OCH_3 OCH_3

1. Ethyl succinate
2. OH^-

H_2C O O C CH_2—COOH C—COOH

CH_3O OCH_3 OCH_3

H_2

H_2C O O CH CH_2—COOH CH—COOH

CH_3O OCH_3 OCH_3

1. AcCl
2. $AlCl_3$
3. $C_2H_5OH—H_2SO_4$

O

H_2C O O $COOC_2H_5$ *Ar*

1. $HCOOC_2H_5$—NaH
2. $NaBH_4$
3. OH^-

OH CH_2OH COOH *Ar*

(XCVIII.) (*DL*)

10% H_2SO_4

CH_2 O CO *Ar*

DL-(LXI *p.*)*

OH^-

CH_2OH COOH *Ar*

DL-(LXIII *p.*)*

resolution
with quinine

CH_2OH COOH *Ar*

(LXIII *p.*)* α-Apopodophyllic acid.

Heat at 185° or
with 10% H_2SO_4

CH_2 O CO *Ar*

(LXI *p.*)* α-Apopicropodophyllin.

1. HCl—AcOH
2. $CaCO_3$—H_2O

H_2C O O OH CH_2 O CO

CH_3O OCH_3 OCH_3

(XLV.) Picropodophyllin.

Chart 12. GENSLER's Synthesis of Picropodophyllin.

---

* The "*p*" stands for "partial formula". The complete formula is shown, with the same Roman numeral, elsewhere in the text.

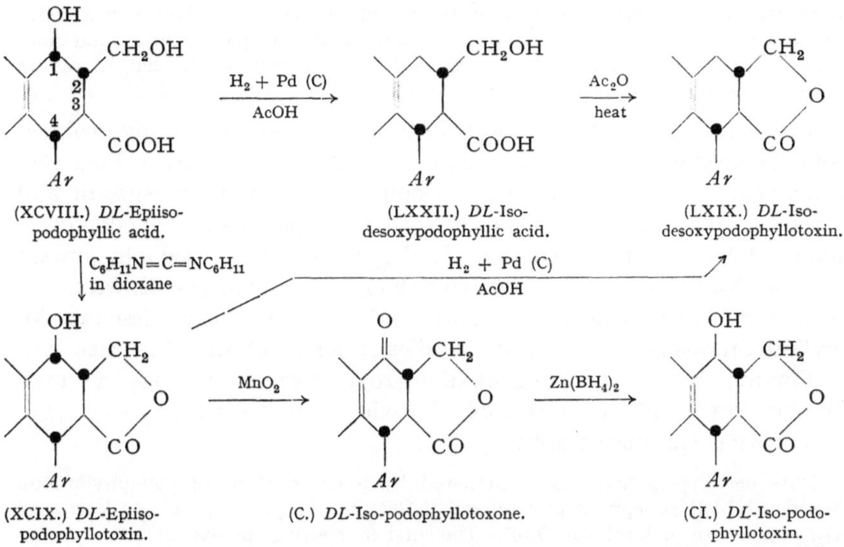

(XCVIII.) *DL*-Epiiso-podophyllic acid. — $H_2 + Pd (C)$, AcOH → (LXXII.) *DL*-Iso-desoxypodophyllic acid. — Ac_2O, heat → (LXIX.) *DL*-Iso-desoxypodophyllotoxin.

(XCVIII.) — $C_6H_{11}N{=}C{=}NC_6H_{11}$ in dioxane → (XCIX.) *DL*-Epiiso-podophyllotoxin. — MnO_2 → (C.) *DL*-Iso-podophyllotoxone. — $Zn(BH_4)_2$ → (CI.) *DL*-Iso-podo-phyllotoxin.

(XCIX.) — $H_2 + Pd (C)$, AcOH → (LXIX.)

Chart 13. Determination of the Relative Configuration of *DL*-Epiiso-podophyllic Acid.

VII. Desoxypodophyllotoxin.

Desoxypodophyllotoxin (LXVII) was first isolated by NOGUCHI and KAWANAMI (*136*) in 1940 from the roots of *Anthriscus sylvestris* HOFFM. (Fam. Umbelliferae) and named "anthricin". These authors determined its empirical formula, $C_{22}H_{22}O_7$, prepared a dibromo derivative and a hydrazide, and observed that saponification, followed by acidification, produced "iso-anthricin", $C_{22}H_{22}O_7 \cdot H_2O$. The latter was dehydrogenated to dehydro-anhydropicropodophyllin (XXXV), and oxidized with permanganate to 3,4,5-trimethoxybenzoic acid (XXX), 3,4-methylene-dioxy-6-(3,4,5-trimethoxybenzoyl)-benzoic acid (XXXII) and 5,6-methylenedioxy-3-(3,4,5-trimethoxyphenyl)-phthalide (XXXIII), previously obtained (*10, 187*) (see *Chart 3*, p. 102) in the oxidation of podophyllic acid (XXIX). This led NOGUCHI and KAWANAMI (*136*) to propose the correct structure (LXVII) for anthricin.

In 1942, HATA (*76*) isolated desoxypodophyllotoxin from the seed oil of *Hernandia ovigera* L. (Fam. Hernandiaceae), named it "hernandion", and epimerized it to "iso-hernandion" (desoxypicropodophyllin) (LXVIII). The identity of HATA's and NOGUCHI's products was demonstrated by comparison of samples (*76*).

The same year, MARION (*126*) obtained from the roots of *Cicuta maculata* L. (Fam. Umbelliferae) a compound, which he named "cicutin". Direct comparison of samples later (*71*) showed it to be identical with desoxypicropodophyllin (LXVIII).

However, since it was isolated after treatment of the crude plant extract with methanolic alkali (*126*), since it belongs to the unnatural "picro" series, and since *Cicuta* and *Anthriscus* belong to the same family, it is probable that it was an artifact formed by base-catalyzed epimerization of native desoxypodophyllotoxin (*71*).

In 1952, HARTWELL, JOHNSON, FITZGERALD and BELKIN (*67*) isolated from the needles of *Juniperus silicicola* (SMALL) BAILEY (Fam. Pinaceae) a compound, named "silicicolin". Comparison of infrared spectra and mixed melting point determination with a sample of desoxypodophyllotoxin (LXVII), prepared by hydrogenolysis of podophyllotoxin chloride (XLVI), established its identity (*73*). NOGUCHI and KAWANAMI's "anthricin" was identified similarly (*71*). Subsequently, desoxypodophyllotoxin was isolated from the needles or berries of other Pinaceae (*48*).

Finally, KOFOD and JØRGENSEN (*105*) isolated in 1955 a small amount (0.1%) of desoxypodophyllotoxin from American podophyllin by partition chromatography (p. 98).

Pure desoxypodophyllotoxin, prepared by hydrogenolysis of podophyllotoxin chloride (XLVI) or epipodophyllotoxin (LIII), has m. p. 167.4—168.3° (cor.) and $[\alpha]_D$ — 116° in chloroform (*179*). The higher melting points of desoxypodophyllotoxin isolated from some of the natural sources (*67, 73*) can be attributed to contamination with small amounts of podophyllotoxin (XLIV), which raise, rather than depress, its melting point. Indeed, the two compounds are isomorphous, are not readily separable by crystallization, and their melting point diagram exhibits a maximum (*179*). It is quite conceivable that several of the related plant species, from which only one of the two compounds was isolated (*48*), may contain the other in small amounts.

Desoxypicropodophyllin (LXVIII), prepared by base-catalyzed epimerization of desoxypodophyllotoxin, has m. p. 172—173° and $[\alpha]_D + 33°$ (chloroform) (*73, 105, 178*). Contamination with residual iso-desoxypodophyllotoxin (LXIX), which is more insoluble and crystallizes first, may explain the higher rotation of the desoxypicropodophyllin obtained by hydrogenation of α-apopicropodophyllin (*168*) (*Chart 8*, p. 112). "Iso-hernandion" (*76*), "cicutin" (*126*) and "silicicolin-B" (*73*) are all identical with desoxypicropodophyllin (*71*). However, NOGUCHI's "isoanthricin" (*136*), obtained by saponification of "anthricin", was probably a mixture of desoxypicropodophyllin and desoxypodophyllic acid (LXXI), as indicated by the original analysis and optical rotation (*71*).

The configuration of desoxypodophyllotoxin (LXVII) and desoxypicropodophyllin (LXVIII) has been discussed in Chapter VI (p. 113). Both lactones are saponified to desoxypodophyllic acid (LXXI) (*73*). Heating this acid above its melting point lactonizes it to desoxypicropodophyllin, to which it corresponds in its configuration. The acid (LXXI) does not yield the methyl ester (CII) when treated with diazomethane, but is lactonized to (LXVIII) (cf. *Chart 8*, p. 112), even at 0° (*168*). Methyl desoxypodophyllate (CII) is, however, formed from the silver salt of the acid (LXXI) by reaction with methyl iodide (*76, 178*). Methylation of desoxypodophyllic acid with dimethyl sulfate and alkali affords methyl desoxypodophyllate methyl

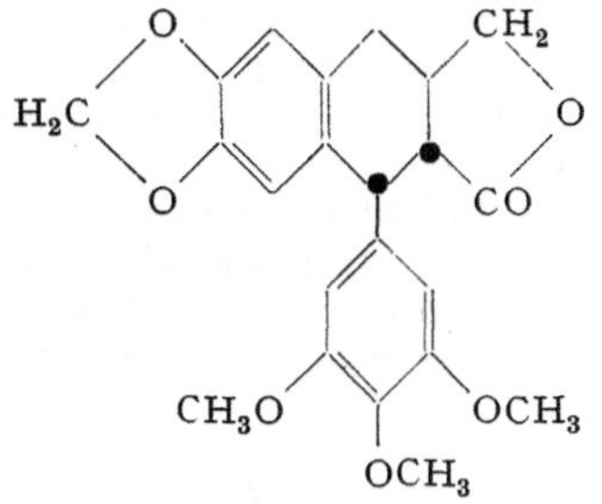

(LXVII.) Desoxypodophyllotoxin (anthricin, hernandion, silicicolin).

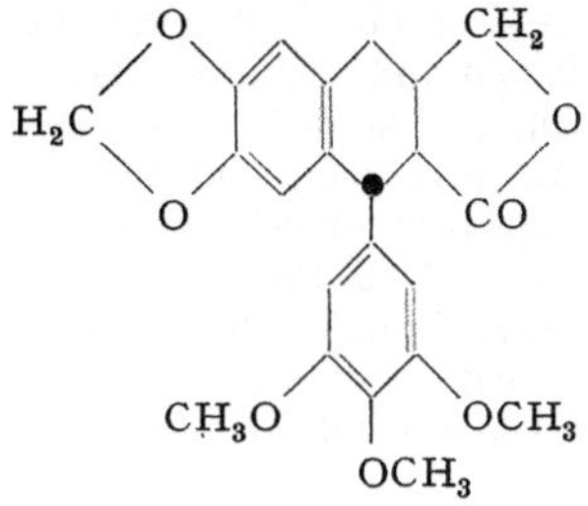

(LXVIII.) Desoxypicropodophyllin (iso-hernandion, cicutin, silicicolin-B).

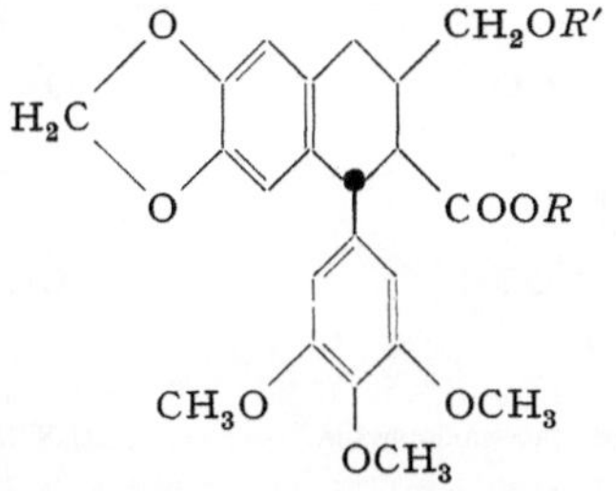

(LXXI.) $R = R' = H$. Desoxypodophyllic acid.
(CII.) $R = CH_3$; $R' = H$. Methyl desoxypodophyllate.
(CIII.) $R = H$; $R' = CH_3$. Desoxypodophyllic acid methyl ether.
(CIV.) $R = R' = CH_3$. Methyl desoxypodophyllate methyl ether.

ether (CIV) (*178*), which is saponified to desoxypodophyllic acid methyl ether (CIII) (*126, 178*). NOGUCHI's (*136*) "iso-anthricinic acid methyl ester", m. p. 173°, $[\alpha]_D$ —43.6° (chloroform), obtained by the same procedure from "iso-anthricin", was probably identical with (CIV), and his "iso-anthricinic acid" with (CIII) (*178*). Several derivatives of desoxypodophyllotoxin are characterized in *Table 5* (p. 150).

VIII. Dehydropodophyllotoxin.

In the paper-chromatographic analysis of American podophyllin (Chapter V, p. 97), KOFOD and JØRGENSEN (*104*) observed several spots with a pronounced blue fluorescence under ultraviolet light. Isolation of the material corresponding to the largest such spot afforded, in 0.1% yield from podophyllin, colorless needles of dehydropodophyllotoxin (XII), which showed a great resemblance to dehydro-anhydropicropodophyllin (XXXV) by its fluorescence and by its ultraviolet spectrum (Fig. 3, p. 140). The position of the phenolic hydroxyl group was deduced (*104*) from the absence of the diazonium salt color test (*94*) and confirmed (*52*) by the formation of dehydropodophyllotoxin in the dehydrogenation of podophyllotoxone (LIX).

The melting point of dehydropodophyllotoxin, which has been reported as 272–274° (*104*) and 286–288° (dec.) (*52*), varies with the rate of heating (*52*). The same is true for the melting point of its acetyl derivative, which has been reported as 259–260° (dec.) (*52*) and 265–268° (dec.) (*211*).

Hydrogenation of dehydropodophyllotoxin with palladium on carbon in acetic acid at 80° yielded the 5,6,7,8-tetrahydrolactone (CV), m. p. 230–232° [acetate, m. p. 175–177°] (*211*). This reduction of the *A*-rather than the *B*-ring is analogous to the formation of (LXXIV) from dehydro-anhydropicropodophyllin (XXXV) under the same conditions (*168*) (see Chapter VI, p. 113).

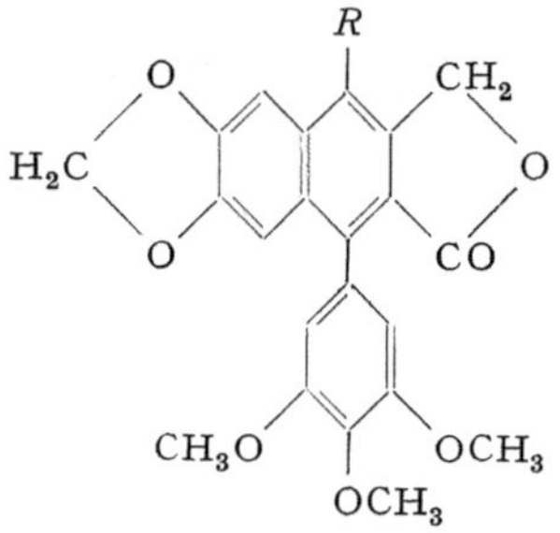

(XII.) *R* = OH. Dehydropodophyllotoxin.
(XXXV.) *R* = H. Dehydro-anhydropicropodophyllin.

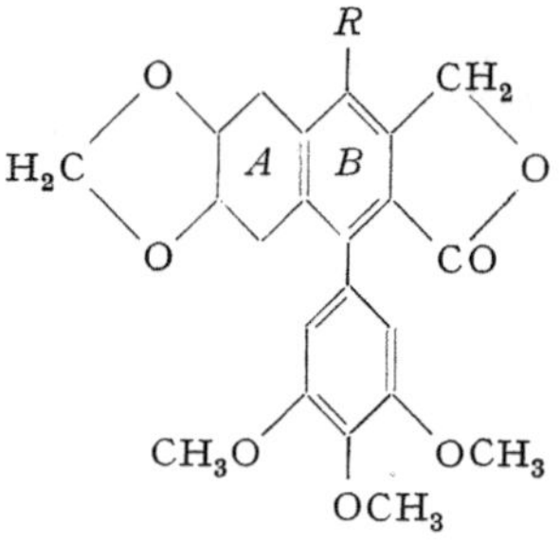

(CV.) *R* = OH.
(LXXIV.) *R* = H.

IX. 4′-Demethylpodophyllotoxin.

This compound was isolated in 1952 by NARDKARNI, MAURY and HARTWELL (*133, 134*) from Indian podophyllin in 1.7% yield. Chromatography on alumina and elution with 1 : 1 ethanol-benzene served to separate it from the less strongly adsorbed podophyllotoxin. BARTEK, ŠANTAVÝ et al. (*2*) obtained from American podophyllin a small amount (about 0.02%) of diacetyl-4′-demethylpicropodophyllin, isolated after chromatography on alumina, treatment with acetic anhydride and potassium acetate, and repeated chromatography. It is likely that this product was formed by acetylation and epimerization of native 4′-demethylpodophyllotoxin.

4′-Demethylpodophyllotoxin (CVI) crystallizes from ethanol in prisms and from 50% ethanol in plates, m. p. 250–252°, $[\alpha]_D$ — 130° (chloroform). Its epimerization by base-catalysts proceeds even more readily (*134*) than that of podophyllotoxin. The 4′-demethylpicropodophyllin (CVII) thus obtained crystallizes from aqueous solvents as a hydrate, m. p. 230–236° (*134, 218*), which on drying yields a hemihydrate, m. p. 217–219°, then the anhydrous compound, m. p. 193–196° (*134*). Its rotation in acetone has been reported as $[\alpha]_D$ + 7.0° (*134*) and + 9.3° (*218*). Both demethylpodophyllotoxin and its $C_{(3)}$-epimer form diacetyl derivatives and exhibit color reactions characteristic of phenols (*134*).

Methylation of demethylpodophyllotoxin with diazomethane yields podophyllotoxin (XLIV), and with dimethyl sulfate and alkali, picropodophyllin (XLV). Ethylation of demethylpicropodophyllin with diethyl sulfate leads to 4′-ethyl-demethylpicropodophyllin (CVIII), which is oxidized with permanganate to syringic acid ethyl ether (CIX) (*134*). This establishes the position of the phenolic hydroxyl group *(Chart 14)*.

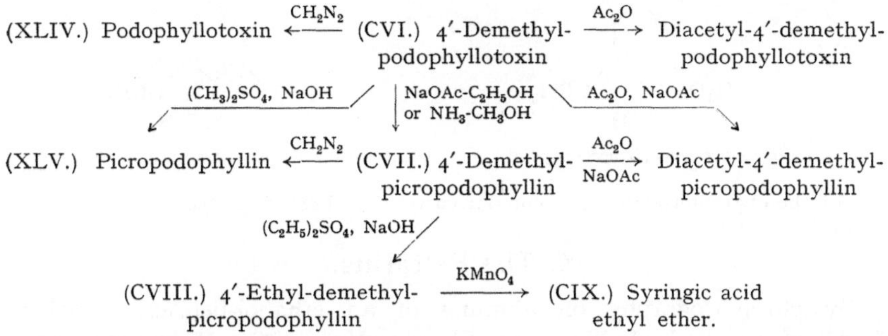

(XLIV.) Podophyllotoxin ←(CH_2N_2)— (CVI.) 4′-Demethyl-podophyllotoxin —(Ac_2O)→ Diacetyl-4′-demethyl-podophyllotoxin

(CVI.) ↙ $(CH_3)_2SO_4$, NaOH → (XLV.); (CVI.) ↓ NaOAc-C_2H_5OH or NH_3-CH_3OH → (CVII.); (CVI.) ↘ Ac_2O, NaOAc → Diacetyl-4′-demethyl-picropodophyllin

(XLV.) Picropodophyllin ←(CH_2N_2)— (CVII.) 4′-Demethyl-picropodophyllin —(Ac_2O, NaOAc)→ Diacetyl-4′-demethyl-picropodophyllin

(CVII.) ↙ $(C_2H_5)_2SO_4$, NaOH

(CVIII.) 4′-Ethyl-demethyl-picropodophyllin —($KMnO_4$)→ (CIX.) Syringic acid ethyl ether.

Chart 14. Structure Proof and Some Reactions of 4′-Demethylpodophyllotoxin.

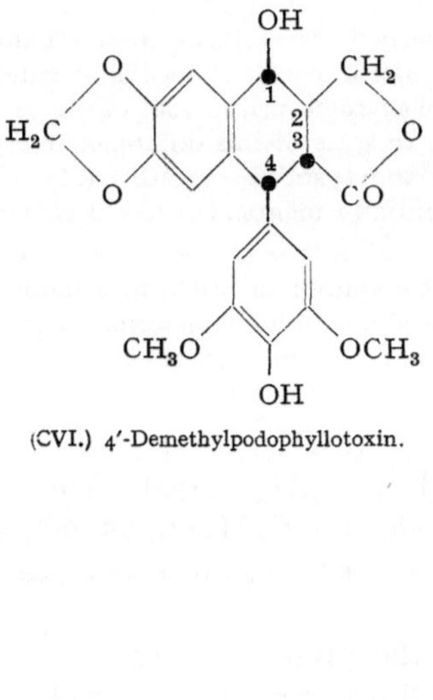

(CVI.) 4′-Demethylpodophyllotoxin.

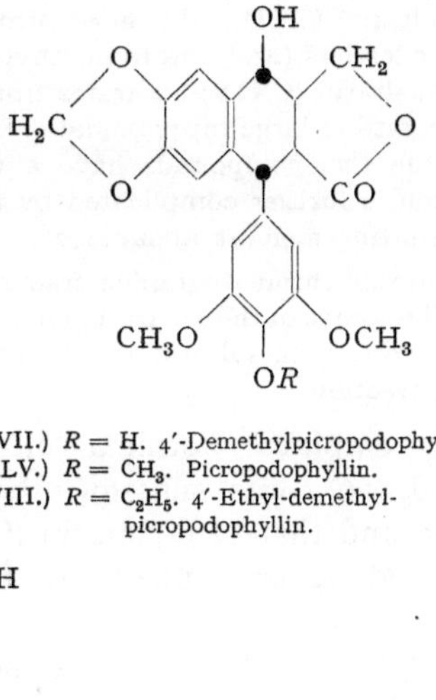

(CVII.) R = H. 4′-Demethylpicropodophyllin.
(XLV.) R = CH_3. Picropodophyllin.
(CVIII.) R = C_2H_5. 4′-Ethyl-demethyl-picropodophyllin.

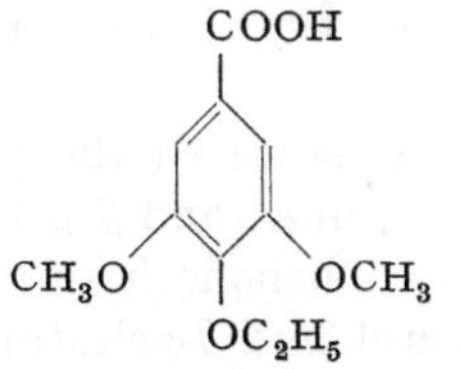

(CIX.) Syringic acid ethyl ether.

The related 4′-demethyl-β-apopicropodophyllin (CX) was obtained by heating podophyllotoxin bromide (XLVII) above its melting point, a reaction which involves dehydrohalogenation, double bond shift and ether cleavage by the hydrogen bromide liberated (*164*). It was converted with ethyl sulfate and alkali to 4′-ethyl-demethyl-α-apopodophyllic acid (CXI), which was also oxidized to syringic acid ethyl ether (CIX).

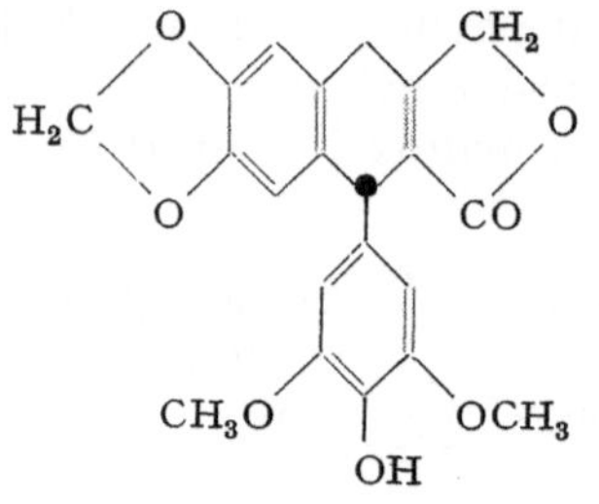

(CX.) 4'-Demethyl-β-apopicropodophyllin. 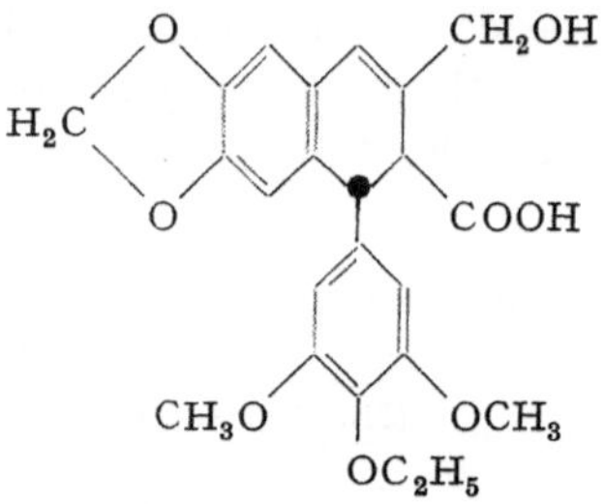 (CXI.) 4'-Ethyl-demethyl-α-apopodophyllic acid.

For the characterization of some derivatives cf. *Table 6*, p. 150.

X. The Peltatins.

By chromatography on alumina of an ethanol-benzene solution of American podophyllin (see Chapter V, p. 96), HARTWELL and DETTY (*64–66*) isolated, in addition to podophyllotoxin (XLIV), two new lignans, named α- and β-peltatin.

α-Peltatin (CXII), the most strongly adsorbed, crystallizes from ethanol in prismatic leaflets (*218*) and from ethyl acetate-ether in needle-shaped aggregates (*2*), while β-peltatin (CXIV) separates from ethanol in thick prisms (*66, 218*) and from ethyl acetate in large bipyramidal crystals (*2*). In spite of this difference in crystal shape, the two compounds have a tendency to crystallize together (*66*). Their separation is further complicated by their essentially identical physical constants: both peltatins melt at about 242° and exhibit $[\alpha]_D$ — 123° to — 125° (*2, 218*). Thus, careful chromatographic fractionation is required in order to obtain them pure. The course of the separation may be followed by methoxyl determinations (*66*), by color tests with sulfuric acid (*2, 66*), or by paper-chromatographic analysis (*94*) of each fraction.

The empirical formula of α-peltatin (CXII), first reported as $C_{22}H_{22}O_8$ (*66*), was subsequently revised to $C_{21}H_{20}O_8$ (*72*). The latter formula and that of β-peltatin (CXIV), which is $C_{22}H_{22}O_8$ (*65, 66*), were questioned at one time (*148*), but have been reconfirmed repeatedly (*2, 171, 218*).

Analytical and color tests indicated the presence of two and three methoxyl groups, respectively, in α- and β-peltatin, and of a methylene-dioxy group and at least one phenolic hydroxyl group in both (*66*).

α-Peltatin formed a diacetyl, and β-peltatin a monoacetyl, derivative; moreover, methylation with diazomethane yielded a dimethyl and a monomethyl ether, respectively. This proved that β-peltatin (CXIV) contained one, and α-peltatin (CXII) two, phenolic hydroxyl groups and that no alcohol function was present (*66*). Both peltatins were isomerized by heating with alcoholic sodium acetate, in the same manner that podophyllotoxin is epimerized to picropodophyllin (i. e. by inversion at $C_{(3)}$). The dextrorotatory products thus obtained were named "α-peltatin-B" and "β-peltatin-B"; they formed a "B" series of acetyl derivatives and methyl ethers corresponding to the strongly levorotatory "A" series derived from the native peltatins (66) *(Chart 15)*. The presence of a lactone ring in the peltatins, deduced from the solubility of their methyl ethers in hot alkali (66), was later confirmed by their saponification to hydroxy acids (α- and β-peltatic acid) and by infrared spectra (72). The close similarity of structural features and chemical behavior led HARTWELL (66) to postulate that the peltatins had a structure analogous to podophyllotoxin (XLIV), except for the presence of phenolic, rather than alcoholic, hydroxyl groups.

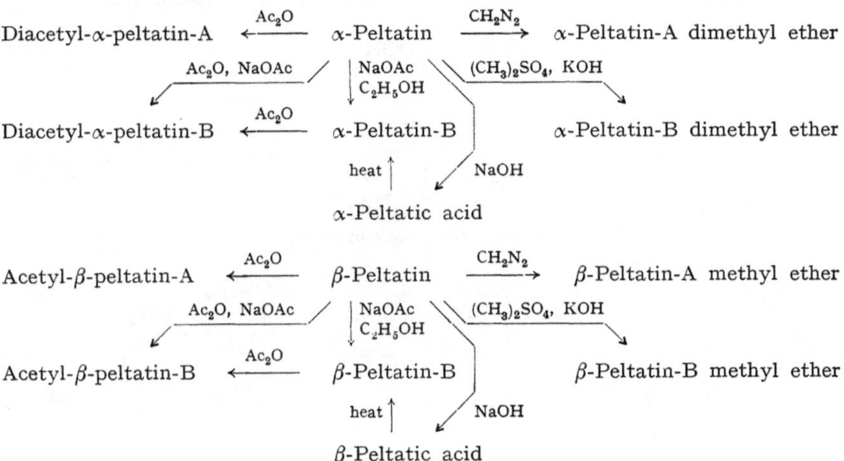

Chart 15. Epimerization, Acetylation and Methylation of the Peltatins.

α-Peltatin-B diethyl ether (CXIII), prepared from α-peltatin with diethyl sulfate and alkali, was oxidized by permanganate at 100° to syringic acid ethyl ether (CIX), while β-peltatin-B ethyl ether (CXV) gave 3,4,5-trimethoxybenzoic acid (XXX). This established the presence of a 4-hydroxy-3,5-dimethoxyphenyl and of a 3,4,5-trimethoxyphenyl residue in α- and β-peltatin, respectively. When, moreover, it was shown by HARTWELL, SCHRECKER and GREENBERG (72) that the dimethyl ethers of α-peltatin were identical with the methyl ethers of β-peltatin in both the "A" and "B" series, it became clear that α-peltatin was 4'-demethyl-β-peltatin.

Milder permanganate oxidation (in boiling aqueous acetone) of β-peltatin-B methyl ether (CXVI) established the location of the substituents in ring *A* and of the trimethoxyphenyl group (169). One of the oxidation products, a substituted benzoylbenzoic acid, $C_{19}H_{18}O_9$, was decarboxylated to 3,3',4',5'-tetramethoxy-4,5-methylenedioxybenzo-

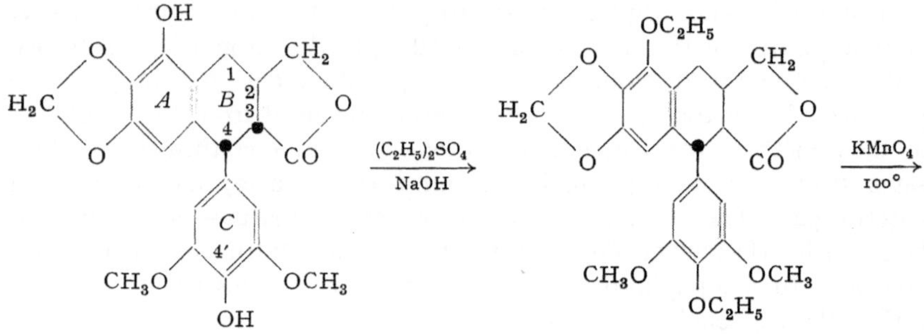

(CXII.) α-Peltatin.

$\xrightarrow[\text{NaOH}]{(C_2H_5)_2SO_4}$

(CXIII.) α-Peltatin-B diethyl ether.

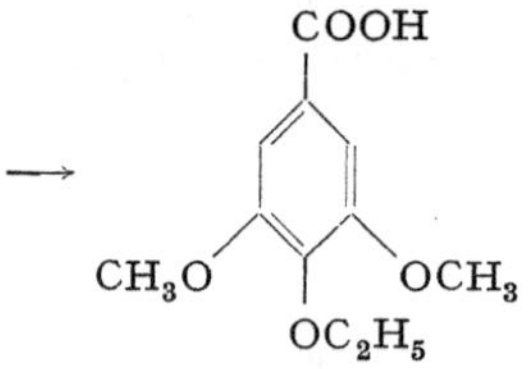

$\xrightarrow[100^\circ]{KMnO_4}$

(CIX.) Syringic acid ethyl ether.

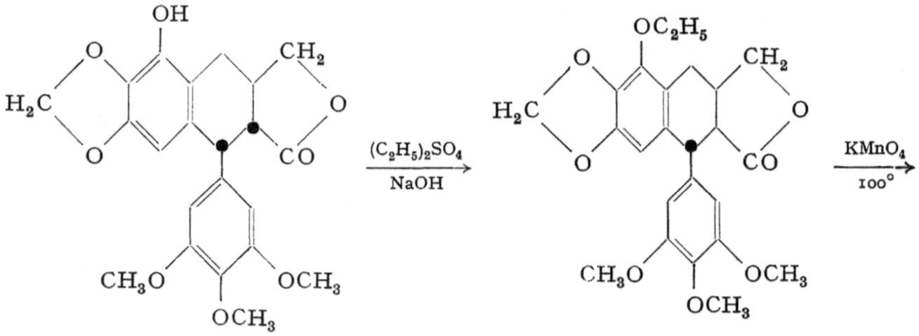

(CXIV.) β-Peltatin.

$\xrightarrow[\text{NaOH}]{(C_2H_5)_2SO_4}$

(CXV.) β-Peltatin-B ethyl ether.

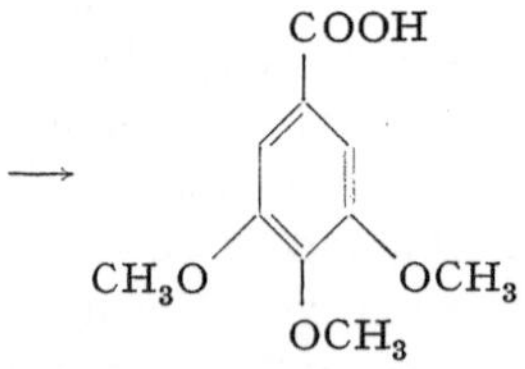

$\xrightarrow[100^\circ]{KMnO_4}$

(XXX.)

phenone (CXIX), the structure of which followed from its cleavage to myristicinic acid (CXX) and 3,4,5-trimethoxybenzoic acid (XXX) by means of potassium *tert*-butoxide. Since the other oxidation product was cotarnic acid (CXVIII), the keto acid had to be 2-methoxy-3,4-methylenedioxy-6-(3′,4′,5′-trimethoxybenzoyl)-benzoic acid (CXVII), and not the isomeric acid (CXXI), which on further oxidation would have yielded isocotarnic acid (CXXII) *(Chart 16)*. This led SCHRECKER and HARTWELL *(169)* to propose structures (CXII) and (CXIV) for α- and β-peltatin, respectively.

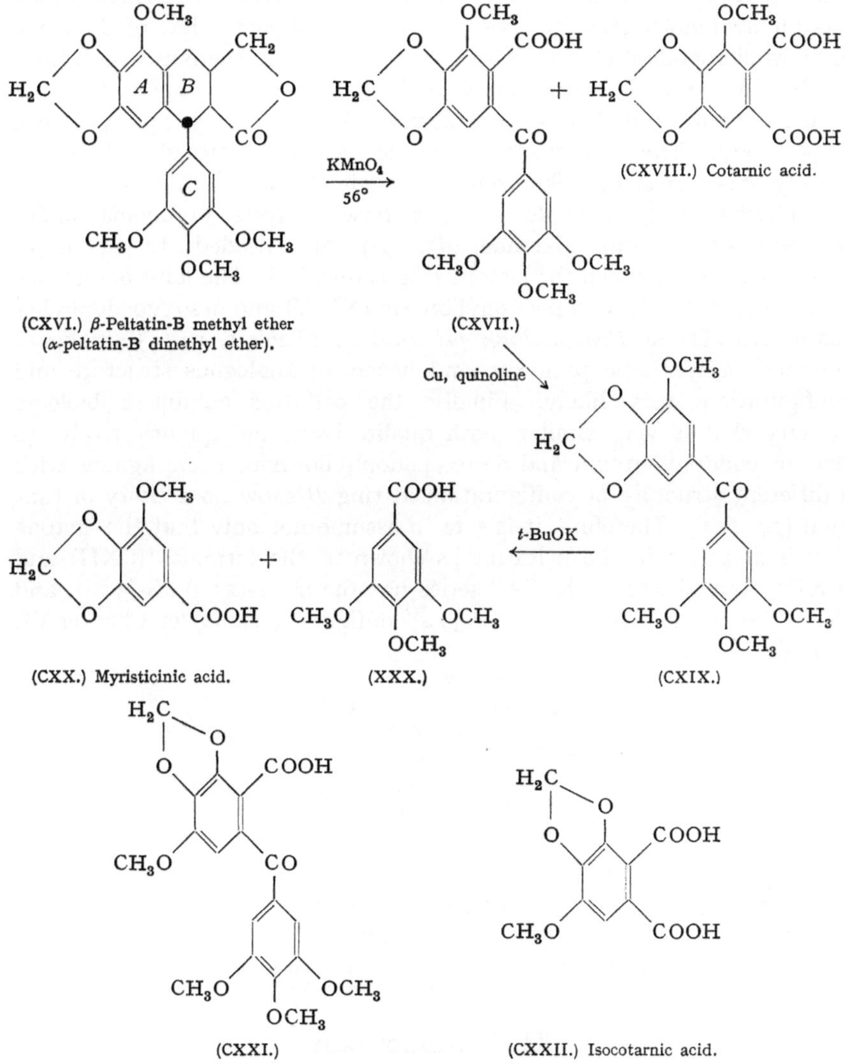

(CXVI.) β-Peltatin-B methyl ether (α-peltatin-B dimethyl ether).

$KMnO_4$, 56°

(CXVII.)

(CXVIII.) Cotarnic acid.

Cu, quinoline

(CXIX.)

t-BuOK

(CXX.) Myristicinic acid.

(XXX.)

(CXXI.)

(CXXII.) Isocotarnic acid.

Chart 16. Structure Proof of the Peltatins.

The location of the lactone ring in the peltatins has not been established unequivocally. However, the infrared spectra of the

"A" and "B" methyl ethers exhibit γ-lactone maxima at 1780 and 1770 cm.$^{-1}$, respectively (*72*), which correspond to the values of 1780 and 1765 cm.$^{-1}$ for desoxypodophyllotoxin (LXVII) and desoxypicropodophyllin (LXVIII) (*168*). Dehydrogenation of β-peltatin-B methyl ether (CXVI) yields dehydro-β-peltatin methyl ether (CXXIII), which has an ultraviolet spectrum very similar in shape to that of dehydro-anhydropicropodophyllin (XXXV) (Fig. 3, p. 140). The optical rotations of the "A" and "B" compounds (*Table 7*, p. 151) are similar to those of the "toxin" and "picro" derivatives (*Tables 4* and *5*, pp. 147, 150), respectively. The epimerization of the peltatins, brought about by weakly basic reagents like sodium acetate, parallels that of desoxy-podophyllotoxin (*73*), while stronger base-catalysts (ammonia under pressure or sodium alkoxide) (*85*, *91*) are needed to epimerize α-conidendrin, in which the lactone ring is reversed. The joint occurrence of α- and β-peltatin with podophyllotoxin (XLIV) and desoxypodophyllotoxin (LXVII) in *Podophyllum peltatum* L. (*Table 1*, p. 145) makes a common biosynthetic pathway, and hence an analogous structure and configuration, very likely. Finally, the peltatins exhibit a biologic activity that is very similar, both qualitatively and quantitatively, to that of podophyllotoxin and desoxypodophyllotoxin, while lignans with a different structure or configuration at ring *B* show no activity of that kind (*74*, *111*). Therefore, it is safe to assume not only that the lactone ring is attached in the peltatins as shown in the formulas (CXII) and (CXIV), but also that the "A" series has the *trans*-(2 : 3)-*cis*-(3 : 4), and the "B" series the *cis*-(2 : 3)-*trans*-(3 : 4) configuration (*169*) (cf. Chapter VI, p. 113).

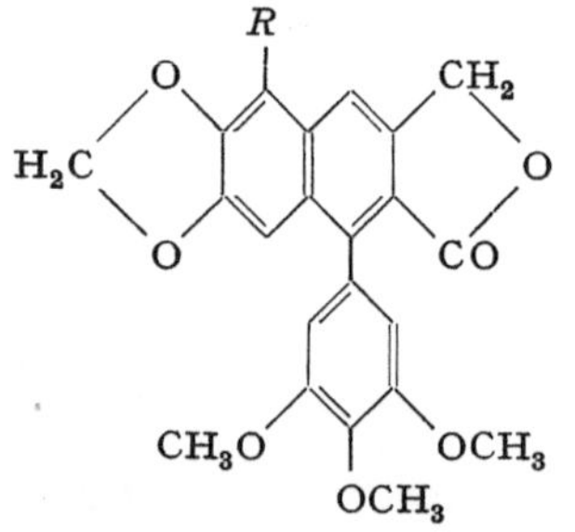

(CXXIII.) $R = OCH_3$. Dehydro-β-peltatin methyl ether.
(XXXV.) $R = H$. Dehydro-anhydropicropodophyllin.

XI. Sikkimotoxin.

This compound was isolated in 1950 by CHATTERJEE and DATTA (*27*) from the roots and rhizomes of *Podophyllum sikkimensis* R. CHATTERJEE *et* S. K. MUKERJEE. Ethanol extraction and precipitation with dilute hydrochloric acid, followed by chloroform extraction and crystallization from ethanol-benzene furnished a solvate, m. p. 120° (effervescence). Sikkimotoxin, when dried *in vacuo* at 90° (*27*) has the empirical formula $C_{23}H_{26}O_8$ (5 methoxyl groups). Its structure (XIII) follows from work carried out by CHATTERJEE and CHAKRAVARTI (*26*). The presence of a lactone ring was deduced from the saponification equivalent, and that of an alcoholic hydroxyl group from the formation of a monoacetyl derivative (CXXVI) and the failure of the compound to react with diazomethane. The hydroxyl group was replaced with chlorine by the action of acetyl chloride.

The product (CXXV), originally named "monochlorosikkimotoxin" (*26*), could perhaps be renamed "sikkimotoxin chloride" because of its analogy to podophyllotoxin chloride (XLVI) (*70*) and because the original name may imply substitution on an aromatic ring [cf. (*103*)].

Base-catalysts epimerized the strongly levorotatory sikkimotoxin (XIII) to the weakly dextrorotatory iso-sikkimotoxin (CXXIV), a reaction which parallels the conversion of podophyllotoxin (XLIV) to picropodophyllin (XLV) (cf. *Chart 5*, p. 107). Acetyl-isosikkimotoxin (CXXVII) was obtained by direct acetylation of iso-sikkimotoxin, by treatment of sikkimotoxin with acetic anhydride and sodium acetate, and by epimerization of acetyl-sikkimotoxin *(Chart 17)*.

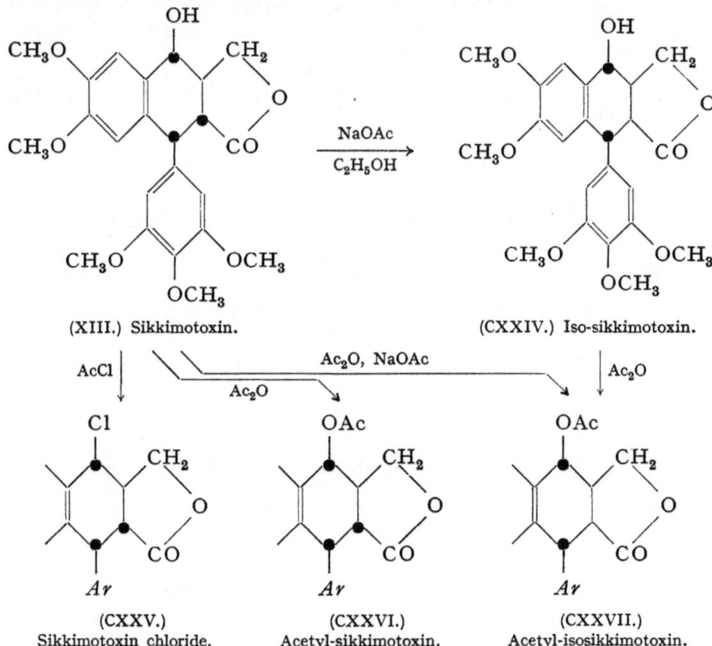

Chart 17. Epimerization and Acetylation of Sikkimotoxin.

These reactions (*26*) made it likely that sikkimotoxin was derived from podophyllotoxin (XLIV, p. 105) by the replacement of the methylenedioxy group with two methoxyl residues. That this was correct was demonstrated by the isolation (*26*) of several degradation products (*Chart 18*) which were analogous to the ones that BORSCHE (*9, 10*) and SPÄTH (*185–187*) had obtained (see *Charts 1* and *3*, pp. 100, 102) from podophyllotoxin or picropodophyllin. Thus, degradation of iso-sikkimotoxin with hydriodic acid, followed by methylation, yielded phyllomeronic acid dimethyl ether (XXIV). Alkaline permanganate oxidized sikkimotoxin to 5,6-dimethoxy-3-(3,4,5-trimethoxyphenyl)-phthalide (CXXVIII) [analogous to (XXXIII)] and 3,4-dimethoxy-6-(3,4,5-trimethoxybenzoyl)-benzoic acid (CXXIX) [analogous to (XXXII)], and at higher temperature to *m*-hemipinic acid (XXVIII) [analogous to (XXXI)] and 3,4,5-trimethoxybenzoic acid (XXX).

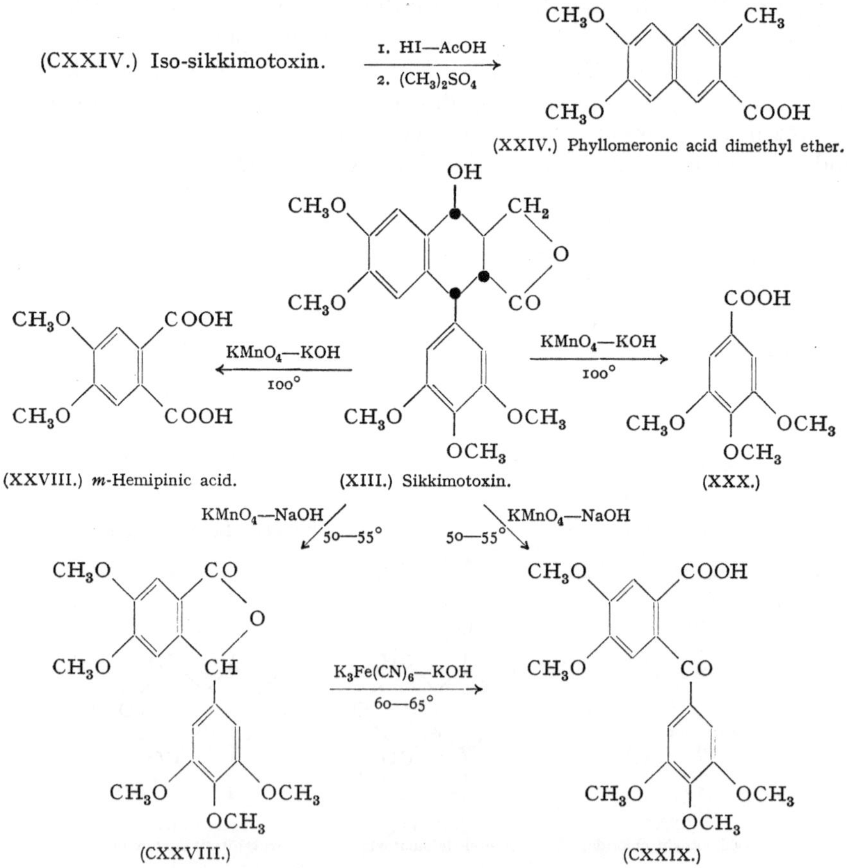

(CXXIV.) Iso-sikkimotoxin. —1. HI—AcOH; 2. $(CH_3)_2SO_4$→ (XXIV.) Phyllomeronic acid dimethyl ether.

(XXVIII.) *m*-Hemipinic acid. ←$KMnO_4$—KOH, 100°— (XIII.) Sikkimotoxin. —$KMnO_4$—KOH, 100°→ (XXX.)

(XIII.) Sikkimotoxin. —$KMnO_4$—NaOH, 50—55°→ (CXXVIII.) and (CXXIX.)

(CXXVIII.) —$K_3Fe(CN)_6$—KOH, 60—65°→ (CXXIX.)

Chart 18. Degradation of Sikkimotoxin.

The proposed structure (XIII) for sikkimotoxin received corroboration from a report (*23*) that picropodophyllin (XLV) has been converted to iso-sikkimotoxin (CXXIV) by cleavage of the methylenedioxy group, followed by methylation.

Some derivatives of sikkimotoxin appear in *Table 8*, p. 152.

XII. Lignan Glucosides.

The presence of a lignan glucoside in a *Podophyllum* species was first reported in 1951 by NADKARNI, MAURY and HARTWELL (*133*, *134*), who isolated 1-*O*-(β-*D*-glucopyranosyl)-picropodophyllin (picropodophyllin glucoside) (CXXXII, p. 135) from Indian podophyllin and determined its structure by identifying the aglycone and the sugar, obtained after hydrolysis with acid or with emulsin. Failure of the glucoside to undergo hydrolysis with maltase and to reduce copper reagents confirmed the β-pyranosido arrangement (*134*).

A systematic search for biologically active constituents of water-soluble fractions from *Podophyllum* rhizomes led to the isolation and identification of four new lignan glucosides by STOLL, RENZ, VON WARTBURG and ANGLIKER (*188*, *189*, *191*–*193*, *218*). By the procedure described in Chapter V, p. 98, the amorphous podophyllotoxin glucoside (CXXX), β-peltatin glucoside (CXXXIV), 4′-demethylpodophyllotoxin glucoside (CXXXI) and the crystalline α-peltatin glucoside (CXXXV) were separated as the pure compounds from *Podophyllum peltatum* L. The yields from the dried rhizomes were about 1, 0.5 to 1, 0.05 to 0.1 and 0.5 to 1.5%, respectively (*218*). The rhizomes of *Podophyllum emodi* WALL. contained 0.5 to 1% podophyllotoxin glucoside and 0.2 to 0.5% 4′-demethylpodophyllotoxin glucoside, but none of the peltatin glucosides (*191*). The occurrence of the glucosides in the two different species thus parallels that of the respective aglycones (*Table 1*, p. 145).

All these glucosides were quite soluble in water and freely soluble in alcohol. Epimerization of (CXXX) and (CXXXI) by means of dilute methanolic ammonia led to the corresponding "picro" derivatives, (CXXXII) and (CXXXIII), respectively, which were crystalline and much less soluble. Treatment of the glucosides with acetic anhydride in pyridine afforded tetra- or pentaacetyl derivatives, in which the sugar hydroxyl groups and any remaining free hydroxyl groups on the aglycone moiety were esterified. The glucosides were hydrolyzed readily with emulsin (β-glucosidase), which indicated that they were β-glucopyranosides (*189*). *D*-Glucose was identified in the form of methyl α-*D*-glucopyranoside, m. p. 168–169°, $[\alpha]_D^{20}$ + 164–166° (methanol), and the aglycones by their melting points, rotations, ultraviolet and infrared spectra, and the properties of their acetyl derivatives.

Podophyllotoxin glucoside (CXXX), an amorphous hygroscopic powder, contained three methoxyl groups and formed a tetraacetyl derivative. It was cleaved to *D*-glucose and podophyllotoxin (XLIV). This established its structure as 1-*O*-(*β*-*D*-glucopyranosyl)-podophyllotoxin (*188, 189*). It was epimerized very readily to picropodophyllin glucoside (CXXXII), which had previously been isolated from Indian podophyllin (*133, 134*).

It is noteworthy that the systematic fractionation of the extract obtained from the rhizomes (*189, 218*) failed to yield even a trace of this epimeric glucoside (CXXXII). Since cold methanol was used by the Swiss workers (*189, 218*) to extract the rhizomes, it is conceivable that this very sparingly soluble compound [soluble in 300–400 parts of boiling 75% methanol (*189*)] may have remained in the residue. Alternatively, it may have been an artifact produced by epimerization of the native podophyllotoxin glucoside, for instance during the chromatography (*134*), in which traces of base present in the alumina might have catalyzed such epimerization. In an unpublished experiment, the writers have chromatographed podophyllotoxin glucoside (CXXX) (kindly supplied by Drs. A. STOLL and J. RENZ of Sandoz, A. G.) under exactly the same conditions that were used in the isolation of its epimer (*134*). The same grade of alumina (Alcoa F-20) was employed. Evaporation of the eluate yielded material which had undergone epimerization to the extent of 24%, as indicated by its rotation, and from which 8.5% pure picropodophyllin glucoside (CXXXII) was isolated*. However, it should be noted that podophyllotoxin glucoside is soluble in cold water to the extent of about 2% (*189, 191*). Since, in the preparation of podophyllin (see Chapter II, p. 88) the extract from 1 kg. of dried rhizomes is poured into 1 l. of acidulated water and the precipitate washed with additional water, it is unlikely that, of the podophyllotoxin glucoside originally present in the rhizomes (up to 1%), more than a small proportion would be retained in the resin. The amount of picropodophyllin glucoside isolated from Indian podophyllin was 1.8% (*134*); this corresponds to 0.16 to 0.22% based on the dried rhizomes (*42*) (see Chapter II), a quantity that is unlikely to have been produced by epimerization of podophyllotoxin glucoside present as such in the resin. There is yet a third possibility, namely, that the podophyllotoxin glucoside present in the rhizomes may have become epimerized during the commercial preparation of the podophyllin used in NADKARNI, MAURY and HARTWELL's experiments (*133, 134*). Whether picropodophyllin glucoside is actually present in the rhizomes or whether it is an artifact cannot be decided on the basis of presently available evidence.

β-Peltatin glucoside (CXXXIV) formed a tetraacetate and was cleaved to *D*-glucose and *β*-peltatin (CXIV). This established its structure as 8-*O*-(*β*-*D*-glucopyranosyl)-*β*-peltatin-A (*192, 218*). Its epimerization has not been reported.

4'-Demethylpodophyllotoxin glucoside (CXXXI) contained only two methoxyl groups and yielded a pentaacetyl derivative. The positive

* BARTEK and ŠANTAVÝ (*2*) have also isolated picropodophyllin glucoside from Indian podophyllin in the form of its tetraacetyl derivative. The treatment with potassium acetate and acetic anhydride, used in the isolation procedure, would certainly epimerize podophyllotoxin glucoside or its tetraacetate.

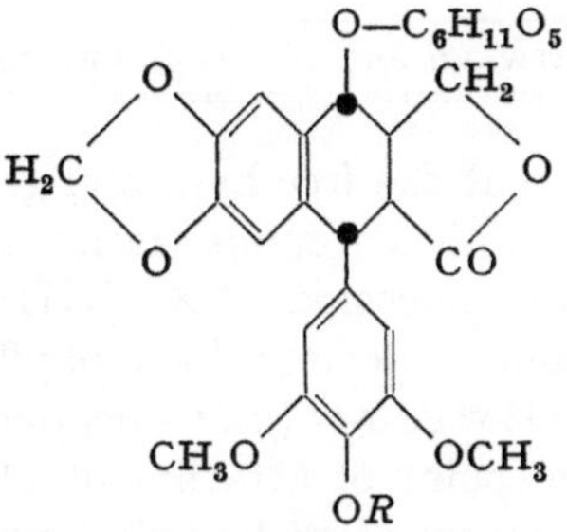

(CXXXII.) $R = CH_3$. Picropodophyllin glucoside.
(CXXXIII.) $R =$ H. 4'-Demethylpicropodophyllin glucoside.

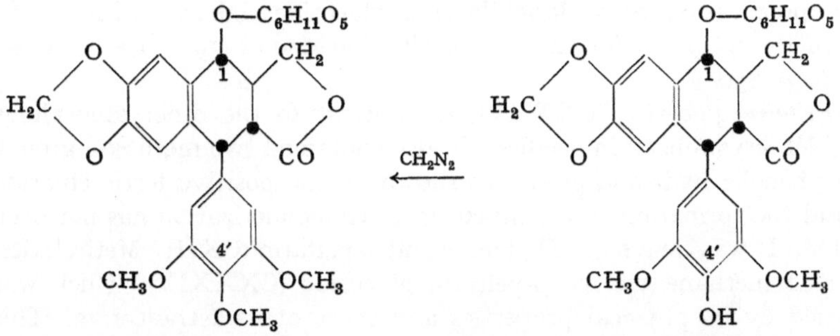

(CXXX.) Podophyllotoxin glucoside.

(CXXXI.) 4'-Demethylpodophyllotoxin glucoside.

CH_2N_2

emulsin → *D*-Glucose ← emulsin

(XLIV.) Podophyllotoxin.

(CVI.) 4'-Demethylpodophyllotoxin.

$C_6H_{11}O_5 =$

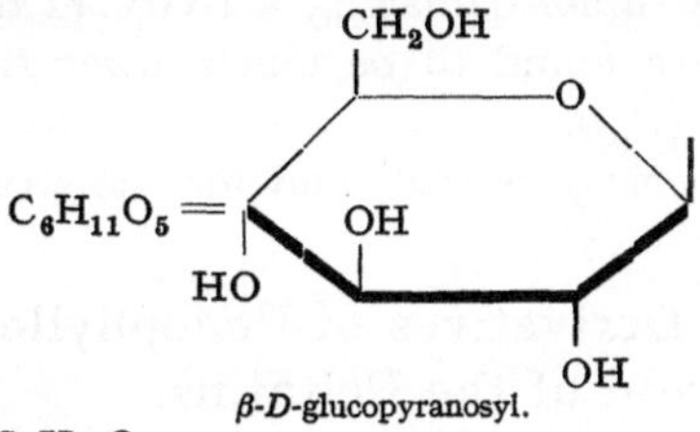

β-*D*-glucopyranosyl.

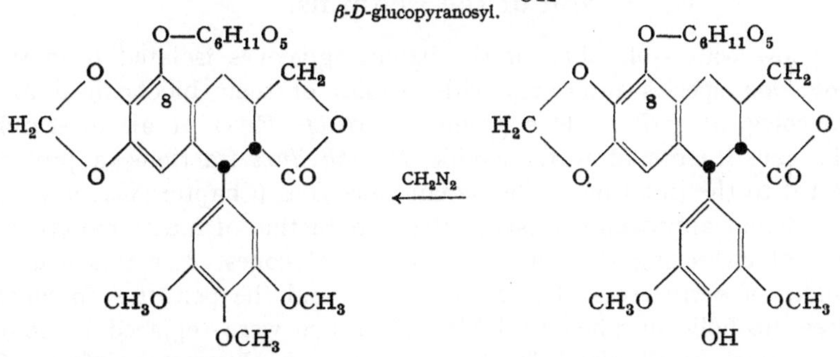

(CXXXIV.) β-Peltatin glucoside.

(CXXXV.) α-Peltatin glucoside.

CH_2N_2

emulsin → *D*-Glucose ← emulsin

(CXIV.) β-Peltatin.

(CXII.) α-Peltatin.

Chart 19. Structure Proof of the Lignan Glucosides.

ferric chloride test showed that the free hydroxyl group on the aglycone moiety was phenolic. Base-catalyzed epimerization led to the crystalline 4′-demethylpicropodophyllin glucoside (CXXXIII). Hydrolysis with emulsin gave *D*-glucose and 4′-demethylpodophyllotoxin (CVI). This proved that the compound was 1-*O*-(*β*-*D*-glucopyranosyl)-4′-demethylpodophyllotoxin (*191*). The point of attachment of the glucose residue was confirmed by the formation of podophyllotoxin glucoside (CXXX) upon methylation with diazomethane (*218*). This reaction also served in the preparation of podophyllotoxin glucoside, labeled with C^{14} in the 4′-methoxyl group, for fate and distribution studies (*190*). Derivatives: *Table 6*, p. 150.

α-Peltatin glucoside (CXXXV), in contrast to the other amorphous glucosides, crystallized in needles. It also contained two methoxyl groups and a phenolic hydroxyl group, as shown by the positive ferric chloride test and the formation of a pentaacetate. Its epimerization has not been reported. It was cleaved to *D*-glucose and α-peltatin (CXII). Methylation with diazomethane yielded *β*-peltatin glucoside (CXXXIV), which was identified by its physical properties and those of its tetraacetate. This demonstrated the point of attachment of the glucose residue and established the structure as 8-*O*-(*β*-*D*-glucopyranosyl)-α-peltatin-A (*193*, *218*).

The toxicity and the tumor-damaging activity (*Table 10*, p. 153) of the lignan glucosides were found to be much lower than those of the corresponding aglycones (*113*).

For derivatives see *Table 9* (p. 152), and for the structures, *Chart 19*, p. 135.

XIII. Ionic Derivatives of Podophyllotoxin and of the Peltatins.

The low water-solubility of the lignan aglycones isolated from the *Podophyllum* species interferes with studies of their biochemical and pharmacological action. This prompted STOLL, RENZ et al. to search for the constituents of water-soluble *Podophyllum* fractions, a project which led to the isolation of the lignan glucosides (Chapter XII, p. 133).

A different approach consists in the introduction of functional groups capable of increasing the solubility of the aglycones. For this reason, a number of derivatives of podophyllotoxin and the peltatins, in which the free alcoholic or phenolic hydroxyl groups were replaced by ionic residues, were synthesized by SCHRECKER and HARTWELL (*165*, *176*) (*Table 11*, p. 154). Thus, treatment of chloroacetylpodophyllotoxin with pyridine gave acetylpodophyllotoxin-ω-pyridinium chloride (CXXXVI), a water-soluble compound, which gradually decomposes to podophyllotoxin (XLIV) at pH 7 (*165*). It has been used, under the designation

"NCI-3022", in a number of pharmacological and biochemical studies (Chapter XVI). Similarly, aqueous solutions of nicotinoylpodophyllotoxin methiodide (CXXXVII) and methosulfate (CXXXVIII), and of nicotinoyl-β-peltatin-A methiodide (CXXXIX) were found to undergo decomposition (*176*). The biological activity of these derivatives may thus be explained on the basis of partial or complete *in situ* decomposition to the parent compounds. Another cationic derivative of podophyllotoxin, the isothiuronium bromide (CXLVII), probably belongs to the "epi" [*cis*-(1 : 2)], rather than the "normal" [*trans*-(1 : 2)], series (*176*).

A number of anionic derivatives were also prepared (*176*), including isopropylammonium salts of podophyllotoxin hydrogen succinate (CXL), glutarate (CXLI) and phthalate (CXLII), and the potassium salts of β-peltatin-A sulfate (CXLIII) and α-peltatin-A disulfate (CXLIII, —SO_3K instead of CH_3 at 4'). While the mode of preparation of these potassium salts (treatment of the hydrogen sulfates with excess potassium carbonate) and the lack of tumor-damaging activity (*Table 10*, p. 154) made it appear likely that they belonged to the isomeric "B" series, their acid hydrolysis to the levorotatory phenolic starting materials [(CXIV) and (CXII), respectively] disproved this hypothesis (*176*). Their biologic inactivity may possibly be caused by rapidity of elimination from the animal.

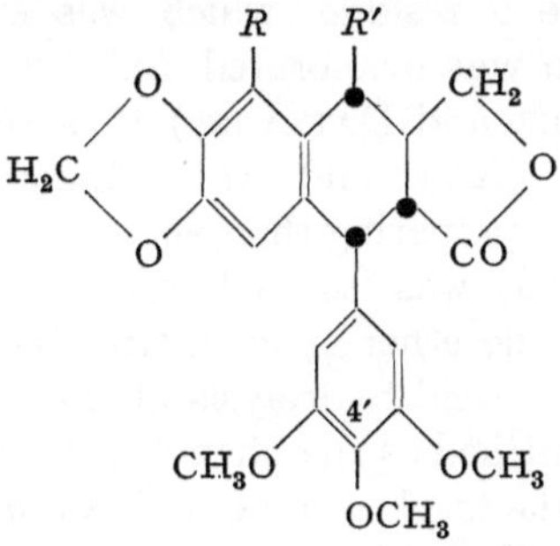

(CXXXVI.) R = H; R' = (CXLIV). Acetylpodophyllotoxin-ω-pyridinium chloride.
(CXXXVII.) R = H; R' = (CXLV). Nicotinoylpodophyllotoxin methiodide.
(CXXXVIII.) R = H; R' = (CXLVI). Nicotinoylpodophyllotoxin methosulfate.
(CXXXIX.) R = (CXLV); R' = H. Nicotinoyl-β-peltatin-A methiodide.
(CXL.) R = H; R' = $—OCOCH_2CH_2COOH$. Podophyllotoxin hydrogen succinate.
(CXLI.) R = H; R' = $—OCOCH_2CH_2CH_2COOH$. Podophyllotoxin hydrogen glutarate.
(CXLII.) R = H; R' = $—OCOC_6H_4COOH$. Podophyllotoxin hydrogen phthalate.
(CXLIII.) R = $—OSO_3K$; R' = H. Potassium-β-peltatin-A sulfate.

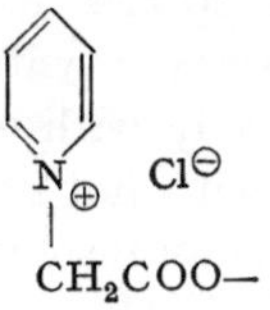

(CXLIV.)

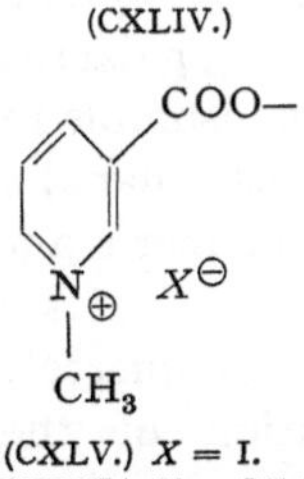

(CXLV.) X = I.
(CXLVI.) X = CH_3SO_4.

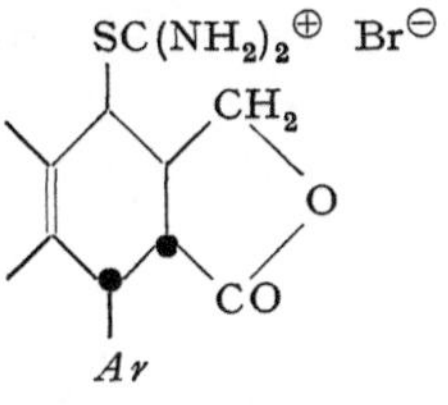

(CXLVII.) Epipodophyllotoxin isothiuronium bromide.

The toxicity and tumor-damaging activity of the various ionic derivatives was studied in CAF_1 mice bearing 6-day old intramuscular implants of sarcoma 37. The largest dose that caused no deaths (or, at most, deaths in only a small percentage of the mice) was considered the "maximum tolerated dose" (MTD), and the smallest dose that produced tumor damage within 24 hours after a single subcutaneous injection in an appreciable percentage of the mice the "minimum effective dose" (MED), both expressed as μg. of compound/g. of body weight (*111*). A summary of the results (*113, 177*) is shown in *Table 10*, pp. 153–154; for comparison purposes the corresponding values for the lignan aglycones (*111, 113*), for their diastereoisomers (*113*), for the hydroxy acids (*113*), and for the lignan glucosides (*113*) are also listed.

XIV. Flavonols.

These pigments are present in the chloroform-insoluble fraction of podophyllin and thus remain after extraction of the lignan aglycones. DUNSTAN and HENRY (*42*) have shown that quercetin (XIV) is the main constituent of the flavonol fraction in both *P. peltatum* L. and *P. emodi* WALL.

More recently, the presence of additional flavonols in Indian *Podophyllum* species has been established. Extraction of podophyllin ex *P. sikkimensis* with chloroform gave a residue, which was extracted exhaustively with ether. The solution was evaporated and the material treated with hot ethanol. CHATTERJEE and DATTA (*27*) thus separated the ethanol-insoluble isorhamnetin (XV) and the ethanol-soluble quercetin (XIV) and identified them by preparing their acetyl derivatives. Quercetin 3-galactoside (hyperin) (XVI) was isolated from the residue that was insoluble in both chloroform and ether by extracting its solution in aqueous ethanol with ethyl acetate. Acid hydrolysis of this glycoside yielded quercetin and *D*-galactose, identified as the phenylhydrazone (*27*). The point of attachment of the galactosyl residue follows from the isolation of quercetin 5,7,3',4'-tetramethyl ether, m. p. 195–196°, after methylation of the galactoside, followed by hydrolysis (*92a, 161*).

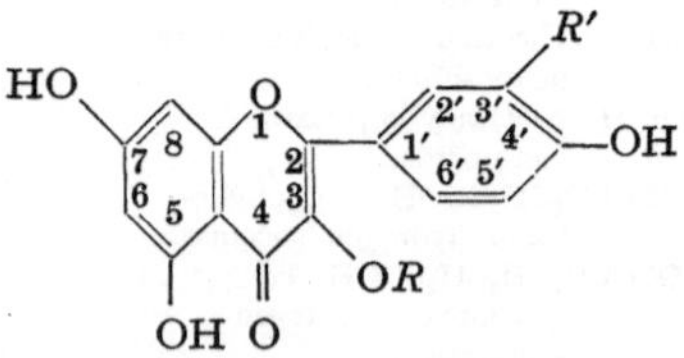

R'
HO O OH
1 2 3 4 5 6 7 8
2' 3' 4' 1' 6' 5'
OR
OH O

(XIV.) R = H; R' = OH. Quercetin.
(XV.) R = H; R' = OCH_3. Isorhamnetin.
(XVI.) R = *D*-galactosyl; R' = OH. Quercetin 3-galactoside.
(XVII.) R = R' = H. Kaempferol.

PANKAJAMANI and SESHADRI (*139*) found that the crude quercetin present in podophyllin ex *P. emodi* WALL. contained about 13 to 20% kaempferol (XVII); the two flavonols could be separated by paper chromatography or by fractional crystallization of their acetates (cf. *Table 12*, pp. 155–156).

The properties, reactions and syntheses of the flavonols have been treated in other reviews (*50*, *219*); therefore, it does not appear necessary to discuss them at this point.

XV. Absorption Spectra.

1. Ultraviolet Spectra.

(Cf. *Table 13*, p. 156.)

The podophyllum lignans (with the exception of dehydropodophyllotoxin) contain two isolated chromophores. In a first approximation,

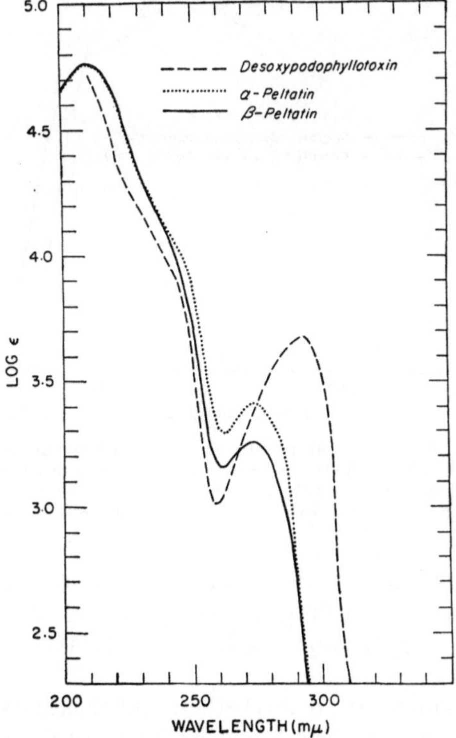

Fig. 2. Ultraviolet absorption spectra in ethanol of: – – – – –, desoxypodophyllotoxin (VI); ··········, α-peltatin (III); ———, β-peltatin (IV). Curve of (VI) according to SCHRECKER and HARTWELL (*168*) [from: J. Amer. Chem. Soc. 75, 5916 (1953)]. Curves of (III) and (IV) similar to HARTWELL and DETTY (*65*) [from: J. Amer. Chem. Soc. 70, 2833 (1948)], but replotted from new extinction values obtained with more highly purified samples.

their ultraviolet spectra should represent the sum of the extinctions of the aromatic portions (*46*). Thus, podophyllotoxin (II) and desoxypodophyllotoxin (VI) contain the methylenedioxybenzene [λ_{max} 283 mμ (ε 3300) (*56*)] and the trimethoxybenzene [λ_{max} 270 mμ (ε about 650) (*160, 162*)] systems. The actual absorption maxima are in the 292 to 294 mμ region, with molecular extinction coefficients of 4400–4800

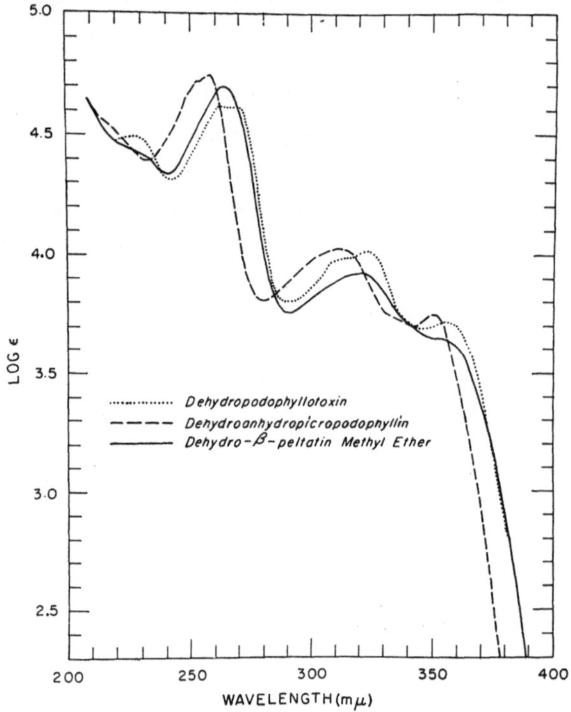

Fig. 3. Ultraviolet absorption spectra in ethanol of: ············, dehydropodophyllotoxin (XII); -------, dehydro-anhydropicropodophyllin (XXXV); ———, dehydro-β-peltatin methyl ether (CXXIII). Curve of (XII) according to GENSLER and JOHNSON (*52*) [plotted from extinction values kindly supplied by Dr. JOHNSON]. Curves of (XXXV) and (CXXIII) according to SCHRECKER and HARTWELL (*169*) [from: J. Amer. Chem. Soc. *75*, 5924 (1953)].

(*Table 13*). The presence of the tetralin ring thus produces a bathochromic shift, part of which is certainly due to the effect of alkyl substitution (*49*). For instance, safrole (CXLVIII) has λ_{max} 286 mμ (ε 4000) (*140*).

In the peltatins (and their methyl ethers and glucosides), the maximum is shifted to a shorter wavelength and its intensity decreased (*Table 13*; *Fig. 2*). This hypsochromic and hypochromic shift is caused by the introduction of a phenolic hydroxyl (or ether) group into the methylenedioxybenzene system. Thus, myristicin (CXLIX) has λ_{max} 276 mμ

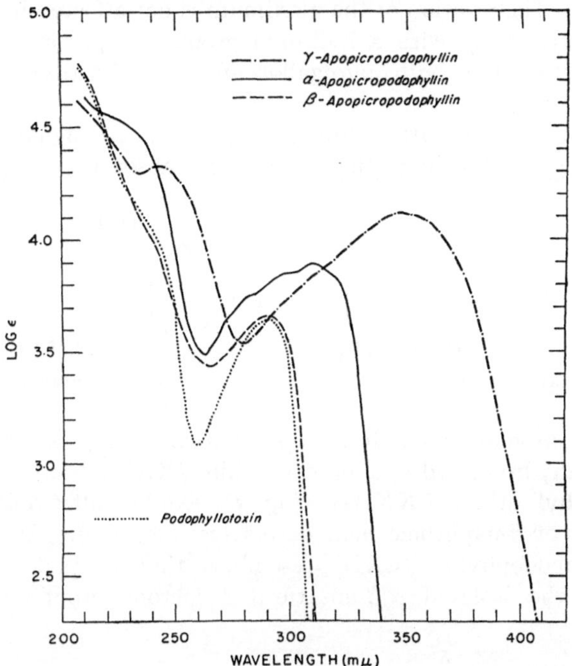

Fig. 4. Ultraviolet absorption spectra of: ··········, podophyllotoxin (II); ————, α-apopicropodophyllin (LXI); – – – – – –, β-apopicropodophyllin (LXII); —·—·—, γ-apopicropodophyllin (XLI), according to SCHRECKER and HARTWELL (*167*) [from: J. Amer. Chem. Soc. *74*, 5676 (1952)]. Solvent: 0.001 *N*-HCl in 95% ethanol for (LXI) and 95% ethanol for (II), (LXII) and (XLI).

(II.), (XLIV.) $R = OH$; $R' = CH_3$; $R'' = H$. Podophyllotoxin.
(VII.), (CXXX.) $R =$ O-glucosyl; $R' = CH_3$; $R'' = H$. Podophyllotoxin glucoside.
(VI.), (LXVII.) $R = R'' = H$; $R' = CH_3$. Desoxypodophyllotoxin.
(V.), (CVI.) $R = OH$; $R' = R'' = H$. 4'-Demethylpodophyllotoxin.
(XI.), (CXXXI.) $R =$ O-glucosyl; $R' = R'' = H$. 4'-Demethylpodophyllotoxin glucoside.
(IV.), (CXIV.) $R = H$; $R' = CH_3$; $R'' = OH$. β-Peltatin.
(X.), (CXXXIV.) $R = H$; $R' = CH_3$; $R'' =$ O-glucosyl. β-Peltatin glucoside.
(III.), (CXII.) $R = R' = H$; $R'' = OH$. α-Peltatin.
(IX.), (CXXXV.) $R = R' = H$; $R'' =$ O-glucosyl. α-Peltatin glucoside.
(CXVI.) $R = H$; $R' = CH_3$; $R'' = OCH_3$. β-Peltatin-B methyl ether.

(ε 1400) (*171*). The position of the maximum is not affected by replacing the 4′-methoxyl group with a hydroxyl group, in agreement with the observation (*162*) that both pyrogallol and its trimethyl ether have λ_{max} 270 mμ.

Conversion of the native [*trans*-(2 : 3)-*cis*-(3 : 4)] lignans to their $C_{(3)}$-epimers does not change their ultraviolet absorption (*189*).

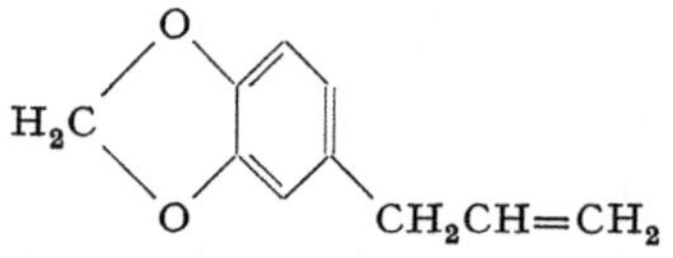

(CXLVIII.) Safrole.

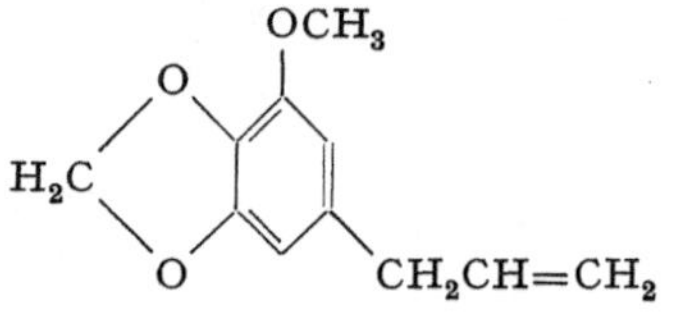

(CXLIX.) Myristicin.

The fully aromatic dehydropodophyllotoxin (XII), as well as the analogous dehydro-anhydropicropodophyllin (XXXV) and dehydro-β-peltatin methyl ether (CXXIII) (*Fig. 3*), exhibit ultraviolet spectra characteristic of β-naphthoic acid derivatives (*49, 163*). The spectrum of β-apopicropodophyllin (LXII) resembles that of podophyllotoxin, except that the isolated α,β-unsaturated lactone grouping produces

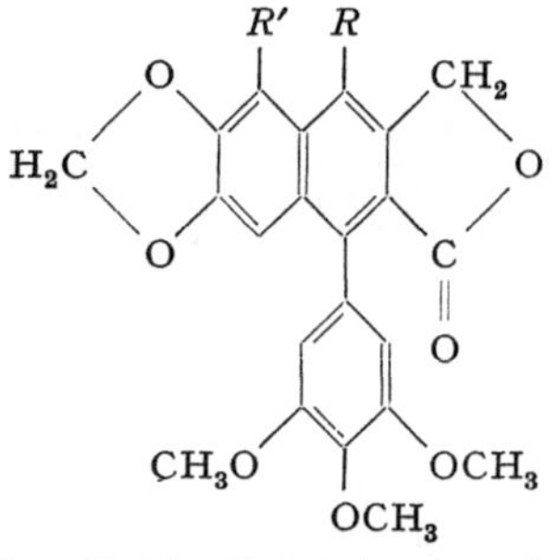

(XII.) R = OH; R' = H. Dehydropodophyllotoxin.
(XXXV.) R = R' = H. Dehydro-anhydropicropodophyllin.
(CXXIII.) R = H; R' = OCH_3. Dehydro-β-peltatin methyl ether.

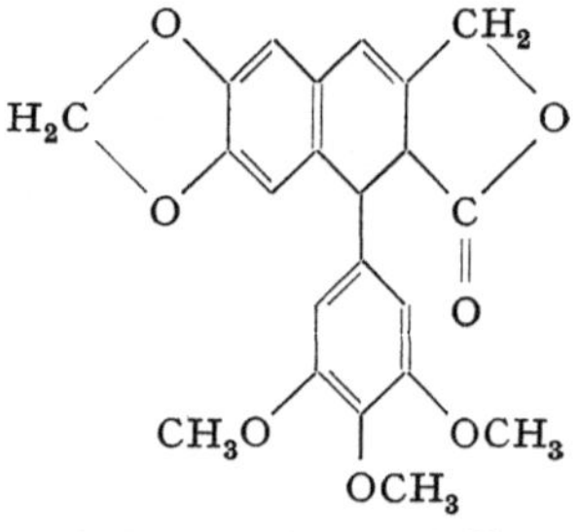

(LXI.) α-Apopicropodophyllin.

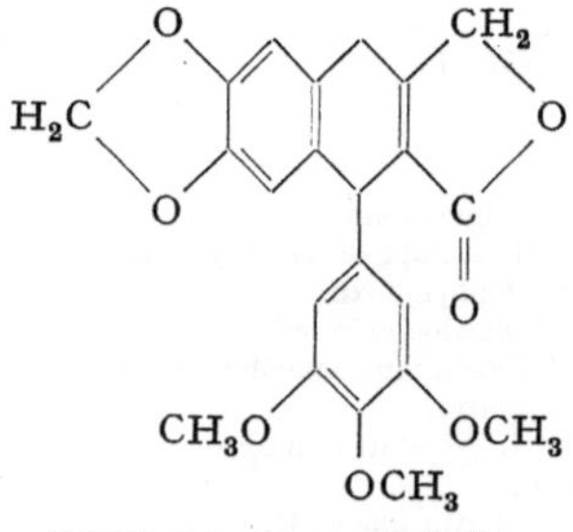

(LXII.) β-Apopicropodophyllin.

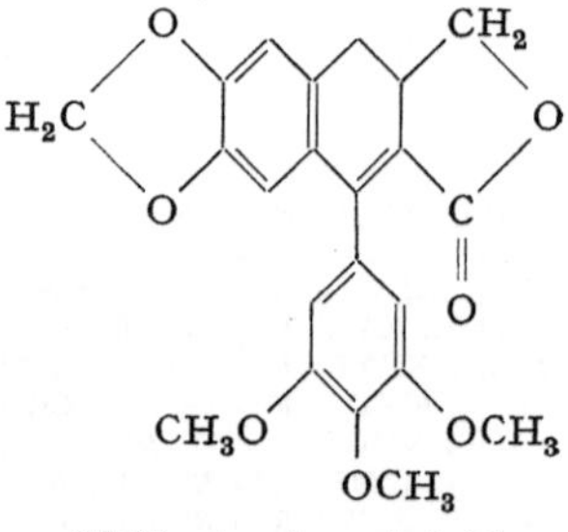

(XLI.) γ-Apopicropodophyllin.

increased absorption at shorter wavelengths (*167*). The large bathochromic shifts observed with α-, and especially γ-apopicropodophyllin, (LXI and XLI) are consistent with the progressive lengthening of the conjugated system (*167*) *(Fig. 4)* and parallel the displacements observed with model compounds like the dihydronaphthoic acids (*163*).

The ultraviolet spectra of the flavonols have been discussed in detail by GEISSMAN (*50*).

2. Infrared Spectra.

The identification of the various lignans isolated from natural sources has been greatly facilitated by examination of their infrared spectra.

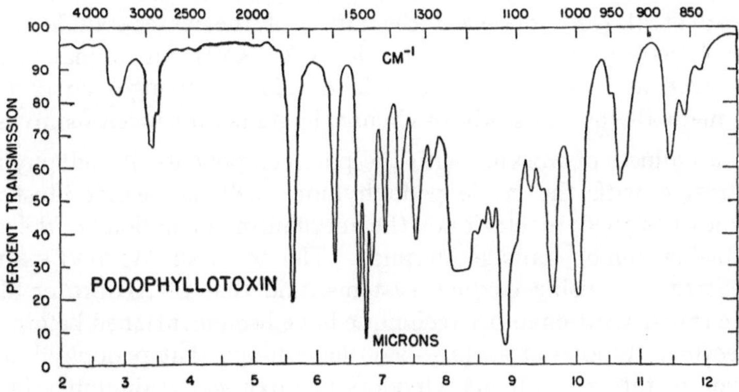

Fig. 5. Infrared spectrum of podophyllotoxin (II) in chloroform (unpublished data by the writers).

This has been true for the amorphous lignan glucosides (*218*), and especially for podophyllotoxin (II, XLIV), which can crystallize in several polymorphic modifications. These modifications exhibit different infrared spectra in Nujol mulls, but the same characteristic spectrum in chloroform solution *(Fig. 5)* (*175*).

The intense carbonyl stretching vibration at 1780 cm.$^{-1}$ (in chloroform), which is present in the spectrum of all the podophyllum lignans, corresponds to the γ-lactone function (*32*). Epimerization of the naturally-occurring *trans*-lactones to the less strained *cis*-lactones is accompanied, as expected, by a shift toward lower frequencies (to 1765–1770 cm.$^{-1}$) (*72, 168*).

XVI. Biological Action.

The biological and clinical aspects of the lignans have been already adequately reviewed (*96*). Work continues in these fields. GREENSPAN et al. (*60*) studied the response to intravenous administration of α-peltatin in 45 patients with various metastatic neoplasms. While some temporary response was observed, there was no evidence of significant therapeutic value. Desoxypodophyllotoxin was found (*67*, *113*) to be highly active in damaging sarcoma 37 in mice. The glucosides of podophyllotoxin, α- and β-peltatin and 4′-demethylpodophyllotoxin are said to possess antimitotic activity; a paper on their pharmacology is to be expected soon (*218*). They produce damage to sarcoma 37 in mice in high doses, being much less active in this respect than the aglycones (*113*) (see *Table 10*, p. 153). ŠANTAVÝ and his associates (*182*) have studied the toxicity and pathologic-anatomic effects in rats, and have examined the effect on mitosis in regenerating rat liver, of podophyllotoxin, the peltatins, desoxypodophyllotoxin and several of their derivatives. LEIGHTON et al. (*110*) observed the effect of the water-soluble acetylpodophyllotoxin-ω-pyridinium chloride (CXXXVI) on human cancer cells in vitro and used it as a tool in developing sponge-matrix tissue culture methods for the study of chemical agents on cancerous invasion.

The usefulness of working with the pure components of podophyllum, as contrasted with the crude podophyllum itself, is further illustrated by studies designed to elucidate the mechanism of action of the drug in producing tumor damage in mice. The work of WARAVDEKAR et al. (*112*, *212–217*) using enzyme systems, and that of ALGIRE et al. (*1*) with the transparent chamber technique have been mentioned before (*96*). More recently, WOODS et al. (*223–227*) have found that podophyllotoxin, the two peltatins and acetylpodophyllotoxin-ω-pyridinium chloride inhibit the in vitro anaerobic glycolysis of S 91 melanoma, presumably by potentiating the endogenous anti-insulin mechanism in the melanoma. On a different line of attack, PRADHAN et al. (*147*) have made the interesting observation that, out of seven chemical agents that produce hemorrhagic necrosis in sarcoma 37 in mice, acetylpodophyllotoxin-ω-pyridinium chloride (CXXXVI) is the only one the action of which is not inhibited by a variety of drugs of different pharmacological nature. PADAWER (*138*) has observed that certain antimitotic agents, such as podophyllotoxin, β-peltatin and colchicine, damage mast cells, while urethane, reserpine and antimetabolites like A-methopterin and 8-azaguanine have no such effect. Such differences suggest differences in the mechanism of action by which the compounds damage tumors and open the way to fundamental studies in this important field.

While the lignan components of podophyllin have received the most attention from biochemists, pharmacologists, biologists and clinicians, the flavonol components have not been neglected. Their biological activity, while known to be of many types (*127*, *222*), has, however, been unimportant from the antimitotic and tumor-damaging standpoint. CORNMAN (*34*) concluded that the combined effects of podophyllotoxin and quercetin were responsible for the powerful inhibition of cleavage of arbacia eggs which can be produced by podophyllin. LEITER et al. (*111*) showed that alkaline solutions of quercetin in high doses, but not olive oil suspensions, produced damage consistently in sarcoma 37 in mice. However, SULLIVAN (*194*) reported only slight or no epidermal changes with quercetin applied to normal human or rabbit skin, and no therapeutic response in 23 cases of condyloma acuminatum.

It is hoped that this review will stimulate further research along the many lines suggested. The use of newer techniques of isolation may reveal new compounds in the varieties of *Podophyllum* already examined chemically, while species or varieties not yet examined may yield still other compounds to challenge the interest of the organic chemist. One may expect that the components of podophyllum will continue to provide a basis for research in many different fields of science. It is perhaps not too much to hope that from the empiricism of folklore will eventually be evolved a compound that will be useful not only in the study of experimental disease but also as a therapeutic agent.

XVII. Tables.

Table 1. Well-characterized Compounds Isolated from *Podophyllum* Species.

Compound	*P. peltatum*	*P. emodi*	*P. emodi* var. *hexandrum*	*P. sikkimensis*
Lignans				
Podophyllotoxin	(*142*)	(*205*)	(*20*)	—
α-Peltatin	(*64*)	—	—	—
β-Peltatin	(*65*)	—	—	—
4′-Demethylpodophyllotoxin	(*2*)[b]	(*133*)	—	—
Desoxypodophyllotoxin	(*105*)	—	—	—
Dehydropodophyllotoxin	(*104*)	—	—	—
Sikkimotoxin	—	—	—	(*27*)
Podophyllotoxin glucoside	(*192*)	(*188*)	—	—
Picropodophyllin glucoside[a]	(*96*)	(*133*)	—	—
α-Peltatin glucoside	(*193*)	—	—	—
β-Peltatin glucoside	(*192*)	—	—	—
4′-Demethylpodophyllotoxin glucoside	(*218*)	(*191*)	—	—
Flavonols				
Quercetin	(*142*)	(*205*)	(*20*)	(*27*)
Isorhamnetin	—	—	—	(*27*)
Quercetin 3-galactoside	—	—	—	(*27*)
Kaempferol	—	(*139*)	—	—

[a] Possibly produced by epimerization of podophyllotoxin glucoside.
[b] Isolated as a derivative only in trace amounts.

Table 2. Solvates and Modifications of Podophyllotoxin.

Modification	Composition	M. p.	References
A	$C_{22}H_{22}O_8$	158°	(*185*)
A	$C_{22}H_{22}O_8 \cdot {}^1/_4\, H_2O$	161–162°	(*175*)
A	$C_{22}H_{22}O_8 \cdot {}^1/_2\, H_2O$	160–162°	(*175*)
B	$C_{22}H_{22}O_8$	183–184°	(*70, 106, 175*)
C	$C_{22}H_{22}O_8 \cdot {}^1/_2\, C_6H_6 \cdot 1{}^1/_2\, H_2O$	114–118° (dec.)	(*175*)
C	$C_{22}H_{22}O_8 \cdot {}^1/_2\, C_6H_6 \cdot 1\, H_2O$	114–118° (dec.)	(*9, 106, 175, 185*)
D	$C_{22}H_{22}O_8$	188–189°	(*106*)
(amorphous)	$C_{22}H_{22}O_8$	114–118°	(*9, 39, 106*)

Table 3. Molecular Rotations of Compounds in the Conidendrin and Desoxypodophyllotoxin Series.

Compound	$[M]_D$ (in chloroform)
(LXXIX.) α-Retrodendrin dimethyl ether	— 350°
(LXIX.) Iso-desoxypodophyllotoxin	+ 330°
(LXVIII.) Desoxypicropodophyllin	+ 130°
(LXVII.) Desoxypodophyllotoxin	— 460°
(LXX.) Iso-desoxypicropodophyllin	— 450°
(LXXX.) Methyl α-retrodendrate dimethyl ether	+ 100°
(LXXIII.) Methyl iso-desoxypodophyllate	— 100°
(CII.) Methyl desoxypodophyllate	— 280°
(LXXXI.) Iso-lariciresinol dimethyl ether	+ 80°
(LXXXV.) Iso-desoxypodophyllyl alcohol	— 90°
(LXXXIII.) β-Conidendryl alcohol dimethyl ether	+ 160°
(LXXXVII.) Desoxypicropodophyllyl alcohol	— 130°
(LXXXIX.) Desoxypodophyllyl alcohol	— 640°
(XCI.) Iso-desoxypicropodophyllyl alcohol	+ 480°
(LXXXII.) Anhydro-iso-lariciresinol dimethyl ether	— 190°
(LXXXVI.) Anhydro-iso-desoxypodophyllyl alcohol	+ 120°
(LXXXIV.) Anhydro-β-conidendryl alcohol dimethyl ether	— 110°
(LXXXVIII.) Anhydro-desoxypicropodophyllyl alcohol	+ 80°
(XC.) Anhydro-desoxypodophyllyl alcohol	— 270°
(XCII.) Anhydro-iso-desoxypicropodophyllyl alcohol	+ 270°

Table 4. Podophyllotoxin and Derivatives.

Compound	Composition	M. p. (°)	$[\alpha]_D$ (in $CHCl_3$, unless specified otherwise)	References
Podophyllotoxin (XLIV)	$C_{22}H_{22}O_8$	183–184[b]	— 133°[g]	(*2, 70, 175, 179*)
Picropodophyllin (XLV)	$C_{22}H_{22}O_8$	235–237	+ 9°	(*2, 185*)
Podophyllic acid (XXIX)	$C_{22}H_{24}O_9$	163–165 (dec.)	— 103°[h]	(*9*)
Na salt of (XXIX)	$C_{22}H_{23}O_9Na$	—	— 87°[i]	(*9*)
Hydrazide of (XXIX)	$C_{22}H_{26}O_8N_2$	155–160 (dec.)	—	(*10*)
Podophyllotoxin chloride (XLVI)	$C_{22}H_{21}O_7Cl$	190–191 (dec.)	— 27°	(*70*)
Podophyllotoxin bromide (XLVII)	$C_{22}H_{21}O_7Br$	157.5–159 (dec.)	+ 16°	(*70*)
Bromopodophyllotoxin (XLVIII)	$C_{22}H_{21}O_8Br$	182–183	— 92°[j]	(*107*)
Acetylbromopodophyllotoxin (XLIX)	$C_{24}H_{23}O_9Br$	217–221	— 93°	(*107*)
Acetylpodophyllotoxin (L)	$C_{24}H_{24}O_9$	210–211	— 143°	(*2, 70*)
Benzoylpodophyllotoxin	$C_{29}H_{26}O_9$	113–117	— 118°	(*39, 70*)
Acetylpicropodophyllin (LI)	$C_{24}H_{24}O_9$	218–219	+ 19°	(*2, 9, 70*)
Benzoylpicropodophyllin (LXVI)	$C_{29}H_{26}O_9$	213–214	+ 16°	(*39, 70*)
Picropodophyllin ethyl ether (LII)	$C_{24}H_{26}O_8$	227–229	+ 58°	(*170*)
Epipodophyllotoxin (LIII)	$C_{22}H_{22}O_8$	157–158	— 74°	(*70, 179*)
Acetylepipodophyllotoxin (LIV)	$C_{24}H_{24}O_9$	174–175	— 141°	(*70*)
Epipodophyllotoxin ethyl ether (LV)	$C_{24}H_{26}O_8$	195	— 88°	(*70*)
Epipicropodophyllin (LVI)	$C_{22}H_{22}O_8$	158–159[c]	+ 84°	(*70*)
Acetylepipicropodophyllin (LVII)	$C_{24}H_{24}O_9$	156–157	+ 7°	(*70*)
Benzoylepipicropodophyllin	$C_{29}H_{26}O_9$	193–194	+ 94°	(*168*)
Epipicropodophyllin ethyl ether (LVIII)	$C_{24}H_{26}O_8$	151–153	+ 45°	(*70*)
Epipodophyllic acid	$C_{22}H_{24}O_9$	167 (dec.)	— 44°[h]	(*70*)
Podophyllotoxone (LIX)	$C_{22}H_{20}O_8$	191–192	— 125°	(*52*)
Picropodophyllone (LX)	$C_{22}H_{20}O_8$	153–154	— 142°	(*52*)
Dehydropodophyllotoxin (XII)	$C_{22}H_{18}O_8$	286–288 (dec.)	inactive	(*52, 104*)
α-Apopicropodophyllin (LXI)	$C_{22}H_{20}O_7$	244–245	— 18°	(*157, 167, 170*)
β-Apopicropodophyllin (LXII)	$C_{22}H_{20}O_7$	220–221	+ 101°	(*157, 167*)

Table 4, Continued.

Compound	Composition	M. p. (°)	$[\alpha]_D$ (in $CHCl_3$, unless specified otherwise)	References
γ-Apopicropodophyllin (XLI)	$C_{22}H_{20}O_7$	252–253	+ 26°	(*167*)
α-Apopodophyllic acid (LXIII)	$C_{22}H_{22}O_8$	174 (dec.)	— 163°	(*157*, *167*)
Methyl α-apopodophyllate	$C_{23}H_{24}O_8$	172–173	— 155°	(*167*)
γ-Apopodophyllic acid	$C_{22}H_{22}O_8$	249–250[d]	0°	(*167*)
Dehydro-anhydropicropodophyllin (XXXV)	$C_{22}H_{18}O_7$	270–271	inactive	(*81*, *167*, *185*)
6,7-Methylenedioxy-1-(3,4,5-trimethoxyphenyl)-3-hydroxy-methylnaphthalene (LXIV)	$C_{21}H_{20}O_6$	148–149	inactive	(*167*)
Acetyl deriv. of (LXIV)	$C_{23}H_{22}O_7$	151–152	inactive	(*167*)
Desoxypodophyllotoxin (LXVII)	$C_{22}H_{22}O_7$	167–168	— 116°[k]	(*73*, *105*, *179*)
Desoxypicropodophyllin (LXVIII)	$C_{22}H_{22}O_7$	172–173	+ 33°[l]	(*73*, *105*, *168*)
Iso-desoxypodophyllotoxin (LXIX)	$C_{22}H_{22}O_7$	251–252	+ 82°[m]	(*168*)
Iso-desoxypicropodophyllin (LXX)	$C_{22}H_{22}O_7$	202–203	— 114°[n]	(*39*, *168*)
Desoxypodophyllic acid (LXXI)	$C_{22}H_{24}O_8$	171–173 (dec.)	— 165°[p]	(*73*)
Iso-desoxypodophyllic acid (LXXII)	$C_{22}H_{24}O_8$	213 (dec.)[e]	— 110°[p]	(*168*)
Methyl iso-desoxypodophyllate (LXXIII)	$C_{23}H_{26}O_8$	201–202	— 23°	(*168*)
Ethyl iso-desoxypodophyllate	$C_{24}H_{28}O_8$	149–150	— 22°	(*168*)
6,7-Methylenedioxy-1-(3,4,5-trimethoxyphenyl)-3-methyl-1,2,3,4-tetrahydro-2-naphthoic acid[a]	$C_{24}H_{24}O_7$	238–239	— 144°[p]	(*168*)
6,7-Methylenedioxy-1-(3,4,5-trimethoxyphenyl)-3-hydroxy-methyl-5,6,7,8-tetrahydro-2-naphthoic acid lactone (LXXIV)	$C_{22}H_{22}O_7$	177–178	0°	(*168*)
Podophyllyl alcohol	$C_{22}H_{26}O_8$	198–200	0°	(*39*)
Tris-(*p*-nitrobenzoate)	$C_{43}H_{35}O_{17}N_3$	131–135[f]	— 31°	(*39*)
Anhydro-podophyllyl alcohol	$C_{22}H_{24}O_7$	256–257	+ 13°	(*39*)
p-Nitrobenzoate	$C_{29}H_{27}O_{10}N$	195–196 (dec.)	— 46°	(*39*)
Methyl ether	$C_{23}H_{26}O_7$	167–174	+ 3°	(*39*)
Benzoate	$C_{29}H_{28}O_8$	170–172	— 27°	(*39*)

Table 4, Continued.

Compound	Composition	M. p. (°)	$[\alpha]_D$ (in $CHCl_3$, unless specified otherwise)	References
Picropodophyllyl alcohol	$C_{22}H_{26}O_8$	160–162	— 67°	(39)
Tris-(*p*-nitrobenzoate)	$C_{43}H_{35}O_{17}N_3$	119–125[f]	— 29°	(39)
Anhydro-picropodophyllyl alcohol	$C_{22}H_{24}O_7$	glass	+ 73°	(39)
p-Nitrobenzoate	$C_{29}H_{27}O_{10}N$	90–95[f]	+ 66°	(39)
Desoxypodophyllyl alcohol (LXXXIX)	$C_{22}H_{26}O_7$	150–151	— 158°[q]	(172)
Desoxypicropodophyllyl alcohol (LXXXVII)	$C_{22}H_{26}O_7$	237–238	— 32°[r]	(172)
Iso-desoxypodophyllyl alcohol (LXXXV)	$C_{22}H_{26}O_7$	180–181	— 22°[s]	(172)
Iso-desoxypicropodophyllyl alcohol (XCI)	$C_{22}H_{26}O_7$	ca. 60[f]	+ 120°[t]	(39, 172)
Bis-(*p*-nitrobenzoate) of (XCI)	$C_{36}H_{32}O_{13}N_2$	97–107[f]	+ 59°	(39)
Anhydro-desoxypodophyllyl alcohol (XC)	$C_{22}H_{24}O_6$	65–85[f]	— 71°	(172)
Anhydro-desoxypicropodophyllyl alcohol (LXXXVIII)	$C_{22}H_{24}O_6$	176	+ 20.5°	(172)
Anhydro-iso-desoxypodophyllyl alcohol (LXXXVI)	$C_{22}H_{24}O_6$	172–173	+ 31°	(172)
Anhydro-iso-desoxypicropodophyllyl alcohol (XCII)	$C_{22}H_{24}O_6$	165–166	+ 70°	(39, 172)
DL-Epiiso-podophyllic acid (XCVIII)	$C_{22}H_{24}O_9$	235–236 (dec.)	inactive	(53)
DL-Epiiso-podophyllotoxin (XCIX)	$C_{22}H_{22}O_8$	272 (dec.)	inactive	(53)
DL-Iso-podophyllotoxin (CI)	$C_{22}H_{22}O_8$	255	inactive	(53)
DL-Iso-podophyllotoxone (C)	$C_{22}H_{20}O_8$	181	inactive	(53)

Notes to Table 4.

[a] Derived from (LXXI) by replacement of —CH_2OH with —CH_3. [b] See also Table 2. [c] Also $C_{22}H_{22}O_8 \cdot 2\,C_6H_6$, m. p. 95–102°. [d] Melts at 202° (foaming) when immersed at 200°. [e] Remelts at 251–252°. [f] Amorphous. [g] — 108° in ethanol. [h] In ethanol. [i] In water. [j] — 73° in alcohol. A sample prepared in the writers' laboratory had m. p. 183.5–184.5° and $[\alpha]_D$ — 108° in chloroform. [k] — 181° in pyridine. [l] + 43° in pyridine. [m] — 3° in pyridine. [n] — 64° in pyridine. [p] In pyridine. [q] — 230° in pyridine. [r] — 84° in pyridine. [s] — 62° in pyridine. [t] + 103° in pyridine.

Table 5. Desoxypodophyllotoxin and Derivatives.

Compound	Composition	M. p. (°)	$[\alpha]_D$		References
			in $CHCl_3$	in pyridine	
Desoxypodophyllotoxin (LXVII)	$C_{22}H_{22}O_7$	167–168	— 116°	— 181°	(*71, 73, 105, 179*)
Dibromo deriv. of (LXVII)	$C_{22}H_{20}O_7Br_2$	233	—	—	(*76, 136*)
Desoxypicropodophyllin (LXVIII)	$C_{22}H_{22}O_7$	172–173	+ 33°	+ 43°	(*71, 73, 105, 168*)
Desoxypodophyllic acid (LXXI)	$C_{22}H_{24}O_8$ [a]	171–173 (dec.)	—	— 165°	(*73, 178*)
Potassium salt of (LXXI)	$C_{22}H_{23}O_8K$	220	—	[c]	(*76, 136*)
Hydrazide of (LXXI)	$C_{22}H_{26}O_7N_2$	223	—	—	(*136*)
Methyl desoxypodophyllate (CII)	$C_{23}H_{26}O_8$	175–176	— 66°	— 138°	(*76, 178*)
Desoxypodophyllic acid methyl ether (CIII)	$C_{23}H_{26}O_8$	194–195 [b]	—	—	(*126*)
Methyl desoxypodophyllate methyl ether (CIV)	$C_{24}H_{28}O_8$	173–174	— 70°	—	(*178*)

[a] Also $C_{22}H_{24}O_8 \cdot H_2O$, m. p. 161–162° (dec.). [b] Also reported: 180–184° (dec.) (*178*) and 205° (?) (*136*). [c] — 115° in water.

Table 6. 4′-Demethylpodophyllotoxin and Derivatives.

Compound	Composition	M. p. (°)	$[\alpha]_D$	References
4′-Demethylpodophyllotoxin (CVI)	$C_{21}H_{20}O_8$	250–252	— 130° ($CHCl_3$)	(*134, 218*)
1,4′-Di-*O*-acetyl derivative	$C_{25}H_{24}O_{10}$	230–231	— 133° ($CHCl_3$)	(*134, 218*)
4′-Demethylpicropodophyllin (CVII)	$C_{21}H_{20}O_8$	193–196 [a]	+ 9° (acetone)	(*134, 218*)
1,4′-Di-*O*-acetyl derivative	$C_{25}H_{24}O_{10}$	207–208	+ 28° ($CHCl_3$)	(*2, 134*)
4′-Ethyl-demethylpicropodophyllin (CVIII)	$C_{23}H_{24}O_8$	203–206	— 2° ($CHCl_3$)	(*134*)
4′-Demethyl-β-apopicropodophyllin (CX)	$C_{21}H_{18}O_7$	272–282	+ 106° ($CHCl_3$)	(*164*)
4′-Ethyl-demethyl-α-apopodophyllic acid (CXI)	$C_{23}H_{24}O_8$	153 (dec.)	— 159° ($CHCl_3$)	(*164*)

[a] Hemihydrate: m. p. 217–219°; hydrate: m. p. 230–236°.

Table 7. Peltatins and Derivatives.

Compound	Composition	M. p. (°)	$[\alpha]_D$	References
α-Peltatin (CXII)	$C_{21}H_{20}O_8$	242–246	— 125° ($CHCl_3$)[d]	(*2*, *218*)
β-Peltatin (CXIV)	$C_{22}H_{22}O_8$	240–242	— 123° ($CHCl_3$)[e]	(*2*, *218*)
α-Peltatin-B	$C_{21}H_{20}O_8$	275–276.5	+ 39° (acetone)	(*2*, *66*)
β-Peltatin-B	$C_{22}H_{22}O_8$	212–213	+ 40° (acetone)	(*2*, *66*)
Diacetyl-α-peltatin-A	$C_{25}H_{24}O_{10}$	233–234	— 115° ($CHCl_3$)	(*2*, *66*, *218*)
Acetyl-β-peltatin-A	$C_{24}H_{24}O_9$	231–232	— 125° ($CHCl_3$)	(*2*, *66*, *218*)
Diacetyl-α-peltatin-B	$C_{25}H_{24}O_{10}$	260–263	— 12° ($CHCl_3$)	(*2*, *66*)
Acetyl-β-peltatin-B	$C_{24}H_{24}O_9$	220–222	— 6° ($CHCl_3$)	(*2*, *66*)
α-Peltatin-A dimethyl ether (β-Peltatin-A methyl ether)	$C_{23}H_{24}O_8$	163–164[b]	— 120° ($CHCl_3$)	(*2*, *72*)
α-Peltatin-B dimethyl ether (β-Peltatin-B methyl ether) (CXVI)	$C_{23}H_{24}O_8$	184–185	+ 11° ($CHCl_3$)	(*2*, *72*)
α-Peltatin-B diethyl ether (CXIII)	$C_{25}H_{28}O_8$	139–141	—	(*66*)
β-Peltatin-B ethyl ether (CXV)	$C_{24}H_{26}O_8$	198–199	—	(*66*)
α-Peltatic acid	$C_{21}H_{22}O_9 \cdot H_2O$	275–276[c]	— 95°[f]	(*72*)
β-Peltatic acid	$C_{22}H_{24}O_9$	202 (dec.)	— 123,5°[f]	(*72*)
β-Peltatic acid hydrazide[a]	$C_{22}H_{26}O_8N_2$	211–212 (dec.)	— 141° (pyridine)	(*66*)
Dehydro-β-peltatin methyl ether (CXXIII)	$C_{23}H_{20}O_8$	271–272	inactive	(*169*)

[a] Erroneously reported (*66*) as β-peltatin-A hydrazide, $C_{22}H_{24}O_7N_2$. A recent repeat preparation (in the writers' laboratory) from β-peltatin-B gave a sample m. p. 211° (dec.), $[\alpha]_D^{22}$ — 146° (*c* 1.00, pyridine). Calcd. for $C_{22}H_{26}O_8N_2$: C, 59.18; H, 5.87; N, 6.28. Found: C, 58.92; H, 6.05; N, 6.07. The hydrazide was decomposed to β-peltatin-B by hot *N*-HCl.

[b] A metastable modification, m. p. 124–126°, was also obtained (*66*).

[c] Lactonized to α-peltatin-B at about 220°. [d] — 111° (ethanol), — 96° (acetone), — 160° (0.1 *N*-NaOH) (*66*). [e] — 115° (ethanol), — 95° (acetone), — 141° (0.1 *N*-NaOH) (*66*). [f] In 10% $NaHCO_3$.

Table 8. Sikkimotoxin and Derivatives (*26*).

Compound	Composition	M. p. (°)	$[\alpha]_D$
Sikkimotoxin (XIII)	$C_{23}H_{26}O_8$	120 (dec.)[a]	— 92° ($CHCl_3$)[b]
Iso-sikkimotoxin (CXXIV)	$C_{23}H_{26}O_8$	220–222	+ 1° (acetone)
Sikkimotoxin chloride (CXXV)	$C_{23}H_{25}O_7Cl$	196–197 (dec.)	—
Acetyl-sikkimotoxin (CXXVI)	$C_{25}H_{28}O_9$	180–182	— 140° ($CHCl_3$)
Acetyl-isosikkimotoxin (CXXVII)	$C_{25}H_{28}O_9$	207–208	+ 11° ($CHCl_3$)[b]

[a] Solvate. [b] Private communication by R. CHATTERJEE.

Table 9. Lignan Glucosides and Derivatives.

Compound	Composition	M. p. (°)	$[\alpha]_D$	References
Podophyllotoxin glucoside (CXXX)	$C_{28}H_{32}O_{13}$[a]	152–154[b]	— 76° (MeOH) — 117° (pyridine) — 65° (H_2O)	(*189*, *218*)
Tetraacetyl deriv. of (CXXX)	$C_{36}H_{40}O_{17}$	134–135	— 91° ($CHCl_3$)	(*189*, *218*)
Picropodophyllin glucoside (CXXXII)	$C_{28}H_{32}O_{13} \cdot {}^1/_2\, H_2O$	237–238[c]	— 11° (pyridine)	(*134*, *189*, *218*)
Tetraacetyl deriv. of (CXXXII)	$C_{36}H_{40}O_{17}$	278–279[d]	— 3° ($CHCl_3$)	(*2*, *134*, *189*)
4′-Demethylpodophyllotoxin glucoside (CXXXI)	$C_{27}H_{30}O_{13}$	165–170[b]	— 81° (MeOH) — 123° (pyridine) — 75° (H_2O)	(*191*, *218*)
Pentaacetyl deriv. of (CXXXI)	$C_{37}H_{40}O_{18}$	167–169	— 77° ($CHCl_3$)	(*191*, *218*)
4′-Demethylpicropodophyllin glucoside (CXXXIII)	$C_{27}H_{30}O_{13}$	274–278	— 16° (pyridine)	(*191*, *218*)
β-Peltatin glucoside (CXXXIV)	$C_{28}H_{32}O_{13}$	154–156 (dec.)[b]	— 123° (MeOH) — 169° (pyridine)	(*192*, *218*)
Tetraacetyl deriv. of (CXXXIV)	$C_{36}H_{40}O_{17}$	158–160	— 93° ($CHCl_3$)	(*218*)
α Peltatin glucoside (CXXXV)	$C_{27}H_{30}O_{13}$	168–171	— 129° (MeOH) — 174° (pyridine)	(*193*, *218*)
Pentaacetyl deriv. of (CXXXV)	$C_{37}H_{40}O_{18}$	222–223	— 96° ($CHCl_3$)	(*193*, *218*)

[a] Very hygroscopic. [b] Amorphous. [c] Remelts at 252–254°. [d] Highest m. p. reported (*189*); other authors list 266–268° (*2*) and 269–270° (*134*).

Table 10. Maximum Tolerated Doses (MTD) and Minimum Effective Doses (MED) in Mice Bearing Sarcoma 37.

Compound	Configuration			MTD/MED μg./g.
	$C_{(1)} : C_{(2)}$	$C_{(2)} : C_{(3)}$	$C_{(3)} : C_{(4)}$	
Podophyllotoxin (XLIV)	*trans*	*trans*	*cis*	30/2
Desoxypodophyllotoxin (LXVII)	—	*trans*	*cis*	30/6
4′-Demethylpodophyllotoxin (CVI)	*trans*	*trans*	*cis*	40/8
α-Peltatin (CXII)	—	*trans*	*cis*	40/2
β-Peltatin (CXIV)	—	*trans*	*cis*	40/2
Epipodophyllotoxin (LIII)	*cis*	*trans*	*cis*	100/60
Picropodophyllin (XLV)	*trans*	*cis*	*trans*	neg. at 500
Epipicropodophyllin (LVI)	*cis*	*cis*	*trans*	> 1000/400
Desoxypicropodophyllin (LXVIII)	—	*cis*	*trans*	neg. at 1000
Iso-desoxypodophyllotoxin (LXIX)	—	*trans*	*trans*	neg. at 1000
Iso-desoxypicropodophyllin (LXX)	—	*cis*	*cis*	neg. at 1000
4′-Demethylpicropodophyllin (CVII)	*trans*	*cis*	*trans*	neg. at 1000
α-Peltatin-B (CXII, but *cis-trans*)	—	*cis*	*trans*	neg. at 1000
β-Peltatin-B (CXIV, but *cis-trans*)	—	*cis*	*trans*	1500/500
Podophyllic acid (XXIX)[a]	*trans*	*cis*	*trans*	3000/3000
Desoxypodophyllic acid (LXXI)[a]	—	*cis*	*trans*	150/150
Iso-desoxypodophyllic acid (LXXII)[a]	—	*trans*	*trans*	80/40
α-Peltatic acid[a]	—	*cis*	*trans*	neg. at 1000
β-Peltatic acid[a]	—	*cis*	*trans*	1500/500
Podophyllotoxin β-*D*-glucoside (CXXX)[b]	*trans*	*trans*	*cis*	> 400/100
4′-Demethylpodophyllotoxin β-*D*-glucoside (CXXXI)[b]	*trans*	*trans*	*cis*	> 400/100
α-Peltatin β-*D*-glucoside (CXXXV)[b]	—	*trans*	*cis*	300/<100
β-Peltatin β-*D*-glucoside (CXXXIV)[b]	—	*trans*	*cis*	> 400/150
Acetylpodophyllotoxin-ω-pyridinium chloride (CXXXVI)	*trans*	*trans*	*cis*	80/5
Nicotinoylpodophyllotoxin methiodide (CXXXVII)	*trans*	*trans*	*cis*	50/10

Table 10, Continued.

Compound	Configuration			MTD/MED μg./g.
	$C_{(1)}:C_{(2)}$	$C_{(2)}:C_{(3)}$	$C_{(3)}:C_{(4)}$	
Nicotinoylpodophyllotoxin methosulfate (CXXXVIII)	*trans*	*trans*	*cis*	100/15
Nicotinoyl-β-peltatin-A methiodide (CXXXIX)	—	*trans*	*cis*	20/2
Nicotinoyl-β-peltatin-B methiodide	—	*cis*	*trans*	> 800/500
Epipodophyllotoxin isothiuronium bromide (CXLVII)	*cis*	*trans*	*cis*	80/15
Podophyllotoxin hydrogen succinate (CXL)[c]	*trans*	*trans*	*cis*	40/15
Picropodophyllin hydrogen succinate[c]	*trans*	*cis*	*trans*	> 400/150
Podophyllotoxin hydrogen glutarate (CXLI)[c]	*trans*	*trans*	*cis*	75/10
Podophyllotoxin hydrogen phthalate (CXLII)[c]	*trans*	*trans*	*cis*	400/200
Dipotassium α-peltatin-A disulfate	—	*trans*	*cis*	neg. at 1000
Potassium β-peltatin-A sulfate (CXLIII)	—	*trans*	*cis*	> 1000/500

[a] Sodium salt. [b] Kindly supplied by Drs. A. Stoll and J. Renz of Sandoz, A. G. [c] Isopropylammonium salt.

Table 11. Ionic Derivatives of Podophyllotoxin and of the Peltatins, and Intermediates.

Compound	Composition	M. p. (°)	$[\alpha]_D$	References
Chloroacetylpodophyllotoxin	$C_{24}H_{23}O_9Cl$	209–210	— 140° ($CHCl_3$)	(*165*)
Bromoacetylpodophyllotoxin	$C_{24}H_{23}O_9Br$	192	— 133° ($CHCl_3$)	(*165*)
Iodoacetylpodophyllotoxin	$C_{24}H_{23}O_9I$	192 (dec.)	— 128° ($CHCl_3$)	(*165*)
Chloroacetylpicropodophyllin	$C_{24}H_{23}O_9Cl$	154–155[a]	+ 47° ($CHCl_3$)	(*165*)
Acetylpodophyllotoxin-ω-pyridinium chloride (CXXXVI)	$C_{29}H_{28}O_9NCl \cdot H_2O$	158–159 (dec.)	— 97° (MeOH)[e]	(*165*)
Acetylpodophyllotoxin-ω-pyridinium iodide	$C_{29}H_{28}O_9NI \cdot H_2O$	156–157 (dec.)	—	(*165*)
Nicotinoylpodophyllotoxin	$C_{28}H_{25}O_9N$	177–178	— 112° ($CHCl_3$)	(*176*)
Nicotinoylpicropodophyllin	$C_{28}H_{25}O_9N$	200.5–201.5	+ 30° ($CHCl_3$)	(*176*)
Nicotinoyl-β-peltatin-A	$C_{28}H_{25}O_9N$	124–136[b]	— 140° ($CHCl_3$)	(*176*)
Nicotinoyl-β-peltatin-B	$C_{28}H_{25}O_9N$	202–204	— 21° ($CHCl_3$)	(*176*)
Iso-nicotinoylpodophyllotoxin	$C_{28}H_{25}O_9N$	187–188	— 123° ($CHCl_3$)	(*176*)
Iso-nicotinoyl-β-peltatin-A	$C_{28}H_{25}O_9N$	134–145[b]	— 134° ($CHCl_3$)	(*176*)

Table 11, Continued.

Compound	Composition	M. p. (°)	$[\alpha]_D$	References
Nicotinoylpodophyllotoxin methiodide (CXXXVII)	$C_{29}H_{28}O_9NI$	142–144[c]	— 55° (MeOH)	(*176*)
Nicotinoylpodophyllotoxin methosulfate (CXXXVIII)	$C_{30}H_{31}O_{13}NS$	171–172[d]	— 94° (MeOH)	(*176*)
Nicotinoyl-β-peltatin-A methiodide (CXXXIX)	$C_{29}H_{28}O_9NI$	230–233	— 84° (MeOH)	(*176*)
Nicotinoyl-β-peltatin-B methiodide	$C_{29}H_{28}O_9NI$	165–180[b]	—	(*176*)
Epipodophyllotoxin isothiuronium bromide (CXLVII)	$C_{23}H_{25}O_7N_2SBr$	150 (dec.)	— 172° (EtOH)[f]	(*176*)
Podophyllotoxin hydrogen succinate (CXL)	$C_{26}H_{26}O_{11}$	104–135[b]	—	(*176*)
Isopropylammonium salt of (CXL)	$C_{29}H_{35}O_{11}N$	141–143 (dec.)	— 103° (H_2O)	(*176*)
Picropodophyllin hydrogen succinate	$C_{26}H_{26}O_{11}$	201.5–202	+ 25° (pyridine)	(*176*)
Isopropylammonium salt	$C_{29}H_{35}O_{11}N$	192–196 (dec.)	+ 20° (pyridine)	(*176*)
Podophyllotoxin hydrogen glutarate (CXLI)	$C_{27}H_{28}O_{11}$	90–120[b]	—	(*176*)
Isopropylammonium salt of (CXLI)	$C_{30}H_{37}O_{11}N$	145–148 (dec.)	— 99° (H_2O)	(*176*)
Podophyllotoxin hydrogen phthalate (CXLII)	$C_{30}H_{26}O_{11} \cdot {}^1/_2\ H_2O$	143–145	— 157° ($CHCl_3$)	(*176*)
Isopropylammonium salt of (CXLII)	$C_{33}H_{35}O_{11}N \cdot {}^1/_2\ H_2O$	137–139	— 91° (H_2O)	(*176*)
Dipotassium-α-peltatin-A disulfate	$C_{21}H_{13}O_{14}S_2K_2$	—	— 88° (H_2O)	(*176*)
Potassium-β-peltatin-A sulfate (CXLIII)	$C_{22}H_{21}O_{11}SK$	—	— 99° (H_2O)	(*176*)

[a] Remelts at 178–191°. [b] Amorphous. [c] Remelts at 208–210°. [d] Remelts at 208–211°. [e] — 102° (H_2O). [f] — 168° (H_2O).

Table 12. Flavonols and Derivatives.

Compound	Composition	M. p. (°)	References
Quercetin (XIV)	$C_{15}H_{10}O_7$	315–316 (dec.)	(*42, 183*)
Pentaacetyl deriv. of (XIV)	$C_{25}H_{20}O_{12}$	196–197	(*42, 183*)
3,7,3′,4′-Tetramethyl ether[a] of (XIV)	$C_{19}H_{18}O_7$	156	(*42, 183*)
Pentamethyl ether of (XIV)	$C_{20}H_{20}O_7$	150–151	(*183*)
Quercetin 3-galactoside (XVI)	$C_{21}H_{20}O_{12}$	237 (dec.)[b]	(*27, 92a, 161*)
5,7,3′,4′-Tetramethyl ether of (XVI)	$C_{25}H_{28}O_{12}$	219–221	(*92a*)

Table 12, Continued.

Compound	Composition	M. p. (°)	References
Isorhamnetin (XV)	$C_{16}H_{12}O_7$	305 (dec.)	(27)
Tetraacetyl deriv. of (XV)	$C_{24}H_{20}O_{11}$	194	(27)
3,7,4′-Trimethyl ether[a] of (XV)	$C_{19}H_{18}O_7$	156	(27)
Kaempferol (XVII)	$C_{15}H_{10}O_6$	276–278	(139)
Tetraacetyl deriv. of (XVII)	$C_{23}H_{18}O_{10}$	185	(139)

[a] 5-Hydroxy-3,7,3′,4′-tetramethoxyflavone. [b] $[\alpha]_D$ — 59° in pyridine-ethanol (92a).

Table 13. Ultraviolet Absorption Maxima of *Podophyllum* Lignans and of Some of Their Derivatives.

Compound	$\lambda_{max.}$ (mμ)	log ε (in ethanol)	References
Podophyllotoxin (II)	292	3.65	(65, 189)
Podophyllotoxin glucoside (VII)	291	3.62	(189, 218)
Desoxypodophyllotoxin (VI)	293.5	3.68	(67, 105, 168)
4′-Demethylpodophyllotoxin (V)	292	3.75	(218)
4′-Demethylpodophyllotoxin glucoside (XI)	286	3.66	(191)[b]
β-Peltatin (IV)	273; 210[a]	3.26; 4.77[a]	(65, 218)
β-Peltatin glucoside (X)	280	3.41	(218)
α-Peltatin (III)	274; 210[a]	3.41; 4.47[a]	(65, 218)
α-Peltatin glucoside (IX)	280	3.51	(218)
β-Peltatin-B methyl ether (CXVI)	280	3.39	(72)
Dehydropodophyllotoxin (XII)	356; 323; 263; 226	3.72; 4.02; 4.62; 4.49	(52)
Dehydro-anhydropicropodophyllin (XXXV)	350; 311; 257	3.75; 4.03; 4.75	(166, 169)
Dehydro-β-peltatin methyl ether (CXXIII)	353; 320; 263.5	3.64; 3.92; 4.70	(169)
α-Apopicropodophyllin (LXI)	311	3.88	(167)
α-Apopodophyllic acid (LXIII)	308; (296)	3.88; (3.87)	(167)
Methyl α-apopodophyllate	308; (296)[a]	3.88; (3.87)[a]	(167)
β-Apopicropodophyllin (LXII)	290	3.66	(167)
γ-Apopicropodophyllin (XLI)	350; 245.5	4.10; 4.32	(166, 167)
γ-Apopodophyllic acid	327	4.00	(167)
Podophyllotoxone (LIX)	316; 277; 235	3.96; 4.09; 4.64	(52)
Picropodophyllone (LX)	324; 279; 240	3.91; 3.95; 4.42	(52)

[a] Writers' unpublished data. [b] The value of 280 mμ (log ε 3.51) (218) appears to be in error.

References.

1. ALGIRE, G. H., F. Y. LEGALLAIS and B. F. ANDERSON: Vascular Reactions of Normal and Malignant Tissues *in vivo*. VI. Components of Podophyllin on Transplanted Sarcomas. J. Nat. Cancer Inst. **14**, 879 (1954).
2. BARTEK, J., H. POTĚŠILOVÁ, V. MAŠINOVÁ und F. ŠANTAVÝ: Isolierung einiger Substanzen aus *Resina podophylli* (*Podophyllum peltatum* L.) und Beitrag zu ihrer Konstitution. Chem. Listy **49**, 1550 (1955); Collect. Czech. Chem. Communs. **21**, 392 (1956).
3. BARTEK, J. und F. ŠANTAVÝ: Vorläufige Mitteilung. Konstitutionsfrage von α- und β-Peltatin. Chem. Listy **48**, 917 (1954).
4. BASS, C. C.: Private communication.
5. BELKIN, M.: Effect of Podophyllin on Transplanted Mouse Tumors. Federat. Proc. (Amer. Soc. exp. Biol.) **6**, 308 (1947).
6. BELKIN, M., A. PERRAULT and M. J. SHEAR: Tumor-Necrotizing Polysaccharides from Plant Tissues. Proc. Amer. Assoc. Cancer Res. **2** (No. 1), 4 (1955).
7. BERGIUS, P. J.: Materia Medica e Regno Vegetabili. Stockholm: P. Hesselberg. 1778.
8. BOHN, W.: Die Heilwerte heimischer Pflanzen, 5. Aufl. Leipzig: Ronniger. 1935.
9. BORSCHE, W. und J. NIEMANN: Über Podophyllin. Liebigs Ann. Chem. **494**, 126 (1932).
10. — — Über Podophyllin. II. Liebigs Ann. Chem. **499**, 59 (1932).
11. — — Über Podophyllin. Ber. dtsch. chem. Ges. **65**, 1633 (1932).
12. — — Zur Konstitution des Podophyllotoxins und Pikro-podophyllins. Ber. dtsch. chem. Ges. **65**, 1846 (1932).
13. — — Über Podophyllin. III. Liebigs Ann. Chem. **502**, 264 (1933).
14. BOSTOCK, J. and H. T. RILEY: Plinius Secundus, C. (Pliny the Elder) "Natural History". London: Bohn. 1855.
15. BOUGAULT, J.: Action de l'acide hypoiodeux naissant sur les acides non saturés. Lactones iodées. Ann. Chim. Phys. [8], **14**, 145 (1908).
16. — Action de l'acide hypoiodeux naissant sur les acides non saturés. Acide α-cyclogéranique. Ann. Chim. Phys. [8], **22**, 125 (1911).
17. BRITISH PHARMACOPOEIA. London: The Pharmaceutical Press. 1948; 1953.
18. CAMPBELL, K. N., J. A. CELLA and B. K. CAMPBELL: Chemotherapy of Cancer. III. The Synthesis of Dihydroxytetrahydronaphthoic Acids Related to Podophyllotoxin. J. Amer. Chem. Soc. **75**, 4681 (1953).
19. CATESBY, M.: Natural History of Carolina, Florida and the Bahama Islands, Vol. I, p. 24. London. 1731.
20. CHAKRAVARTI, S. C. and D. P. CHAKRABORTY: Chemical Examination of *Podophyllum emodi* WALL. var. *hexandrum* (ROYLE). J. Amer. Pharmaceut. Assoc., Sci. Ed. **43**, 614 (1954).
21. CHAMPLAIN, S. DE: The Works of Samuel de Champlain (H. P. BIGGAR, ed.), Vol. III, p. 50; Vol. IV, p. 241. Quebec: Champlain Soc. 1929.
22. CHATTERJEE, R.: Indian Podophyllum. Econ. Botany (New York) **6**, 342 (1952) [Chem. Abstr. **47**, 705 (1953)].
23. — Private communication.
24. CHATTERJEE, R. and S. C. CHAKRAVARTI: A Revision of the Structure of Podophyllotoxin and Picropodophyllin. Science and Culture (India) **17**, 136 (1951) [Chem Abstr. **47**, 8711 (1953)].
25. — — Structures of Epipodophyllotoxin and Epipicropodophyllin. Science and Culture (India) **18**, 197 (1952) [Chem. Abstr. **47**, 9315 (1953)].

26. CHATTERJE, R. and S. C. CHAKRAVARTI: Resin sikkimensis. I. Sikkimotoxin: a Lactone from *Podophyllum sikkimensis* R. CHATTERJEE *et* MUKERJEE. J. Amer. Pharmaceut. Assoc., Sci. Ed. **41**, 415 (1952).
27. CHATTERJEE, R. and D. K. DATTA: Podophyllum. II. The Colouring Matters of *P. sikkimensis* R. CHATTERJEE *et* S. K. MUKERJEE. Indian J. Physiol. Allied Sci. **4**, 61 (1950).
28. CHATTERJEE, R. and S. K. MUKERJEE: Podophyllum. I. Indian J. Physiol. Allied Sci. **4**, 7 (1950).
29. CISNEY, M. E., W. L. SHILLING, W. M. HEARON and D. W. GOHEEN: Conidendrin. II. The Stereochemistry and Reactions of the Lactone Ring. J. Amer. Chem. Soc. **76**, 5083 (1954).
30. CLAPP, A.: A Synopsis: or Systematic Catalogue of the Indigenous and Naturalized, Flowering and Filicoid Medicinal Plants of the United States. Trans. Amer. Med. Assoc. **5**, 689 (1852).
31. COCKAYNE, O.: Leech Book of Bald. In: Leechdoms, Wortcunnings, and Starcraft of Early England, Vol. II. London: Longman. 1865.
32. COLE, A. R. H.: Infrared Spectra of Natural Products. Fortschr. Chem. organ. Naturstoffe **13**, 1 (1956).
33. COLES, W.: Adam in Eden, or Nature's Paradise. The History of Plants, Fruits, Herbs, and Flowers. London: Brooke. 1657.
34. CORNMAN, I.: Inhibition of Arbacia Egg Cleavage by Podophyllotoxin and Related Substances. (Abstract.) Biol. Bull. (Marine Biol. Lab., Woods Hole, Mass.) **93**, 192 (1947).
35. CRAM, D. J.: Olefin Forming Elimination Reactions. In: M. S. NEWMAN, Steric Effects in Organic Chemistry, p. 304. New York: John Wiley. 1956.
36. CULPEPPER, N.: The English Physitian Enlarged. London: Sawbridge. 1681.
37. DE-AMBROSI, L.: Metodo rapido di estrazione della podofillotossina dalla resina del „Podophyllum emody". Il Farmaco, Ed. pratica **9**, 265 (1954) [Chem. Abstr. **48**, 10299 (1954)].
38. DOHME, A. R. L. and H. ENGELHARDT: The Fatty Oil of Mandrake *(Podophyllum peltatum)*. Proc. Amer. Pharmaceut. Assoc. **52**, 340 (1904).
39. DRAKE, N. L. and E. H. PRICE: Podophyllotoxin and Picropodophyllin. I. Their Reduction by Lithium Aluminum Hydride. J. Amer. Chem. Soc. **73**, 201 (1951).
40. DRAKE, N. L. and W. B. TUEMMLER: Podophyllotoxin and Picropodophyllin. II. The Synthesis of an Open-Chain Analog. J. Amer. Chem. Soc. **77**, 1204 (1955).
41. — — Podophyllotoxin and Picropodophyllin. III. The Synthesis of a Stripped Analog. J. Amer. Chem. Soc. **77**, 1209 (1955).
42. DUNSTAN, W. R. and T. A. HENRY: A Chemical Investigation of the Constituents of Indian and American Podophyllum *(Podophyllum emodi* and *Podophyllum peltatum)*. J. Chem. Soc. (London) **73**, 209 (1898).
43. EDER, R. und W. SCHNEITER: Wertbestimmung des Podophyllins. Pharmaceut. Acta Helvet. **1**, 15 (1926).
44. EISENMANN: Über die locale Wirkung der Sabina. Virchow's Arch. pathol. Anat. Physiol. **18**, 171 (1860).
45. ERDTMAN, H.: Die Konstitution der Harzphenole und ihre biogenetischen Zusammenhänge. II. Über Pinoresinol und seine Beziehungen zu Eudesmin. Liebigs Ann. Chem. **516**, 162 (1935).
46. — Lignans. In: K. PAECH und M. V. TRACEY, Moderne Methoden der Pflanzenanalyse, Bd. III, S. 428. Berlin: Springer-Verlag. 1955.
47. FENTON, W. N.: Contacts Between Iroquois Herbalism and Colonial Medicine. Smithsonian Report for 1941, Publ. 3670, 503 (1942).

48. FITZGERALD, D. B., J. L. HARTWELL and J. LEITER: Distribution of Tumor-Damaging Lignans among Conifers. J. Nat. Cancer Inst. 18, 83 (1957).
49. FRIEDEL, R. A. and M. ORCHIN: Ultraviolet Spectra of Aromatic Compounds, p. 17. New York: John Wiley. 1951.
50. GEISSMAN, T. A.: Anthocyanins, Chalcones, Aurones, Flavones and Related Water-Soluble Plant Pigments. In: K. PAECH und M. V. TRACEY, Moderne Methoden der Pflanzenanalyse, Bd. III, S. 450. Berlin: Springer-Verlag. 1955.
51. GENSLER, W. J.: Private communication.
52. GENSLER, W. J. and F. JOHNSON: Podophyllotoxone, Picropodophyllone, and Dehydropodophyllotoxin. J. Amer. Chem. Soc. 77, 3674 (1955).
53. — — Private communication.
54. GENSLER, W. J. and C. M. SAMOUR: Synthesis of a Degradation Product from Picropodophyllin. J. Amer. Chem. Soc. 72, 3318 (1950).
55. — — The Single-Stage Conversion of 1-(3',4',5'-Trimethoxyphenyl)-6,7-methylenedioxy-3,4-dihydroisoquinoline to 2-(3',4',5'-Trimethoxybenzoyl)-4,5-methylenedioxystyrene. J. Amer. Chem. Soc. 74, 2959 (1952).
56. — — A Dimer of Methylenedioxybenzene. J. Organ. Chem. (USA) 18, 9 (1953).
57. GENSLER, W. J., C. M. SAMOUR and S. Y. WANG: Synthesis of a DL-Stereoisomer of Podophyllic Acid. J. Amer. Chem. Soc. 76, 315 (1954).
58. GENSLER, W. J. and S. Y. WANG: Synthesis of Picropodophyllin. J. Amer. Chem. Soc. 76, 5890 (1954).
59. GOOD, P. P.: The Family Flora and Materia Medica Botanica. 2 Vols. Elizabethtown, N. J. 1845.
60. GREENSPAN, E. M., J. COLSKY, E. B. SCHOENBACH and M. J. SHEAR: Response of Patients with Advanced Neoplasms to the Intravenous Administration of *Alpha*-Peltatin. J. Nat. Cancer Inst. 14, 1257 (1954).
61. GRIFFITH, R. E.: Medical Botany. Philadelphia: Lea and Blanchard. 1847.
62. GRONOVIUS, J. F.: Flora Virginica. Leiden. 1762. [The 1739 edition was unavailable.]
63. GUARESC(H)I, I.: Ricerche intorno alla podofillina. Gazz. chim. ital. 10, 16 (1880); Ber. dtsch. chem. Ges. 12, 683 (1879).
64. HARTWELL, J. L.: α-Peltatin, a New Compound Isolated from *Podophyllum peltatum*. J. Amer. Chem. Soc. 69, 2918 (1947).
65. HARTWELL, J. L. and W. E. DETTY: β-Peltatin, a New Component of Podophyllin. J. Amer. Chem. Soc. 70, 2833 (1948).
66. — — Components of Podophyllin. III. Isolation of α- and β-Peltatin. Structure Studies. J. Amer. Chem. Soc. 72, 246 (1950).
67. HARTWELL, J. L., J. M. JOHNSON, D. B. FITZGERALD and M. BELKIN: Silicicolin, a New Compound Isolated from *Juniperus silicicola*. J. Amer. Chem. Soc. 74, 4470 (1952).
68. — — — — Podophyllotoxin from *Juniperus* Species; Savinin. J. Amer. Chem. Soc. 75, 235 (1935).
69. HARTWELL, J. L. and A. W. SCHRECKER: Components of Podophyllin. IV. The Constitution of Podophyllotoxin. J. Amer. Chem. Soc. 72, 3320 (1950).
70. — — Components of Podophyllin. V. The Constitution of Podophyllotoxin. J. Amer. Chem. Soc. 73, 2909 (1951).
71. — — Relationship of Anthricin, Hernandion and Cicutin to Desoxypodophyllotoxin. J. Amer. Chem. Soc. 76, 4034 (1954).
72. HARTWELL, J. L., A. W. SCHRECKER and G. Y. GREENBERG: Components of Podophyllin. X. Relation of α-Peltatin to β-Peltatin. J. Amer. Chem. Soc. 74, 6285 (1952).

73. HARTWELL, J. L., A. W. SCHRECKER and J. M. JOHNSON: The Structure of Silicicolin. J. Amer. Chem. Soc. **75**, 2138 (1953).
74. HARTWELL, J. L., A. W. SCHRECKER and J. LEITER: Relationship of the Steric Configuration of Podophyllotoxin and Related Lignans to Potency in Damaging Sarcoma 37. Proc. Amer. Assoc. Cancer Res. **1** (No. 2), 19 (1954).
75. HARTWELL, J. L. and M. J. SHEAR: Chemotherapy of Cancer: Classes of Compounds Under Investigation and Active Components of Podophyllin. Cancer Res. **7**, 716 (1947).
76. HATA, C.: Studies on Formosan Plant Seed Oils. XIX. Components of the Seed Oil of *Hernandia ovigera* LINN. J. Chem. Soc. Japan **63**, 1540 (1942) [Chem. Abstr. **47**, 10872 (1953)].
77. HAWORTH, R. D.: Natural Resins. Annu. Rep. Chem. Soc. (London) **33**, 266 (1936).
78. — The Chemistry of the Lignan Group of Natural Products. J. Chem. Soc. (London) **1942**, 448.
79. HAWORTH, R. D. and J. R. ATKINSON: The Constituents of Natural Phenolic Resins. Part X. Structure of *l*-Matairesinol Dimethyl Ether and Observations on the Condensation of Reactive Methylene Groups with O-Methyleugenol Oxide. J. Chem. Soc. (London) **1938**, 797.
80. HAWORTH, R. D. and W. KELLY: The Constituents of Natural Phenolic Resins. Part VIII. Lariciresinol, Cubebin, and Some Stereochemical Relationships. J. Chem. Soc. (London) **1937**, 384.
81. HAWORTH, R. D. and T. RICHARDSON: The Constituents of Natural Phenolic Resins. Part. IV. Synthesis of Dehydroanhydropicropodophyllin. J. Chem. Soc. (London) **1936**, 348.
82. HAWORTH, R. D. and G. SHELDRICK: The Constituents of Natural Phenolic Resins. Part II. "Sulphite-liquors Lactone". J. Chem. Soc. (London) **1935**, 636.
83. HAWORTH, R. D. and L. WILSON: The Constituents of Natural Phenolic Resins. Part XXII. Reduction of Some Lactonic Lignans with Lithium Aluminium Hydride. J. Chem. Soc. (London) **1950**, 71.
84. HAWORTH, R. D. and D. WOODCOCK: The Constituents of Natural Phenolic Resins. Part XV. The Stereochemical Relationship of Lariciresinol and Pinoresinol. J. Chem. Soc. (London) **1939**, 1054.
85. HEARON, W. M., H. B. LACKEY and W. W. MOYER: Conidendrin. I. Its Isomerization and Demethylation. J. Amer. Chem. Soc. **73**, 4005 (1951).
86. HEARON, W. M. and W. S. MACGREGOR: The Naturally Occurring Lignans. Chem. Rev. **55**, 957 (1955).
87. HENRY, S.: A New and Complete American Medical Family Herbal. New York: S. Henry. 1814.
88. HILL, J.: The Useful Family Herbal. 2nd Ed. London: Johnston and Owen. 1755.
89. HIRSCH, B.: Universal-Pharmakopöe. 2 Vols. Göttingen: Vandenhoeck und Ruprecht. 1902.
90. HODGSON, W.: On the Bitter Principle of *Podophyllum Peltatum*. Amer. J. Pharm. **3**, 273 (1832).
91. HOLMBERG, B. und M. SJÖBERG: Lignin-Untersuchungen. II.: Dimethylsulfitlaugen-Lactone. Ber. dtsch. chem. Ges. **54**, 2406 (1921).
92. IBN EL-BEÏTHAR: Traité des simples (traduit par L. LECLERC). Notices et extraits des manuscrits de la Bibliothèque Nationale **23**, I (1877), **25**, I (1881), **26**, I (1883). Paris: Imprimerie Nationale.
92a. JERZMANOWSKA, Z.: Über Hyperin, ein Glucosid von *Hypericum perforatum* L. Wiadomošci farmac. **64**, 527 (1937) [Chem. Zbl. **1938**, I, 333].

93. JONCQUET, D.: Joncquet Dionysii Hortus. Paris: Clouzier. 1659.
94. JØRGENSEN, C. and H. KOFOD: Paper Chromatography of Podophyllin. Acta Chem. Scand. **8**, 941 (1954).
95. KAPLAN, I. W.: Condylomata Acuminata. New Orleans Med. Surg. J. **94**, 388 (1942).
96. KELLY, M. G. and J. L. HARTWELL: The Biological Effects and the Chemical Composition of Podophyllin. A Review. J. Nat. Cancer Inst. **14**, 967 (1954).
97. KING, F. E.: The Chemistry of Wood Extractives. Chem. and Ind. **1953**, 1325.
98. KING, J.: New York Philos. Med. J. **1**, 159 (1844).
99. — Western Med. Reformer (Cincinnati) **5**, 175 (1846).
100. — The American Eclectic Dispensatory. Cincinnati: Moore, Wilstach and Keys. 1854.
101. — Discovery of Podophyllin. College J. Med. Sci. (Cincinnati) **2**, 557 (1857).
102. KING, L. S. and M. SULLIVAN: The Similarity of the Effect of Podophyllin and Colchicine and Their Use in the Treatment of Condylomata Acuminata. Science (Washington) **104**, 244 (1946).
103. KOFOD, H. and C. JØRGENSEN: Bromopodophyllotoxin. Acta Chem. Scand. **8**, 1294 (1954).
104. — — Dehydropodophyllotoxin, a New Compound Isolated from *Podophyllum peltatum* L. Acta Chem. Scand. **8**, 1296 (1954).
105. — — Desoxypodophyllotoxin, Isolated from Podophyllin. Acta Chem. Scand. **9**, 346 (1955).
106. — — A Note on the Melting Point of Podophyllotoxin. Acta Chem. Scand. **9**, 347 (1955).
107. — — The Action of Bromine on Podophyllotoxin and Picropodophyllin. Acta Chem. Scand. **9**, 1327 (1955).
108. KÜRSTEN, R.: Über die Bestandteile von Rhizoma Podophylli. Arch. Pharmaz. **229**, 220 (1891).
109. KUESTER, H. L.: A Chemical Study of the Rhizome and Roots of *Podophyllum Peltatum* L. J. Amer. Pharmaceut. Assoc. **15**, 259 (1926).
110. LEIGHTON, J., I. KLINE, M. BELKIN and H. C. ORR: Effects of a Podophyllotoxin Derivative on Tissue Culture Systems in Which Human Cancer Invades Normal Tissue. Cancer Res. **17**, 336 (1957).
111. LEITER, J., V. DOWNING, J. L. HARTWELL and M. J. SHEAR: Damage Induced in Sarcoma 37 with Podophyllin, Podophyllotoxin, Alpha-Peltatin, Beta-Peltatin, and Quercetin. J. Nat. Cancer Inst. **10**, 1273 (1950).
112. LEITER, J., A. D. PARADIS and V. S. WARAVDEKAR: Enzyme Changes Induced in Normal and Malignant Tissues with Chemical Agents. II. Effect of Various Compounds on the Cytochrome Oxidase Activity of Transplanted Tumors. J. Nat. Cancer Inst. **14**, 177 (1953).
113. LEITER, J., A. PERRAULT et al.: Unpublished results.
114. LEWIS, J. R.: Observations on *Podophyllum Peltatum*. Amer. J. Pharm. **19**, 165 (1847).
115. LEWIS, W.: An Experimental History of the Materia Medica. 4th Ed. London: J. Johnson. 1791.
116. LINDLEY, J.: Flora Medica. London: Longman. 1838.
117. LINNAEUS, C.: Hortus Cliffortianus. Amsterdam. 1737.
118. — Hortus Upsaliensis. Stockholm: Salvius. 1748.
119. — Species Plantarum, p. 505. Stockholm: Salvius. 1753.
120. LINSTEAD, R. P., W. E. DOERING, S. B. DAVIS, P. LEVINE and R. R. WHETSTONE: The Stereochemistry of Catalytic Hydrogenation. I. The Stereochemistry of the Hydrogenation of Aromatic Rings. J. Amer. Chem. Soc. **64**, 1985 (1942).

121. LOMBARD, L. H.: Medicinal Plants of our Maine Indians. In: The Maine Writers Research Club. Maine Indians in History and Legends. Portland: Severn-Wylie-Jewett. 1952.
122. LORAN, M. R. and E. P. GUTH: Preliminary Report of Lysis of Mouse Sarcoma 37 by a Component Isolated from Resin of Podophyllum. J. Amer. Pharmaceut. Assoc., Sci. Ed. **40**, 254 (1951).
123. LORAN, M. R. and A. TOWBIN: Chemistry, Pharmacology and Oncolytic Effect of the High Molecular Weight Fraction Isolated from Podophyllin. Federat. Proc. (Amer. Soc. exp. Biol.) **11**, 370 (1952).
124. — — The Tumor-Depressant Effect of the Nondialyzable Buffer-Soluble Fraction of Podophyllin. (Abstract.) Cancer Res. **12**. 279 (1952).
125. MAISCH, J. M.: Remarks on Resin of Podophyllum. Amer. J. Pharm. **46**, 231 (1874).
126. MARION, L.: The Isolation of Cicutin from *Cicuta maculata* L. Canad. J. Res. **20**B, 157 (1942).
127. MARTIN, G. J., A. SZENT-GYÖRGYI et al.: Conference on Bioflavonoids and the Capillary. Ann. New York Acad. Sci. **61**, Art. 3, 637 (1955).
128. MAYER, F. F.: Note on the Proximate Principles of Some Berberidaceae and Ranunculaceae. Amer. J. Pharm. **35**, 97 (1863).
129. MELLANOFF, I. S. and H. J. SCHAEFFER: A Study of the Resins of *Podophyllum Peltatum* L. Amer. J. Pharm. **99**, 323 (1927).
130. MENTZEL, C.: Index nominum plantarum universalis... Berlin: Runge. 1682.
131. MERRELL, W. S.: Eclectic Pharmacy. Eclectic Med. J. (Cincinnati) **9**, 297 (1850).
132. MEYERHOF, M. and G. P. SOBHY: The Abridged Version of "The Book of Simple Drugs" of Ahmad ibn Muhammad al-Ghafiqi, by Gregorius abu'l-Farag (Barhebraeus). Public. No. 4. Cairo: The Egyptian Univ., Fac. of Med. 1932–1938.
132a. MOLBECH, C.: Henrik Harpestrengs Danske Laegebog. Copenhagen: Thiele. 1826.
133. NADKARNI, M. V., P. B. MAURY and J. L. HARTWELL: Components of Podophyllin. VI. Isolation of Two New Compounds from *Podophyllum emodi* WALL. J. Amer. Chem. Soc. **74**, 280 (1952).
134. NADKARNI, M. V., J. L. HARTWELL, P. B. MAURY and J. LEITER: Components of Podophyllin. XI. Isolation of Two New Compounds from *Podophyllum emodi* WALL. J. Amer. Chem. Soc. **75**, 1308 (1953).
135. NATIONAL FORMULARY, THE. 9th Ed. (1950); 10th Ed. (1955). Washington: Amer. Pharmaceut. Assoc.
136. NOGUCHI, K. and M. KAWANAMI: Study of the Active Components of the *Umbelliferae*. X. Study of the Components of *Anthriscus sylvestris* HOFFM. J. pharmac. Soc. Japan **60**, 629 (1940) [Chem. Abstr. **47**, 6386 (1953)].
137. ORIBASIUS, D.: Oeuvres d'Oribase (trad. par U. C. BUSSEMAKER et C. DAREMBERG). Paris: Imprimerie Nationale. 1851–1876.
138. PADAWER, J.: Studies on Mammalian Mast Cells. Trans. New York Acad. Sci. (2) **19**, 690 (1957).
139. PANKAJAMANI, K. S. and T. R. SESHADRI: Survey of Anthoxanthins — Part I. Proc. Indian Acad. Sci. **36**A, 157 (1952) [Chem. Abstr. **48**, 2702 (1954)].
140. PATTERSON, R. F. and H. HIBBERT: Studies on Lignin and Related Compounds. LXXII. The Ultraviolet Absorption Spectra of Compounds Related to Lignin. J. Amer. Chem. Soc. **65**, 1862 (1943).
141. PHARMACOPOEIA OF THE UNITED STATES OF AMERICA. 1st Ed. (1820); 4th Revision (1863); 12th Revision (1942); 15th Revision (1955). New York: U. S. Pharmacopeial Convention.

142. Podwyssotzki, V.: Pharmakologische Studien über *Podophyllum peltatum.* Arch. exp. Pathol. Pharmakol. **13**, 29 (1880).

143. — Über die wirksamen Bestandtheile des Podophyllins. Pharm. Z. Rußl. **20**, 49, 777, 793, 809 (1881) [Ber. dtsch. chem. Ges. **15**, 377 (1882)].

144. Potter, S. O. L. and R. J. E. Scott: Therapeutics, Materia Medica and Pharmacy. Philadelphia: Blakiston. 1931.

145. Power, F. B.: Resina podophylli. Amer. J. Pharm. **46**, 227 (1874).

146. — On the Resin of the Rhizome of *Podophyllum Peltatum* Linn. Proc. Amer. Pharmaceut. Assoc. **25**, 420 (1877).

147. Pradhan, S. N., B. Achinstein and M. J. Shear: Effect of Various Drugs on the Tumor-necrotizing Activity of Several Chemical Agents in Mice. Cancer Res. **16**, 1062 (1956).

148. Press, J. et R. Brun: Sur quelques constituants de la podophylline et sur la structure de la podophyllotoxine, de l'α-peltatine et de la β-peltatine. Helv. Chim. Acta **37**, 190 (1954).

149. — — Sur la structure de la podophyllotoxine et des peltatines. Helv. Chim. Acta **37**, 1543 (1954).

150. Price, E. H.: Thesis. Univ. of Maryland. 1949.

151. Rafinesque, C. S.: Medical Flora; or Medical Botany of the United States of North America. Philadelphia: Atkinson and Alexander. 1828–1830.

152. Reeve, W. and W. M. Eareckson, III: Synthesis of Some Isoquinoline Derivatives Related to Podophyllotoxin. J. Amer. Chem. Soc. **72**, 5195 (1950).

153. Reeve, W. and H. Myers: Synthesis of a Substituted Phenylnaphthalene Related to Podophyllotoxin. J. Amer. Chem. Soc. **75**, 4957 (1953).

154. Reeve, W. and J. D. Sterling, Jr.: Synthesis of Some Compounds Related to Podophyllotoxin. J. Amer. Chem. Soc. **71**, 3657 (1949).

155. Ricci, J. V.: Aetios of Amida. The Gynaecology and Obstetrics of the VI Century, A. D. Philadelphia: Blakiston. 1950.

156. Rinne, F.: Das Receptbuch des Scribonius Largus. In: E. R. Kobert, Historische Studien aus dem Pharmakologischen Institute der Kaiserlichen Universität Dorpat, Bd. V, S. 1. Halle: Tausch und Grosse. 1896.

157. Robertson, A. and R. B. Waters: Podophyllotoxin. J. Chem. Soc. (London) **1933**, 83.

158. Rosenthal, D. A.: Synopsis plantarum diaphoricarum. Erlangen: Enke. 1861.

159. Royle, J. F.: Illustrations of the Botany and Other Branches of Natural History of the Himalayan Mountains and the Flora of Cashmere. London: W. H. Allen. 1839.

160. Salomon, K. and A. F. Bina: Ultraviolet Absorption Spectra of Mescaline Sulfate and β-Phenethylamine Sulfate. J. Amer. Chem. Soc. **68**, 2403 (1946).

161. Sando, C. E.: Coloring Matters of Grimes Golden, Jonathan, and Stayman Winesap Apples. J. Biol. Chem. **117**, 45 (1937).

162. Schmidt, O. Th. und W. Mayer: Die Konstitution der Spaltsäure $C_{14}H_{12}O_{11}$ aus Chebulin- und Chebulagsäure. V. Mitt. über natürliche Gerbstoffe. Liebigs Ann. Chem. **571**, 1 (1951).

163. Schrecker, A. W., G. Y. Greenberg and J. L. Hartwell: Components of Podophyllin. VII. Absorption Spectra and Reaction with Iodine of the Dihydro-β-naphthoic Acids. J. Amer. Chem. Soc. **74**, 5669 (1952).

164. — — — Components of Podophyllin. XV. Pyrolysis of Podophyllotoxin Halides. J. Amer. Chem. Soc. **76**, 1182 (1954).

165. — — — Components of Podophyllin. XVI. Podophyllotoxin Haloacetates and Quaternary Derivatives. J. Amer. Chem. Soc. **76**, 1184 (1954).

166. Schrecker, A. W. and J. L. Hartwell: Components of Podophyllin. VIII. Study of Intermediates in the Synthesis of Dehydroanhydropicropodophyllin. J. Amer. Chem. Soc. **74**, 5672 (1952).
167. — — Components of Podophyllin. IX. The Structure of the Apopicropodophyllins. J. Amer. Chem. Soc. **74**, 5676 (1952); correction, p. 6321.
168. — — Components of Podophyllin. XII. The Configuration of Podophyllotoxin. J. Amer. Chem. Soc. **75**, 5916 (1953).
169. — — Components of Podophyllin. XIII. The Structure of the Peltatins. J. Amer. Chem. Soc. **75**, 5924 (1953).
170. — — Components of Podophyllin. XIV. Acid-catalyzed Reactions of Podophyllotoxin and its Stereoisomers. J. Amer. Chem. Soc. **76**, 752 (1954).
171. — — On the Structure of Podophyllotoxin and the Peltatins. Helv. Chim. Acta **37**, 1541 (1954).
172. — — Application of Tosylate Reductions and Molecular Rotations to the Stereochemistry of Lignans. J. Amer. Chem. Soc. **77**, 432 (1955); correction, p. 6725.
173. — — Components of Podophyllin. XX. The Absolute Configuration of Podophyllotoxin and Related Lignans. J. Organ. Chem. (USA) **21**, 381 (1956).
174. — — The Absolute Configuration of Lignans. J. Amer. Chem. Soc. **79**, 3827 (1957).
175. Schrecker, A. W., J. L. Hartwell and W. C. Alford: Components of Podophyllin. XVIII. Polymorphic Modifications of Podophyllotoxin. J. Organ. Chem. (USA) **21**, 288 (1956).
176. Schrecker, A. W., P. B. Maury, J. L. Hartwell and J. Leiter: Components of Podophyllin. XVII. Ionic Derivatives of Podophyllotoxin and of the Peltatins. J. Amer. Chem. Soc. **77**, 6565 (1955).
177. — — — — Soluble Derivatives of Podophyllotoxin and of the Peltatins. Résumés communications (3e Congrès Internat. Biochimie, Bruxelles, 1955), p. 2, No. 1–11.
178. Schrecker, A. W. and M. M. Trail: Methyl Desoxypodophyllate and its Methyl Ether. J. Organ. Chem. (USA) **23**, 767 (1958).
179. Schrecker, A. W., M. M. Trail and J. L. Hartwell: Components of Podophyllin. XIX. Isomorphism in the Podophyllotoxin Series. J. Organ. Chem. (USA) **21**, 292 (1956).
180. Schroeter, G., L. Lichtenstadt und D. Ireneu: Über die Konstitution der Guaiacharz-Substanzen. (I.) Ber. dtsch. chem. Ges. **51**, 1587 (1918).
181. Scotti, G.: Flora medica della provincia di Como. Como: C. Franchi. 1872.
182. Seidlová-Mašínová, V., J. Malinský and F. Šantavý: The Biological Effects of Some Podophyllin Compounds and Their Dependence on Chemical Structure. J. Nat. Cancer Inst. **18**, 359 (1957).
183. Seshadri, T. R. and S. S. Subramanian: Components of Indian Podophyllum. J. Sci. Industr. Res. (India) **9B**, 137 (1950) [Chem. Abstr. **44**, 9633 (1950)].
184. Shear, M. J.: Polysaccharides in Biology. Trans. First Conf. Josiah Macy Jr. Found. (New York) **1956**, 134.
185. Späth, E., F. Wessely und L. Kornfeld: Über die Konstitution von Podophyllotoxin und Pikro-podophyllin. Ber. dtsch. chem. Ges. **65**, 1536 (1932).
186. Späth, E., F. Wessely und E. Nadler: Zur Konstitution des Podophyllotoxins und Pikro-podophyllins. Ber. dtsch. chem. Ges. **65**, 1773 (1932).
187. — — — Zur Konstitution des Podophyllotoxins und Pikro-podophyllins Ber. dtsch. chem. Ges. **66**, 125 (1933).
188. Stoll, A., J. Renz and A. v. Wartburg: The Isolation of Podophyllotoxin Glucoside. J. Amer. Chem. Soc. **76**, 3103 (1954).

189. Stoll, A., J. Renz und A. v. Wartburg: Die Isolierung von Podophyllotoxin-glucosid aus dem indischen *Podophyllum emodi* Wall. 2. Mitt. über mitosehemmende Naturstoffe. Helv. Chim. Acta **37**, 1747 (1954).

190. Stoll, A., J. Rutschmann, A. v. Wartburg und J. Renz: Über die Partialsynthese von ^{14}C-Podophyllotoxin-β-glucosid und zur Darstellung von ^{14}C-Diazomethan. 6. Mitt. über mitosehemmende Naturstoffe. Helv. Chim. Acta **39**, 993 (1956).

191. Stoll, A., A. v. Wartburg, E. Angliker and J. Renz: The Isolation of 4'-Demethyl-podophyllotoxin-glucoside from Rhizomes of *Podophyllum emodi* Wall. J. Amer. Chem. Soc. **76**, 5004 (1954).

192. — — — — Glucosides from the Rhizomes of *Podophyllum peltatum* Linn. J. Amer. Chem. Soc. **76**, 6413 (1954).

193. Stoll, A., A. v. Wartburg and J. Renz: The Isolation of α-Peltatin Glucoside from the Rhizomes of *Podophyllum peltatum* L. J. Amer. Chem. Soc. **77**, 1710 (1955).

194. Sullivan, M.: Podophyllotoxin. Arch. Dermatol. and Syphilol. (USA) **60**, 1 (1949).

195. — Private communication.

196. Sullivan, M. and K. Blanchard: Podophyllotoxin. A Preliminary Note. Bull. Johns Hopkins Hosp. **81**, 65 (1947).

197. Sullivan, M., M. Friedman and J. T. Hearin: Treatment of Condylomata Acuminata with Podophyllotoxin. Southern Med. J. **41**, 336 (1948).

198. Sullivan, M. and J. T. Hearin: Treatment of Condyloma Acuminatum with Peltatins. Arch. Dermatol. and Syphilol. (USA) **66**, 706 (1952).

199. Sullivan, M. and L. S. King: Effects of Resin of Podophyllum on Normal Skin, Condylomata Acuminata and Verrucae Vulgares. Arch. Dermatol. and Syphilol. (USA) **56**, 30 (1947).

200. Tchúgaeff, L.: Untersuchungen über optische Activität. Ber. dtsch. chem. Ges. **31**, 360 (1898).

201. Thompson, F. A.: Podophyllin emodi. Amer. J. Pharm. **62**, 245 (1890).

202. Thoms, H. und E. Pupko: Beitrag zur Ermittlung der Konstitution des Podophyllotoxins. Arb. Pharm. Inst. Univ. Berlin **13**, 110 (1927).

203. Thorndike, L.: The Herbal of Rufinus. Chicago: Univ. Chicago Press. 1946.

204. Tournefort, J. P. de: Institutiones rei herbariae. 2e ed. Paris: Typogr. regia. 1700.

205. Umney, J. C.: *Podophyllum emodi.* Pharmaceut. J. and Trans. (London) **23**, 207 (1892).

206. Van Royen, A.: Florae Leidensis. Prodromus. Leiden: Luchtmans. 1740.

207. Viehoever, A. and H. Mack: Biochemistry of May Apple Root *(Podophyllum Peltatum)*. I. J. Amer. Pharmaceut. Assoc. **27**, 632 (1938).

208. Walker, G. N.: Podophyllotoxin Studies. A Synthesis of the Carbon-Oxygen Skeleton. J. Amer. Chem. Soc. **75**, 3390 (1953).

209. — Podophyllotoxin Studies. Reductive Methods in the Synthesis of Tetralin Lactones from α-Tetralone Derivatives. J. Amer. Chem. Soc. **75**, 3393 (1953).

210. — Stobbe Condensation of 3,4,5-Trimethoxybenzaldehyde and Ethyl 3,4-Methylenedioxybenzylsuccinate. J. Amer. Chem. Soc. **76**, 6205 (1954).

211. — Synthesis of Dehydropodophyllotoxin Acetate. J. Amer. Chem. Soc. **78**, 2316 (1956).

212. Waravdekar, V. S., A. Domingue and J. Leiter: Effect of Podophyllotoxin, *Alpha*-Peltatin and *Beta*-Peltatin on the Cytochrome Oxidase Activity of Sarcoma 37. J. Nat. Cancer Inst. **13**, 393 (1952).

213. WARAVDEKAR, V. S., A. D. PARADIS and J. LEITER: Enzyme Changes Induced in Normal and Malignant Tissues with Chemical Agents. III. Effect of Acetylpodophyllotoxin-ω-Pyridinium Chloride on Cytochrome Oxidase, Cytochrome C, Succinoxidase, Succinic Dehydrogenase, and Respiration of Sarcoma 37. J. Nat. Cancer Inst. **14**, 585 (1953).
214. — — — Enzyme Changes Induced in Normal and Malignant Tissues with Chemical Agents. IV. Effect of *Alpha*-Peltatin on Glucose Utilization by Sarcoma 37 and on the Adenosinetriphosphatase, Hexokinase, Aldolase and Pyridine Nucleotide Levels of Sarcoma 37. J. Nat. Cancer Inst. **16**, 31 (1955).
215. — — — Enzyme Changes Induced in Normal and Malignant Tissues with Chemical Agents. V. Effect of Acetylpodophyllotoxin-ω-Pyridinium Chloride on Uricase, Adenosine Deaminase, Nucleoside Phosphorylase, and Glutamic Dehydrogenase Activities. J. Nat. Cancer Inst. **16**, 99 (1955).
216. WARAVDEKAR, V. S., O. POWERS and J. LEITER: Enzyme Changes Induced in Normal and Malignant Tissues with Chemical Agents. VI. Effect of Acetylpodophyllotoxin-ω-Pyridinium Chloride on Malic Oxidase and on Isocitric Oxidase Systems of Sarcoma 37. J. Nat. Cancer Inst. **16**, 1443 (1956).
217. — — — Enzyme Changes Induced in Normal and Malignant Tissues with Chemical Agents. VII. Effect on Hydrolytic and Synthetic Enzymes of Diphosphopyridine Nucleotide in Sarcoma 37. J. Nat. Cancer Inst. **17**, 145 (1956).
218. WARTBURG, A. v., E. ANGLIKER und J. RENZ: Lignanglucoside aus *Podophyllum peltatum* L. 7. Mitt. über mitosehemmende Naturstoffe. Helv. Chim. Acta **40**, 1331 (1957).
219. WAWZONEK, S.: Chromones, Flavones, and Isoflavones. In: R. C. ELDERFIELD, Heterocyclic Compounds, Vol. II, p. 229. New York: J. Wiley. 1951.
220. WEHMER, C.: Die Pflanzenstoffe. Jena: G. Fischer. 1929—1931.
221. WESSELY, F.: Private communication.
222. WILLAMAN, J. J.: Some Biological Effects of the Flavonoids. J. Amer. Pharmaceut. Assoc., Sci. Ed. **44**, 404 (1955).
223. WOODS, M. and D. BURK: Podophyllotoxin Derivative as Inhibitor of Insulin-Sensitive Tumor Glycolysis. Proc. Amer. Assoc. Cancer Res. **2** (No. 1), 54 (1955).
224. — — Differential Metabolic and Necrotizing Responses of Tumors to Podophyllin and Colchicine Derivatives. Federat. Proc. (Amer. Soc. exp. Biol.) **15**, 387 (1956).
225. WOODS, M., G. HOBBY and D. BURK: Synergistic Action between a Podophyllum Extract and Sex Steroids in Tumor Necrotization and Glycolysis. Proc. Amer. Assoc. Cancer Res. **2** (No. 2), 158 (1956).
226. WOODS, M., J. HUNTER and D. BURK: Regulation of Glucose Utilization in Tumors by a Stress-Modified Insulin: Anti-Insulin System. J. Nat. Cancer Inst. **16**, 351 (1955).
227. — — — A Model of Multiple Chemotherapy: Synergistic Action of a Podophyllin Derivative, 2,4-Dinitrophenol, and Oxygen. Proc. Amer. Assoc. Cancer Res. **2** (No. 2), 158 (1956).

(Received, December 13, 1957.)

X-ray Analysis and the Structure of Vitamin B_{12}.

By **Dorothy Crowfoot Hodgkin**, Oxford.

With 26 Figures.

Contents.

I. Introduction.

The structure of vitamin B_{12}, as we think of it today, is based on a fascinating complex of evidence obtained by X-ray analysis and by more traditional chemical means. We have reached a position in which we can almost say we "see" the molecule—if not quite as clearly, perhaps, as we should like. We can assign positions in space to the atoms of this very large molecule within less than half an Ångstrom unit in two different crystal structures. We know its absolute configuration and the exact stereochemistry of all the different asymmetric centres present. Yet most of this knowledge rests on a way of using X-ray diffraction effects which is very far from rigid in its application. Part, at least, of our evidence that our method works at all is the character of the structure it has given us for B_{12}—a structure that fits in an extraordinarily reasonable way with such a variety of observations, chemical and stereochemical and biogenetic, that it is impossible not to believe it is essentially correct.

The nature of our evidence leaves us still asking a number of questions, sometimes of a rather unusual character, particular questions about details of the structural formula of the vitamin itself and its chemical reactions, of its mode of formation in nature and its biological reactivity, and general questions about the stereochemical organisation of different chemical units within a large molecule, and the possible application of X-ray analysis to structural problems of still greater magnitude. It is the purpose of the present review to consider some of these questions against the background of the actual investigation of the structure of B_{12}.

The vitamin was first sought for as a factor occurring in liver, which MINOT and MURPHY recognised in 1926 was highly effective in treating patients suffering from pernicious anaemia (*33*). It was first isolated crystalline in 1948, by FOLKERS and his colleagues of the Merck Laboratories (*36*) and shortly afterwards by LESTER SMITH and PARKER (Glaxo Laboratories) (*40*, *18*), and ELLIS, PETROW and SNOOK (British Drug Houses Ltd.) (*17*). Since that time, a number of reviews have appeared to which it is useful to refer for detailed references to papers on the chemical behaviour of the vitamin (*41*, *19*, *39*, *23*). At first progress was rapid. By 1951 it was known that the vitamin had an approximate formula $C_{61-64}H_{83-92}O_{13-20}N_{14}PCo$ and contained a nucleotide-like group, 5:6-dimethyl-1-(α-*D*-ribofuranosyl) benziminazole-2′ or 3′-phosphate, a cyanide group, one or two propanolamine groups, a number of amide groups—all of which, added together, made up nearly half its molecular weight. The structure of the remaining half of the molecule was discovered very largely by X-ray analysis. This also started in 1948 but was at first very slow. It depended on the study of four different crystal structures, wet and air dry B_{12}, a selenocyanide derivative of B_{12} and a hexacarboxylic acid obtained by degradation of the vitamin by CANNON, JOHNSON and TODD (*11*). So far a general account only of the investigation of all four crystals has been published (*25*); further detailed structure analytical papers dealing with the individual crystals are in course of preparation, some details from which will be given in this account.

The methods of chemical degradation and characterisation used to establish the presence of a large part of the B_{12} structure are well known and need no detailed description in the present review. X-ray analysis on the other hand is less generally familiar and in its mode of application to B_{12} followed largely hitherto untried paths, associated with serious dangers and difficulties. For this reason, it seems best to precede any account of the evidence for the structure of the vitamin by a short discussion of the X-ray analytical procedures adopted.

II. Some Characteristics of the X-ray Crystallographic Methods Applied to the Analysis of Vitamin B_{12}.

The theoretical background of the X-ray analytical approach used in the investigation of vitamin B_{12} has been very fully described by MATHIESON in a recent review, which gives a number of good examples of structure analyses of organic compounds (32). Here, therefore, only a brief outline is necessary, sufficient to indicate the character of the evidence we have acquired for the B_{12} crystal structures.

From the intensities of the X-rays diffracted by a crystal it is possible to calculate the electron density, ϱ, at any position in space, xyz, within the crystal unit cell. The formal equations may be summarised as follows:

$$\varrho_{xyz} = \frac{1}{V} \sum_{-\infty}^{+\infty}\sum\sum |F_{hkl}| \cos\{\theta - \alpha_{hkl}\} \tag{1}$$

$$\text{where } \theta = 2\pi(hx + ky + lz)$$

and F_{hkl} are structure factors or F values derivable directly from the observed intensities of the X-ray reflections. The magnitudes of the Fs and the appropriate phase angles, α, depend on the atomic arrangement. The relations are expressed by the equations:

$$F_{hkl} = \left[\left(\sum_1^n f_n \cos\theta_n\right)^2 + \left(\sum_1^n f_n \sin\theta_n\right)^2\right]^{1/2} \tag{2}$$

and

$$\tan\alpha_{hkl} = \frac{\sum_1^n f_n \sin\theta_n}{\sum_1^n f_n \cos\theta_n} \tag{3}$$

where f_n represents the scattering factors appropriate to the different individual atoms, and θ_n their positions in the unit cell. The aim in structure analysis is usually to obtain a sufficiently accurate knowledge of the atomic positions to calculate phase angles and evaluate ϱ_{xyz}; one test that a sufficiently correct atomic arrangement has been found is general agreement between calculated and observed structure factors.

In the initial process of finding the atomic positions it is clear that use can be made of the electron density equation (1) provided some direct evidence can be obtained of the phase angles. Such evidence has been given in various researches by the use of isomorphous crystals, crystals containing an anomalous scatterer or crystals containing a particularly heavy atom. It is the third case which is important here.

From the form of the equations (1), (2), (3), it can be seen that one very heavy atom in a crystal containing many light atoms may effectively dominate the X-ray scattering and determine to a large part by its contribution the magnitudes and phase angles of the individual structure factors. Its position in the crystal in such a case can usually be recognised by considering the magnitudes of the observed F values alone, using the calculation of the Patterson or F^2 series

$$P_{xyz} = \frac{1}{V} \sum_{-\infty}^{\infty}\sum\sum F^2_{hkl} \cos\theta \qquad (4)$$

over the volume of the unit cell. Peaks in this series correspond with vector distances between atoms and those due to the heavy atoms are prominent and consequently easily detectable.

The analysis of vitamin B_{12} has shown very clearly that equations (1), (2) and (3) can be applied as in the "heavy atom" method even when there is no dominatingly heavy atom present. We may imagine that if some only of the atomic positions can be found and inserted in equations (2), (3), they will, to a first approximation, determine the phase angles of some of the terms in the equation and a correct component of others. For still other terms, the phase angles derived may be almost wholly wrong. If we calculate an electron density map, using the observed structure factors and phase angles calculated on part of the structure only, we may imagine ourselves laying down in space a pattern of electron density, partly correct, partly wildly incorrect. Atoms postulated in the calculation appear as high peaks; in addition the partly correctly phased terms give peaks at other actual atomic positions, rather low in density in proportion to the relatively small correct electron density contribution. The incorrect components may give maxima just anywhere and, of course, confuse the appearance of maxima at the actual atomic positions.

Our hope of recognising the true atomic positions depends on the very rigid conditions that we know determine permissible interatomic distances in crystal structures. A trivalent cobalt atom, for example, we would expect to find surrounded by six others at about 1.9 Å away from it in an octahedron and so on. If, after one electron density calculation, we can add to the number of atomic positions we know, these may be introduced into new structure factor and phase angle calculations and used to derive new electron density patterns which should, on statistical grounds (*31*) gradually improve the definition of the structure. In practice most of the atomic distribution seems to be very easily recognisable once the phasing contributions are roughly 50% of the total, though progress may be made long before this point and difficulties may remain long after it.

There are certain problems attached to this process for finding the actual electron density in crystals. The first and most serious is that it is very easy to "make" atoms and so to invent a completely unreal chemical structure. The phase angles have a dominating effect on the appearance of peaks in the electron density patterns. If the structure factor calculation is carried out assuming the presence of an atom at a particular position, then the following Fourier synthesis will show a peak at the assumed position, whether there is really an atom there or no. Falsely introduced peaks are generally a little lower than peaks due to genuine atoms but may easily be mistaken for real atoms—and indeed often were so mistaken in the early stages of the B_{12} analysis. In problems involving smaller structures it has been found possible to eradicate wrong atoms by a large number of rounds of least squares calculations. But imagination boggles at the number of rounds of calculation that would have to be undertaken to remove, by formal automatic methods, all the wrong atoms inserted at early stages in the B_{12} crystal structures.

A second problem is that the appearance of peaks in an electron density pattern depends on the quality and quantity of the observed X-ray diffraction spectra which provide figures for the F terms of the series. Formally the limits over which the summation in equation (1) (p. 169) is to be carried out are set at infinity and minus infinity. In practice, they depend on experimental conditions—the limits in spacing out to which X-ray reflections can be observed and recorded. The atomic definition obtainable with reflections from crystal planes having different spacing limits is illustrated by *Fig. 1*, p. 172.

This shows the same molecule—4:5-diamino-2-chloropyrimidine—as seen in an electron density projection, calculated with phase angles derived from the atomic positions shown and different numbers of observed F values—the series being terminated at different spacing limits. With the B_{12} crystals reflections were observed out to spacings of 1 Å, corresponding with the series in Fig. 1 b. From almost the first X-ray photographs taken of B_{12}, it was therefore obvious that it should be possible to calculate an electron density distribution which would show the atoms of B_{12} as clearly as those in Fig. 1 b. Here the peak densities are a little low, the peak centres not exactly at the calculated sites but the atoms are shown as clearly separated electron density maxima, differing in height according to their chemical nature, chlorine, nitrogen and carbon. Later on, the hexacarboxylic acid was found to give X-ray reflections to the limit of copper $K\alpha$ radiation—spacings of 0.78 Å—formally capable of giving as good evidence of atomic positions as the series shown in Fig. 1 a. With good experimental data extending

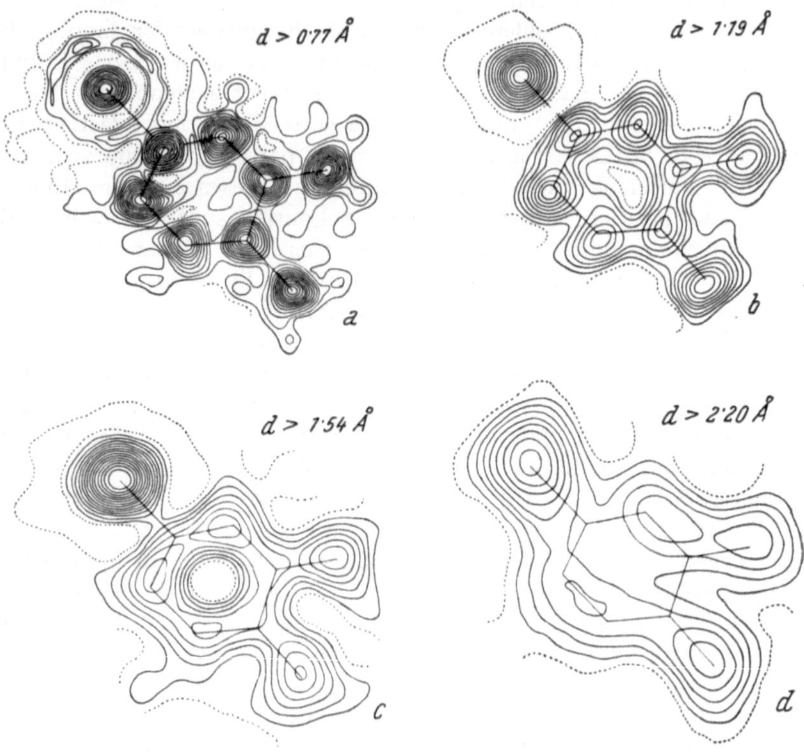

Fig. 1. Electron density projections calculated by N. E. WHITE for 4:5-diamino-2-chloropyrimidine using different numbers of observed reflections. The measured structure factors have been modified to correspond with those from atoms at rest, and the numbers used cut off at the spacing limits shown. Hence the patterns, particularly (a), show marked diffraction effects, as well as the effect of the termination of the series.

to this limit, one might hope to observe individual hydrogen atom positions; in fact, with the B_{12} crystals and the hexacarboxylic acid, as with the pyrimidine illustrated in Fig. 1, the intensity measurements were not of any great accuracy. In these conditions, the electron density due to hydrogen atoms tends to be confused with the heavier atoms and background fluctuations; their positions have to be inferred from other evidence.

The third problem of this type of analysis concerns the actual magnitude of the task of measuring the intensities of the X-ray reflections and carrying out the calculations hidden in the brief equations (1) and (2). In order to obtain evidence of the separate positions of atoms in a molecule as large as B_{12}, all calculations have to be done in three dimensions. An initial outlay must be made of the measurement of three-dimensional intensity data—for each B_{12} crystal studied in detail some 2,500 F_{hkl} values were measured several times over, for the hexacarboxylic acid, 3,351. In the circumstances, high accuracy of individual measurement was not attempted. Rapid methods of visual intensity estimation were used throughout the B_{12} research, and absorption corrections, which are difficult to calculate, were not applied. Then, for any one crystal, each electron density calculation involved a summation over all the observed F_{hkl} values at some 54,000 points within the unit cell—points separated by distances of 0.4 Å or less, sufficiently small to avoid missing details of the pattern. And each electron density calculation had to have behind it a structure factor calculation to find phases for all the observed values of F_{hkl}, anything from one to the maximum of about 120 atomic positions being specified in such calculations. These figures were rather intimidating at the outset of the investigation—when at best, punched card machines were available, for carrying out the computations and a single three-dimensional Fourier summation took several weeks to complete. But by the end, all such computing had been transferred to electronic machines—S. W. A. C. (the National Bureau of Standards Western Automatic Computer) in Los Angeles, the University automatic computer at Manchester, or Deuce at the National Physical Laboratory, Teddington. As a result computing had ceased to be a problem; $12^1/_2$ hours for a round of calculations (even if some hero had to stay up all night to use the machine) seemed a small expenditure of time to improve even by a little, the definition of the atomic positions in B_{12}.

III. The Determination of the Structure of Vitamin B_{12}.

1. Preliminary Crystallographic Measurements and Observations.

Vitamin B_{12} crystallises from water or from aqueous acetone in beautiful red needles or prisms, elongated along the *c* axis *(Fig. 2)* (*28*). The crystals are quite transparent if kept in their mother liquor but on removal to the air they crack a little all over and become rather opaque, still preserving their sharp edges and birefringence. The refractive indices of the air dried crystals were among the properties quoted by the Merck chemists, who first crystallised the vitamin, as a diagnostic property of B_{12}; they are, in fact, a little variable, depending on the rate of drying of the crystals. All three refractive indices are rather high, suggesting the presence of variously oriented aromatic systems,

$X\ (a) = 1.616$, $Y\ (b) = 1.652$, $Z\ (c) = 1.6645$, according to the early measurements. Further the crystals are markedly pleochroic with Z and Y red, X almost colourless; this indicated that there was a highly absorbing planar group of some kind in the B_{12} molecule, oriented roughly parallel with the crystallographic a plane.

X-ray photographs showed that the wet and dry crystals were very closely related; the unit cell volume of the wet crystal is a little the larger, corresponding to the presence in it of about six more molecules of water per molecule of B_{12}; these pass out when the crystals are picked out into the air, leaving behind a slightly reorganised, slightly disordered crystal structure which still gives good X-ray reflections. Measurements of the crystal unit cells and densities showed that the B_{12} molecule was large—though less than half the size originally suggested by diffusion measurements. The molecular weight of the asymmetric unit in the wet crystals is 1807, in the dry crystals 1676. These units can now be seen to consist of the B_{12} molecule of weight probably 1346 and about 25 and 18 molecules of water of crystallisation respectively. At first the exact division of unit cell weight between water and vitamin was not known; it was found by the detailed determination of the molecular structure. But estimates fairly close to present figures could be made from chemical analytical data, and particularly from the proportion of cobalt present, once this had been discovered. The variation in formulae suggested at this time, particularly in oxygen content, was due very largely to differences in the degree of drying the crystals for different analyses. These differences are quite interesting in retrospect, in relation to the actual positions of water molecules in the crystals (p. 217).

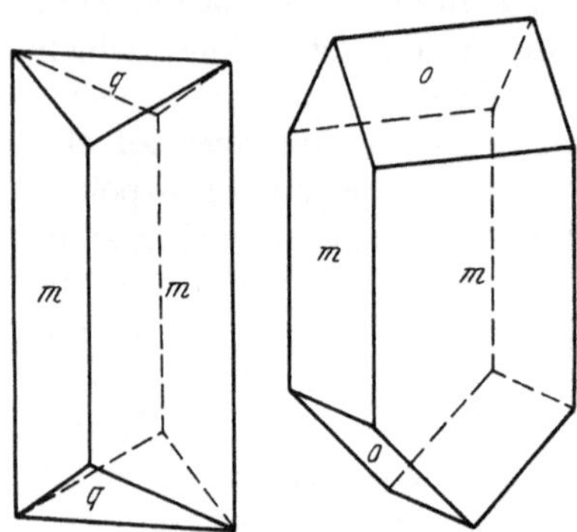

Fig. 2. Crystals of air dried vitamin B_{12}, drawn by M. W. PORTER. [From: Proc. Roy. Soc. (London) *136 B*, 609 (1950).]

Once the presence of cobalt in the crystals had been recognised it was natural to consider its use for phase determining purposes. A rough calculation based on equation (2) (p. 169), comparing the contribution at $\theta = 0$ for cobalt, f_{co}^2, against that of all the atoms, $\sum_{\text{all}} f^2$, was very disheartening—the ratio is 0.09 for wet B_{12}, 0.10 for air dried B_{12}. Such low ratios suggested that derivatives of B_{12} should be sought where the X-ray analytical situation would be more favourable, e. g. degradation products or compounds containing additional heavy atoms. Both types of derivative were, in time, found and used—the cobalt-containing degradation product, the hexacarboxylic acid in 1954 and other heavy atom compounds, of which the selenocyanide was the most important, from 1951 on. In the interval the analysis started on the unmodified B_{12} crystals.

Table 1. Preliminary X-ray Data on B_{12} and Related Crystals.

	Wet B_{12}	Dry B_{12}	Dry B_{12} SeCN	Hexa-carboxylic acid
a in Å	25.33	24.35	23.98	24.58
b	22.32	21.29	21.46	15.52
c	15.92	16.02	16.02	13.32
ϱ	1.33_3	1.33_8	1.37	1.39_6
Mol. wt. of asymmetric unit	1807	1673	1701	1068
Approx. no. of atoms in asymmetric unit	118	111	109	72
Approx. no. of solvent atoms in asymmetric unit (not counting hydrogen)	25	18	16	5

All four crystals are orthorhombic, space group $P2_12_12_1$, with 4 molecules in the unit cell.

Table 1 summarises the preliminary X-ray data on the four crystals used for the structure determination of B_{12}. *Fig. 3* shows the relation of heavy to total atomic scattering as a function of $\sin\theta$ for each of these four. It will be seen that, even in the B_{12} crystals, the situation

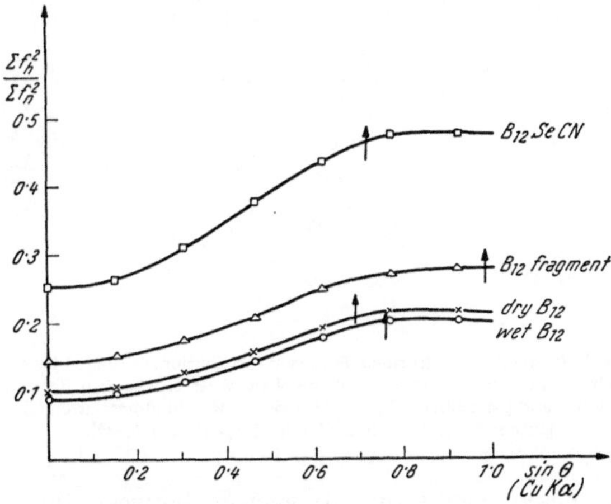

Fig. 3. The relative scattering contributions of the heavy atoms, f_H^2, compared with the total scattering power in the B_{12} crystals as a function of $\sin\theta$, i. e. $f_{Co}^2/\sum_{\text{all}} f^2$ for wet and air dried B_{12}, and the hexa-carboxylic acid, $f_{Co}^2 + f_{Se}^2/\sum_{\text{all}} f^2$ for the selenocyanide of B_{12}. The arrows show the limit in $\sin\theta$ to which reflections were observed for each crystal.

for phase determination is a little more favourable than the calculation at $\theta = 0$ suggests; in none of these crystals, however, does the ratio reach that of 0.5 : 1 considered desirable at the start of the investigation.

2. The Stages of Atom Identification.

The X-ray analysis of the B_{12} crystals began with the calculation of the three-dimensional Patterson function. The distributions obtained

Fig. 4. Section at $z = {}^1/_2$ in the three-dimensional Patterson distribution, calculated for air-dried B_{12} crystals. Four strong, symmetry related peaks indicate cobalt-cobalt vectors. The two lines drawn in show the orientation of the molecule and particularly of part of the octahedron of atoms surrounding the cobalt atoms. [From: Proc. Roy. Soc. (London) *242 A*, 234 (1957).]

showed clearly heavy peaks due to vectors between the cobalt atoms which unambiguously fixed their positions in the crystal unit cells. In the Patterson distributions also other peaks could be recognised which suggested additional atomic positions *(Fig. 4)*; the evidence derived here was so closely similar to that obtained from the first approximate electron density distributions that it is simplest to consider these next.

The first three-dimensional electron density distributions, ϱ_1, for both wet and air dry B_{12}, were calculated with phase angles based on the cobalt atom contributions only. They show heavy peaks at the postulated cobalt atom positions and, apart from these, space scattered with small, low, irregular maxima, far too many for all to represent actual atoms. Among them some, however, were in stereochemically extremely reasonable positions—for example, six ~1.9 Å away from the cobalt atom and in a nearly regular octahedron around it. Along one arm of the octahedron a second peak appeared indicating a linear group of two atoms which might be the cyanide group recognised through chemical experiments. At right angles to this line, a whole pattern of peaks surrounded the cobalt atom, suggesting the presence of something like a porphyrin group in the crystal. The plane of this group correlated well with the character of the observed pleochroic effects. As a result of these observations a very approximate picture could be formed of each crystal structure as a whole; that for air dried B_{12} is shown in *Fig. 5*.

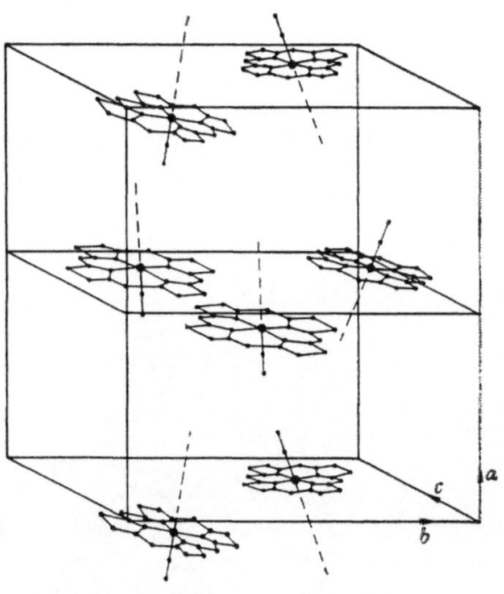

Fig. 5. Approximate picture of the crystal structure of air dried vitamin B_{12}. The drawing shows the positions found for the cobalt and cyanide atoms and the general orientation of a possible porphyrin-like planar group. [From: Proc. Roy. Soc. (London) *242 A*, 236 (1957).]

From this point on, the structure analysis became for a time very confused. Among the maze of peaks appearing in ϱ_1, it was possible to recognise some which had the geometrical relation to one another expected for certain of the chemically identified fragments of the molecule 4:5-dimethylbenziminazole, for example. In other regions it was possible to trace arrangements of atoms which looked stereochemically reasonable but for which there was no other supporting evidence. The separate investigations made in this period of ϱ_1 for air dried B_{12} at Princeton and at Oxford showed all too clearly that the observed peak patterns could be interpreted in more than one way. And the following rephased calculations gave the first warning that we could all too easily cause wrong atoms to appear as if they were right. All the same, many atomic positions were, in fact, correctly derived from these first very approximate electron density distributions.

The examination of B_{12} SeCN and later of the hexacarboxylic acid was taken up to provide better phased ϱ_1 series. And these showed clearly that the "planar" group surrounding the cobalt atom had not got the regular porphyrin form but represented a new nucleus, the "corrin" nucleus. From the point at which this nucleus was recognised,

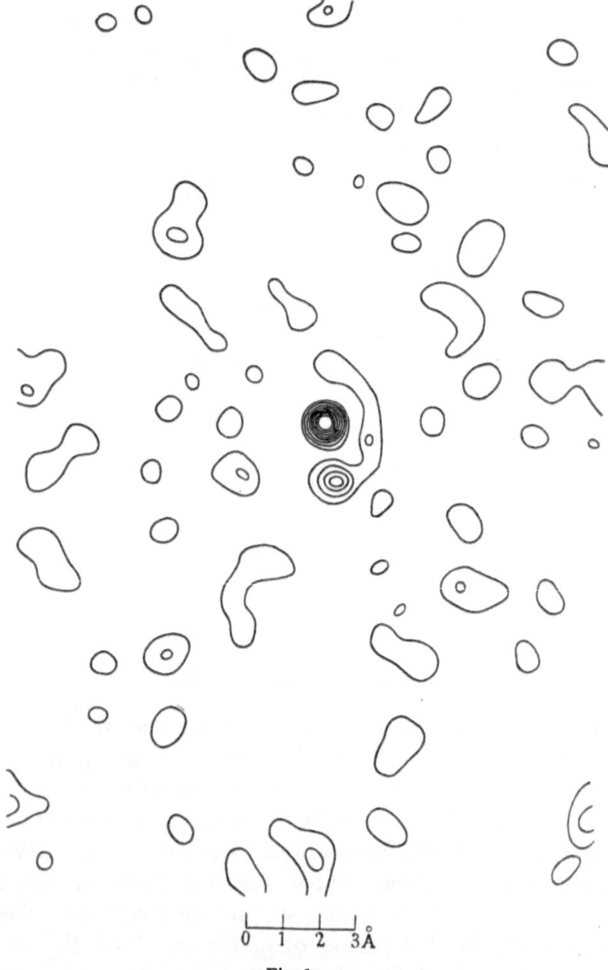

Fig. 6a.

Fig. 6. (a) A section, at $y = 10/60$, of the electron density distribution, ϱ_1, calculated for air dried B_{12}. (b) Peaks in ϱ_1, showing the atoms of the cyanide and "nucleotide" groups. As (a) shows, the field in ϱ_1 is scattered with peaks, many of them spurious. Among these some can be found in chemically reasonable situations. Those in (b) are taken from a number of sections; only those near $y = 10/60$ correspond with the peaks shown in (a). [From: Proc. Roy. Soc. (London) *242 A*, 237 (1957).]

the refinement of the different crystal structures became more nearly automatic in character; series followed series of structure factor and electron density calculations, first to place the atoms in the crystals and then to refine their positions.

Both in the chemical degradation experiments and in the X-ray analysis the structure of the molecule tended to become clear, bit by bit. It therefore seems most interesting in the account which follows, to consider separately the evidence bearing on each part of the molecular structure.

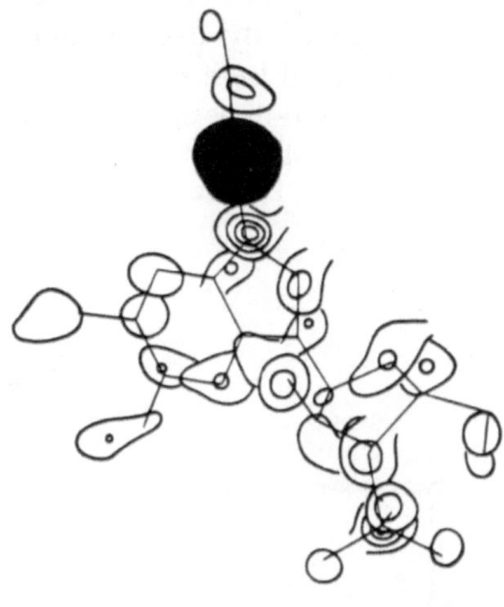

Fig. 6 b.

a) The Cyanide Group.

A cyanide group was shown to be present in vitamin B_{12} in 1950 by BRINK, KUEHL and FOLKERS (*8*) and by WIJMENGA, VEER and LENS (*45*), partly through mild hydrochloric acid hydrolysis of the vitamin which releases hydrogen cyanide, partly through spectroscopic measurements on vitamin B_{12} itself, and the cyanide free compound, vitamin B_{12b}. In the crystal structures the position of this group was actually recognised first in the three dimensional Patterson section Fig. 4 (d), (p. 176). It appears as two low peaks, about 1 Å apart in ϱ_1 for wet and dry B_{12} (compare *Fig. 6*). The general direction of the C≡N bond in the crystal was confirmed in an interesting observation of CALLOMAN using polarised infra-red radiation and single crystals of the vitamin (*10*). And still more definite evidence that its position had been correctly identified in ϱ_1 was provided by the selenocyanate derivative of B_{12}. As *Fig. 7* shows, the selenium atom was found to occupy the same site as the cyanide group in B_{12} in the octahedron surrounding the cobalt atom (p. 180).

The actual geometry of the SeCN group, illustrated in *Fig. 8*, is itself of some interest—and particularly the fact that it is the selenium atom that is here directly attached to cobalt, not the nitrogen as in some selenocyanate complexes. The interatomic distances in the group have not so far been found with any great accuracy (7).

b) The "Nucleotide" Group.

Among the products of the acid hydrolysis of vitamin B_{12}, 5:6-dimethylbenziminazole, *D*-ribose and phosphoric acid were early shown to be present. By degradation and synthesis it was established that, as first released from the vitamin, these were combined in a "nucleotide" like group, 5:6-dimethylbenziminazole-1-α-*D*-ribofuranoside 2′, or (more probably) 3′-phosphate (I).

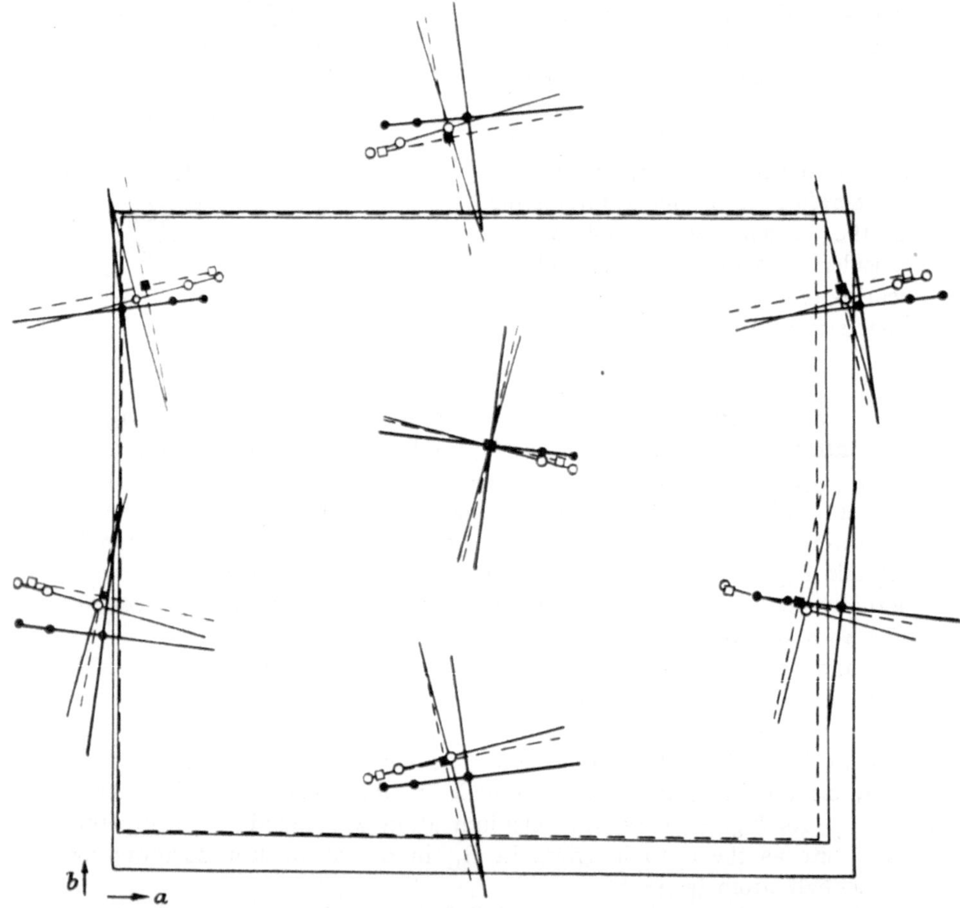

Fig. 7. Diagram to illustrate the relative positions found for the cobalt, cyanide and selenium atoms in wet and air dried B_{12} crystals and the selenocyanide. The observed positions are shown projected on the *c* planes and lines showing the orientation of the octahedron in the different crystals are sketched in. Filled circles: Co, CN in wet B_{12} crystals; open circles: Co, CN in air dry B_{12} crystals; squares: Co, Se in B_{12} SeCN derivative. [From: Proc. Roy. Soc. (London) *242 A*, 240 (1957).]

The ultra-violet absorption spectrum of vitamin B_{12} is very similar in one region to that of 5:6-dimethylbenziminazole itself with certain small differences, for example the absence of a characteristic "notch" at about $\lambda = 2885$ Å. BEAVEN, HOLIDAY et al. (*2*) found that these

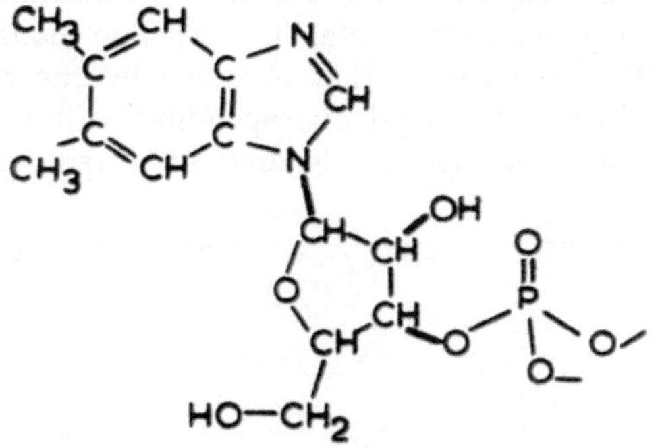

(I.)

differences were also shown by the platinum complex of 5:6-dimethyl-benziminazole-1-arabopyranoside. They therefore suggested that $N_{(3)}$ of the benziminazole ring might be directly co-ordinated to the cobalt atom of B_{12}.

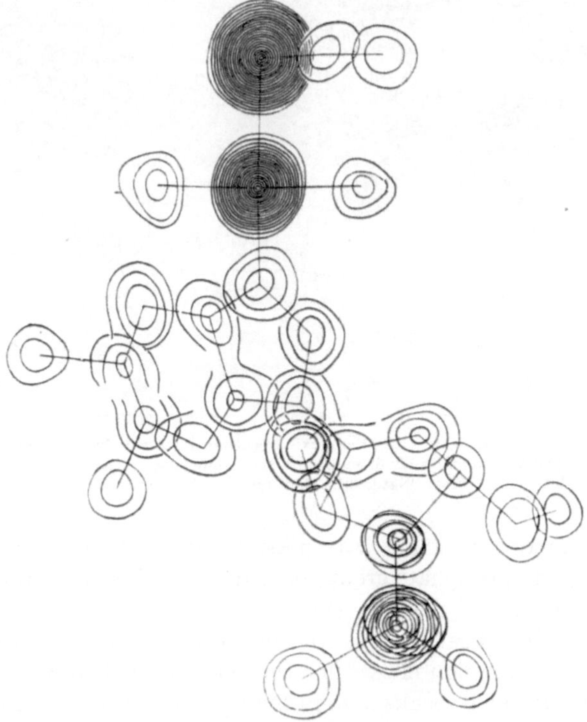

Fig. 8. Sections in the second electron density distribution ϱ_2 Se, calculated for the selenocyanide derivative of B_{12}, and showing the appearance of the cobalt atom, selenocyanide and "nucleotide" group, viewed parallel to *b*. [From: Nature (London) *174*, 1169 (1954).]

This observation suggested that the dimethylbenziminazole group should be found in ϱ_1 for each crystal in a position along the opposite arm of the cobalt octahedron to that occupied by the cyanide group. Here peaks could in fact be found corresponding with all the atoms of the dimethylbenziminazole system, leading onto regions of peaks of

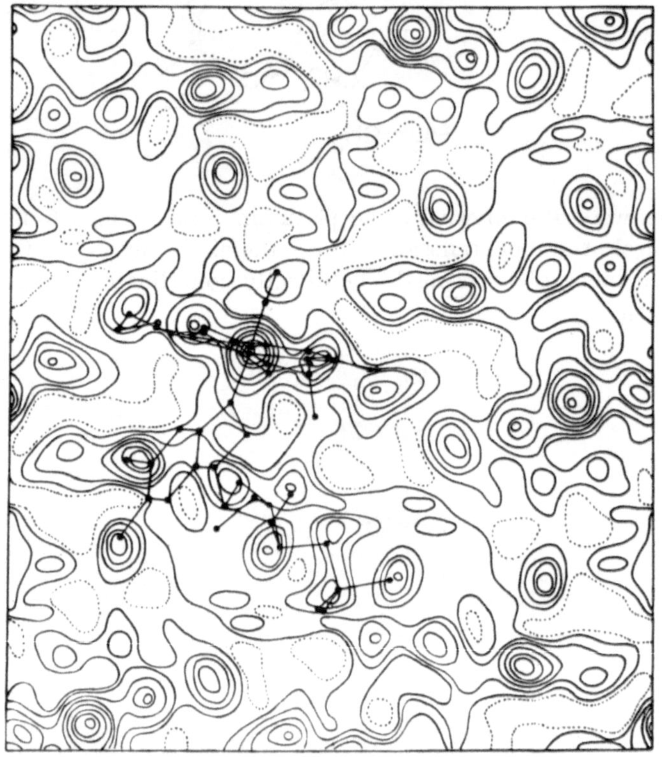

Fig. 9. The electron density projected along the *c* axis calculated for a chlorine substituted vitamin B_{12}. Some of the atomic positions found in air dried B_{12} are shown drawn over the electron density contours. (From: Nature (London) *176*, 551 (1955).]

high density among which it was possible to place both the atoms of the sugar ring and phosphate group, provided the phosphate was attached to the sugar at the 3′ position (Fig. 6, p. 179).

The peak identification was by no means quite straightforward. Particularly in the region chosen for the sugar ring there are alternative ways of fitting atoms to peaks in ϱ_1 in the B_{12} crystals alone. The selection finally made was strengthened by comparison with evidence on the selenocyanate. The peak identified as phosphorus was the next highest to cobalt in two of the three ϱ_1 distributions. It is, however, 9 Å away from the cobalt atom in space, and from time to time hesitations were felt about this identification. It had been observed that removal of the nucleotide-like fragment from B_{12} left a molecule, Factor B, which was positively charged, a fact which suggested some intimate relation between the phosphate group and cobalt atom (*39*).

In this early period of uncertainty, it seemed very desirable to obtain some quite direct evidence of the whereabouts or even orientation in the crystal, of the dimethylbenziminazole group. Various possibilities were considered, e. g. the application of polarised infra-red or ultra-violet absorption spectra as in the case of the cyanide group or the preparation of marked chemical derivatives, but these possibilities were not adequately explored at the time. Very much later (1955) chemical substitution in the benziminazole group was achieved by biosynthetic means. 5:6-Dichlorobenziminazole was incorporated into the vitamin molecule instead of 5:6-dimethylbenziminazole by Dr. K. H. FANTES and Mrs. O'CALLAGHAN. As the electron density projection in *Fig. 9* shows (*29*), the additional electron density appears in the chlorine containing crystal at exactly the sites chosen for the methyl groups in ϱ_1 of the vitamin. The position selected for this group in the B_{12} crystals can thus be regarded as very well established.

c) The Corrin Nucleus.

In a plane roughly at right angles to the line benziminazole-$N_{(3)}$—Co—CN, a pattern of peaks appeared for which there was no chemical degradative evidence. In this pattern could be traced very roughly four five-membered rings. It was very natural at first to suppose that these might represent a porphyrin-like molecule as shown in *Fig. 10*.

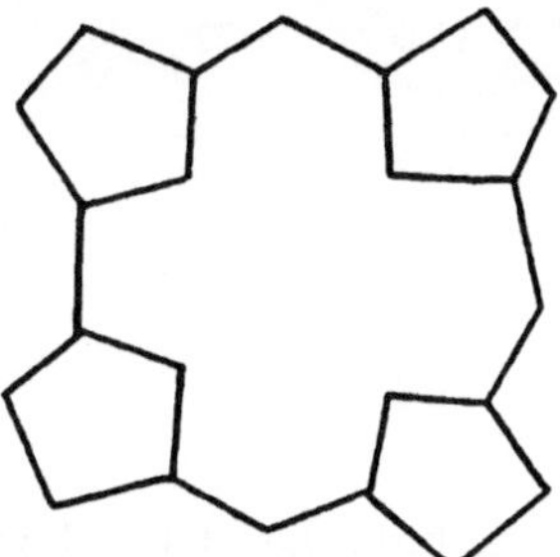

(II.) Corrin nucleus.

First attempts to improve the definition of the electron density pattern in this region were based on this idea, but achieved no real success. It was not until the calculations were repeated on the selenocyanate of B_{12} that it was realised how closely the peak pattern indicated, not

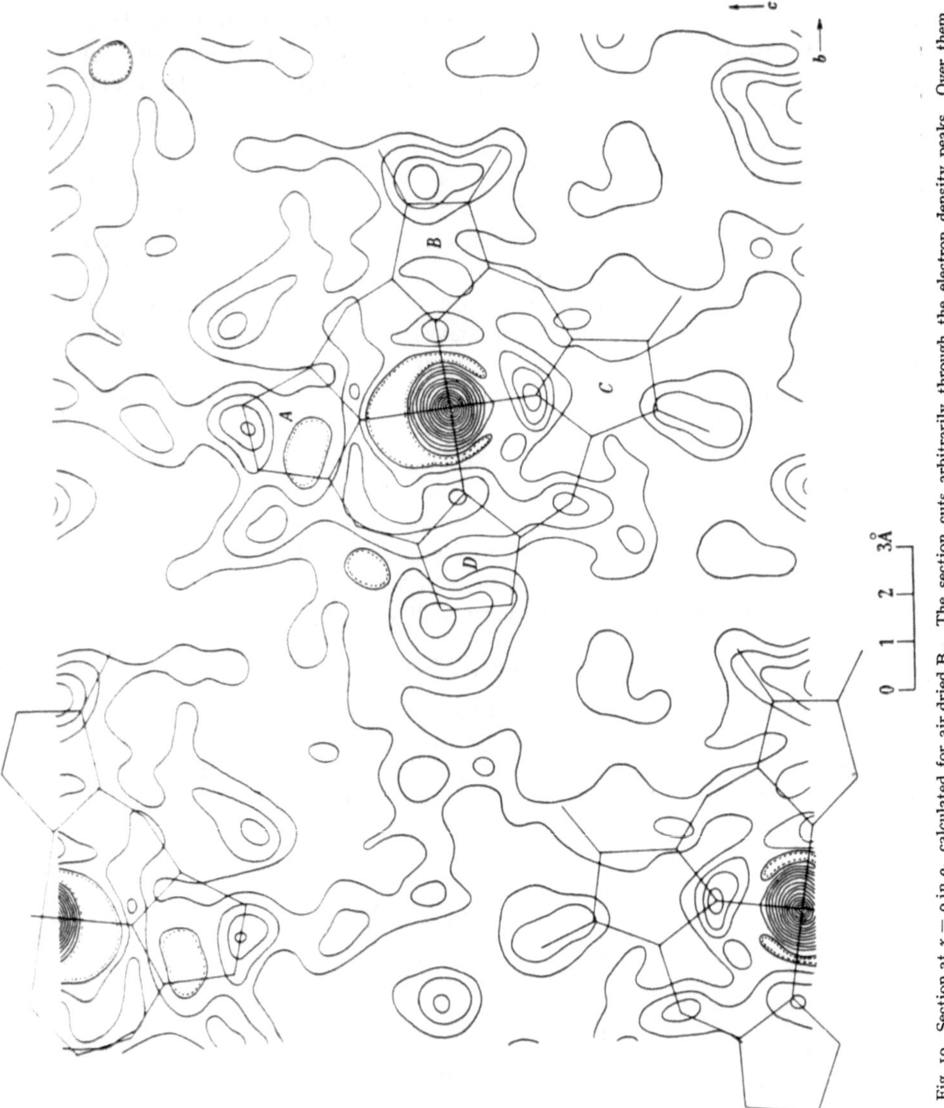

Fig. 10. Section at $x = 0$ in ϱ_1, calculated for air dried B_{12}. The section cuts arbitrarily through the electron density peaks. Over them, it seemed possible to sketch in a porphyrin nucleus as shown. [From: Proc. Roy. Soc. (London) *242 A*, 228 (1957).]

a regular porphyrin nucleus but one that, though similar, differed in an important detail. This is the corrin nucleus (II), in which two of the four five-membered rings are directly linked together (p. 183).

It is difficult now to realise the extreme hesitation we felt about the identification of this nucleus in B_{12}, a natural consequence of our realisation of the imperfection of the electron density patterns, ϱ_1, for each crystal, weak evidence on which to postulate a new, unusual type of chemical structure. Almost overnight our attitude to this identification changed when exactly the same distribution of peaks in space was recognised in the first three-dimensional electron density distribution, ϱ_1 acid, calculated for the hexacarboxylic acid obtained from vitamin B_{12} by alkaline hydrolysis.

The hexacarboxylic acid was prepared by CANNON, JOHNSON and TODD in 1953 (*11*, *6*), and from chemical analysis corresponded approximately with the vitamin B_{12} molecule, less the easily removable groups, dimethylbenziminazole, sugar, phosphate, propanolamine and amide nitrogen. It crystallised from a mixture of solvents, including ethyl acetate and acetone, in small plate-like crystals grown together in rocks. One of these, an irregular fragment chipped out of the rock, and having the dimensions shown in *Fig. 11*, was used for the whole of the X-ray analysis of the compound. This crystal gave, as mentioned earlier, very many more X-ray reflections than did the B_{12} crystals themselves.

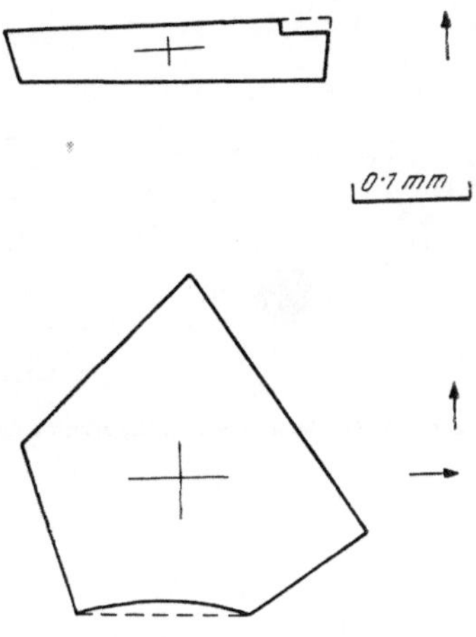

Fig. 11. Single crystal of the hexacarboxylic acid used for X-ray analysis.

The deduction of the form of the corrin nucleus is illustrated in *Figs. 12* and *13*. These show single sections in the first electron density distributions calculated for B_{12} SeCN and for the hexacarboxylic acid, which include some of the peaks due to atoms of the nucleus. Composite drawings below show the full peak patterns over the nuclear atoms obtained from the two crystals. The atoms are seen in quite different projected directions and at very different resolutions, but essentially their geometrical distribution in three dimensions is the same (*7*) (pp. 186—187).

d) The Side-chains Attached to the Nucleus.

Once the corrin nucleus was recognised, calculations were carried out on all four crystals studied in which positions were assigned to the nucleus atoms in the crystal in addition to the cobalt atom. In the B_{12} crystals, sites were allotted to most, if not all, of the atoms of the benziminazole, sugar, phosphate and cyanide groups in addition to those of the nucleus. In the hexacarboxylic acid, the sites of the cyanide group and a chlorine atom were recognised in the first electron density distribution calculated and these were included in the subsequent calculations; one atom of the corrin nucleus itself was omitted (*27*).

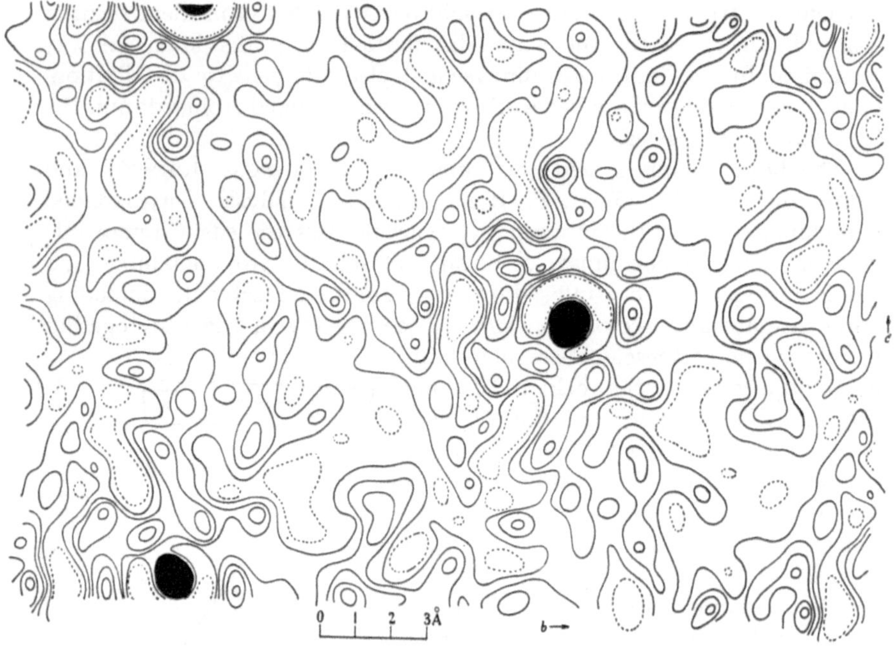

Fig. 12 (a). Section at $x = 0$ in the electron density distribution ϱ_1 Se, calculated for the selenocyanide of B_{12}.

Fig. 12 (b). Peaks belonging to the corrin nucleus sorted from sections in ϱ_1 Se; the numbers give the section in sixtieths of a at which the peaks appear. Fig. 12 b is oriented as is 12 a and should be superimposed on Fig. 12 a, the Co atom coinciding with the solid black area of 12 a. [From: Proc. Roy. Soc. (London) *242 A*, 241 (1957).]

The electron density distributions calculated at this stage are all similar in general character. They all show high electron density peaks at the sites of atoms inserted in the phasing calculations, together with a number of low but often quite sharp peaks throughout the remaining space. The large majority of these low peaks were in entirely reasonable stereochemical situations to represent atoms in side-chains attached to the corrin nucleus. The appearance of the atoms at this stage of the calculation is illustrated in *Fig. 14* for the hexacarboxylic acid and in *Figs. 15* and *16* for wet and air dry B_{12} (p. 188—190).

Not all of the side-chain structures shown in these figures was recognised in the second stage electron density calculations. It was observed that some

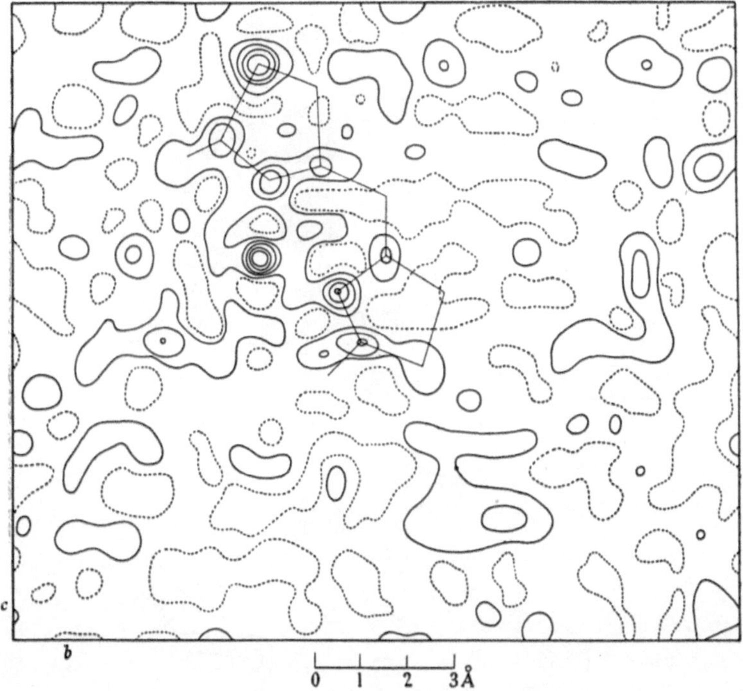

Fig. 13 (a). Section at $x = 7/60$ in the electron density distribution ϱ_1 acid calculated for the hexacarboxylic acid.

peaks were much better defined than others and these were selected first for further rounds of calculation. In both the hexacarboxylic acid and the vitamin, there were small groups of atoms which it seemed difficult to place precisely. Fortunately these groups were different in the different crystals studied so that there is little doubt about the side-chain character as a whole. For example, an apparent propionamide side-chain on Ring A in wet B_{12} terminated in a confused region but was quite clear in the air dried crystal pattern; a similar chain on ring C

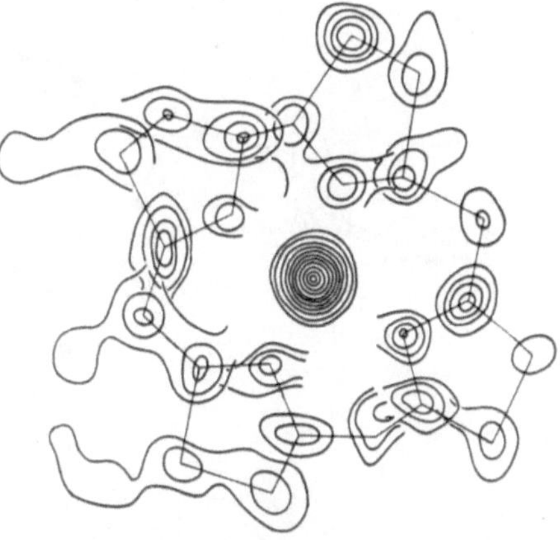

Fig. 13 (b). Peaks corresponding with the corrin nucleus sorted from sections parallel to the a plane in ϱ_1 acid. The contour intervals are at about 1 electron/A^3 here and in the following figures. Fig. 13 b should be superimposed on Fig. 13 a so that the outlines of the molecules shown in both pictures coincide. [From: Proc. Roy. Soc. (London) *242 A*, 242 (1957).]

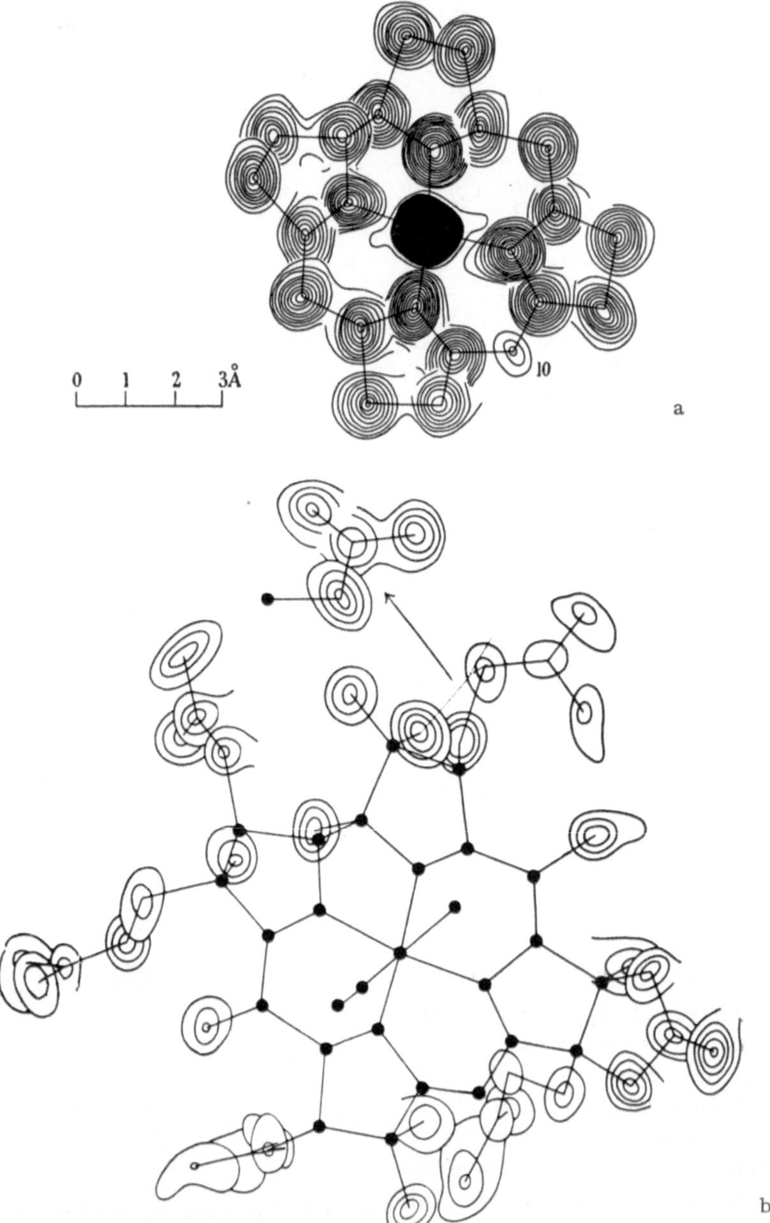

Fig. 14. The second electron density distribution calculated for the hexacarboxylic acid. The peaks representing atomic positions are shown projected on the *a* plane. They show (a) the atoms of the nucleus; (b) the atoms of the side-chains. Atom no. 10 of the nucleus was, like the side-chain atoms, omitted in the phasing calculation. [From: Proc. Roy. Soc. (London) *242 A*, 244 (1957).]

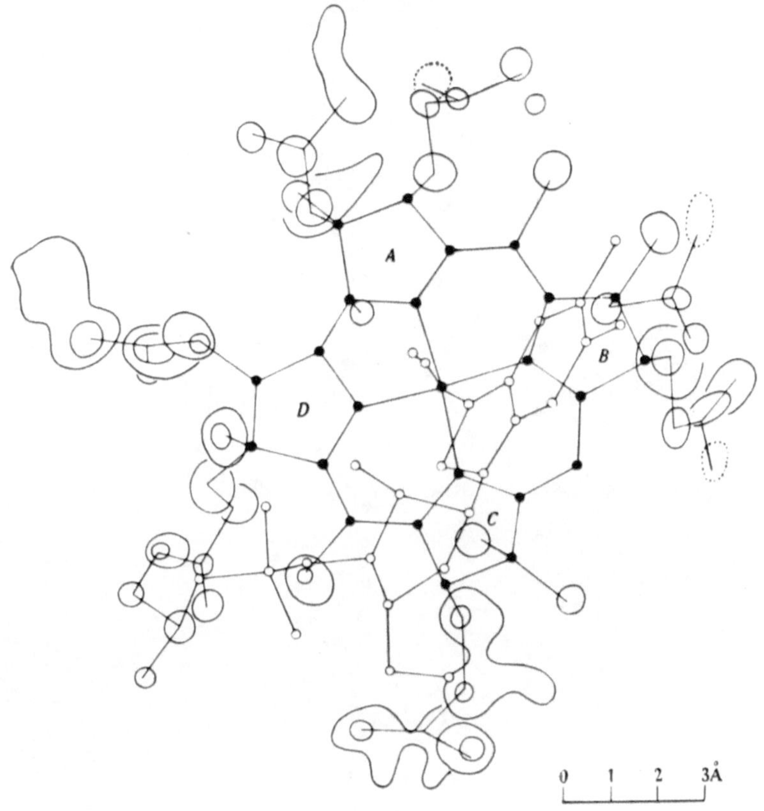

Fig. 15. The side-chain structure shown by ϱ_2 for wet B_{12}, projected on the *a* plane. Circles show the projected positions of atoms inserted in the calculation. The $^1/_2$ electron level is dotted. [From: Proc. Roy. Soc. (London) *242 A*, 245 (1957).]

was very well defined in both the wet and air dry crystal patterns though the corresponding propionic acid chain in the hexacarboxylic acid is still one of the most doubtfully placed in the structure.

e) The Propanolamine Groups.

1-Amino-2-propanol was obtained early on in the study of the acid hydrolysis products of B_{12}; it was difficult to estimate this compound quantitatively and conflicting reports appeared suggesting that either one or two molecules were present in each molecule of vitamin B_{12}. Its release on hydrolysis was rather slow, products were obtainable in which it remained attached to the nucleus when the "nucleotide" was removed; it seemed likely therefore that one molecule at least was involved in linking the phosphate group to the nucleus.

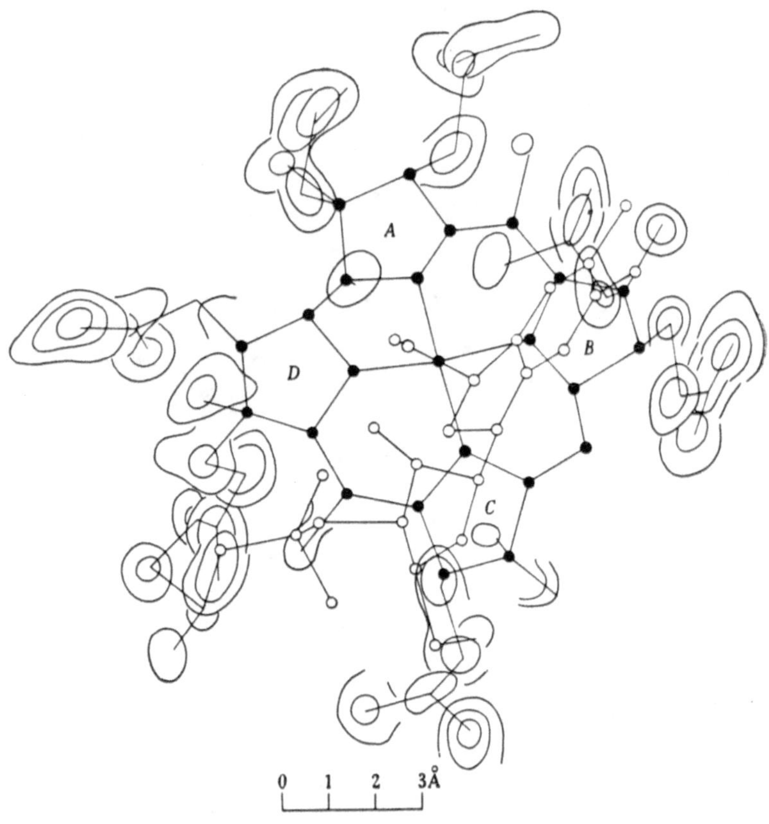

Fig. 16. The side-chain structure for air dried B_{12} shown in ϱ_2 (Oxford series), projected on the *a* plane. Again circles show the positions of atoms inserted in the phasing calculations. [From: Proc. Roy. Soc. (London) *242 A*, 246 (1957).]

In ϱ_1 in each of the B_{12} crystals a confused trail of peaks could be seen leading down from one of the phosphate oxygen atoms towards the planar group and away from the sugar and benziminazole groups. Different possible ways of placing the atoms of a propanolamine residue in this region were considered; it was clear that a second group, if present, must be somewhere quite different in the molecule. In ϱ_2, spurious electron density largely disappeared from the region considered; instead, there were small definite peaks in precisely reasonable situations to represent the atoms of the propanolamine unit. The arrangement of these corresponded exactly with the optical configuration indicated by the experiments of WOLF et al. (*46*). The observations left no doubt that $D_{(g)}$-1-amino-2-propanol was attached to the phosphate group by an ester link and to the nucleus by an amide link involving a propionic acid residue on ring *D*. No other individual propanolamine unit could be traced attached to any of the side-chains of the nucleus.

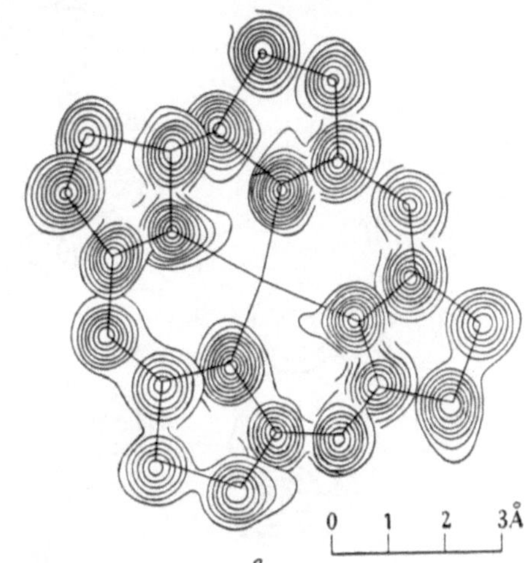

Fig. 17. Electron density levels over the atomic peaks in ϱ_{11} of the hexacarboxylic acid, (a) the nucleus, (b) the side-chains. The acetic acid group on ring *A* and part of the propionic acid groups on rings *B* and *C* are shown inset, viewed parallel to the *b*, *c*, *b* axes respectively. [From: Proc. Roy. Soc. (London) *242 A*, 251 (1957).]

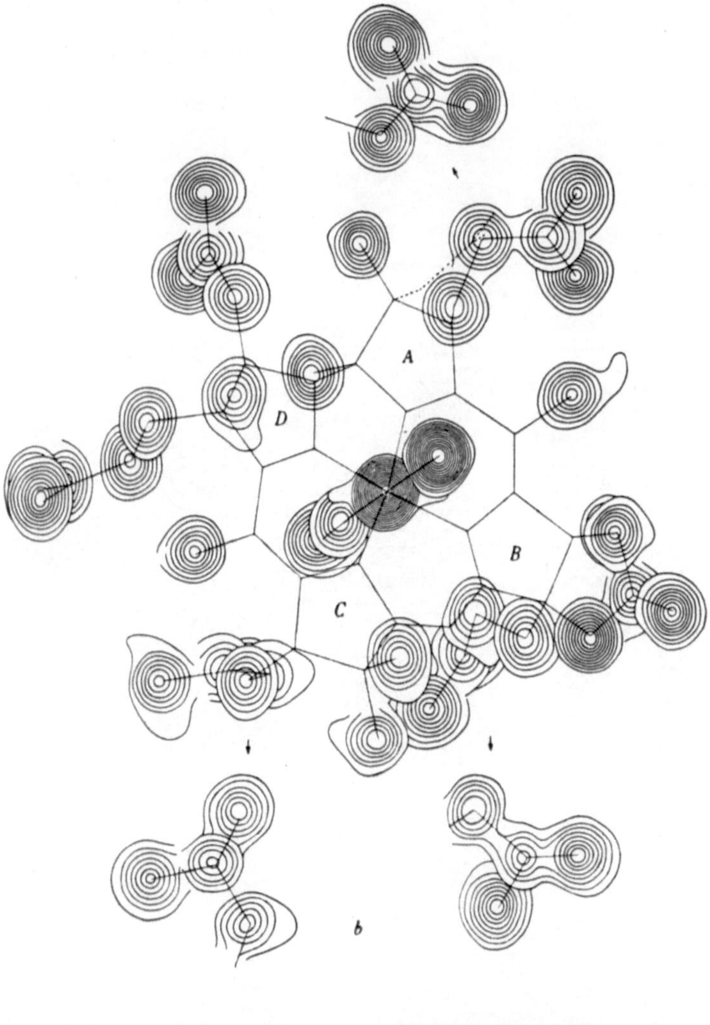

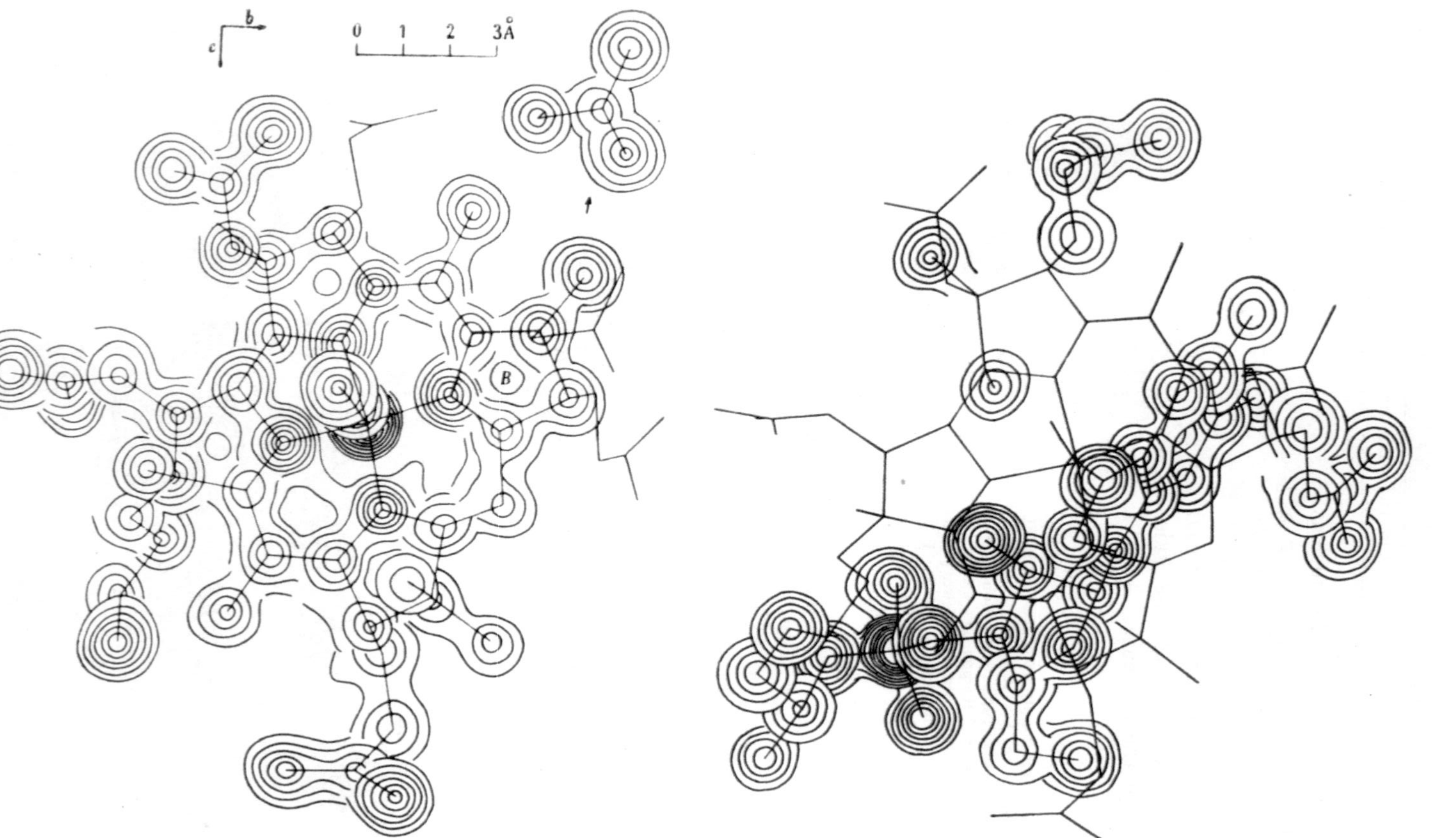

Fig. 18. Electron density levels over the atomic peaks in ϱ_3 of wet B_{12}. (a) The "planar group" with the cyanide and most of the side-chains. (b) The benziminazole, ribose, phosphate and propanolamine groups and the remaining side-chains. The acetamide group on ring *B* is inset. [From: Proc. Roy. Soc. (London) *242 A*, 254 (1957).]

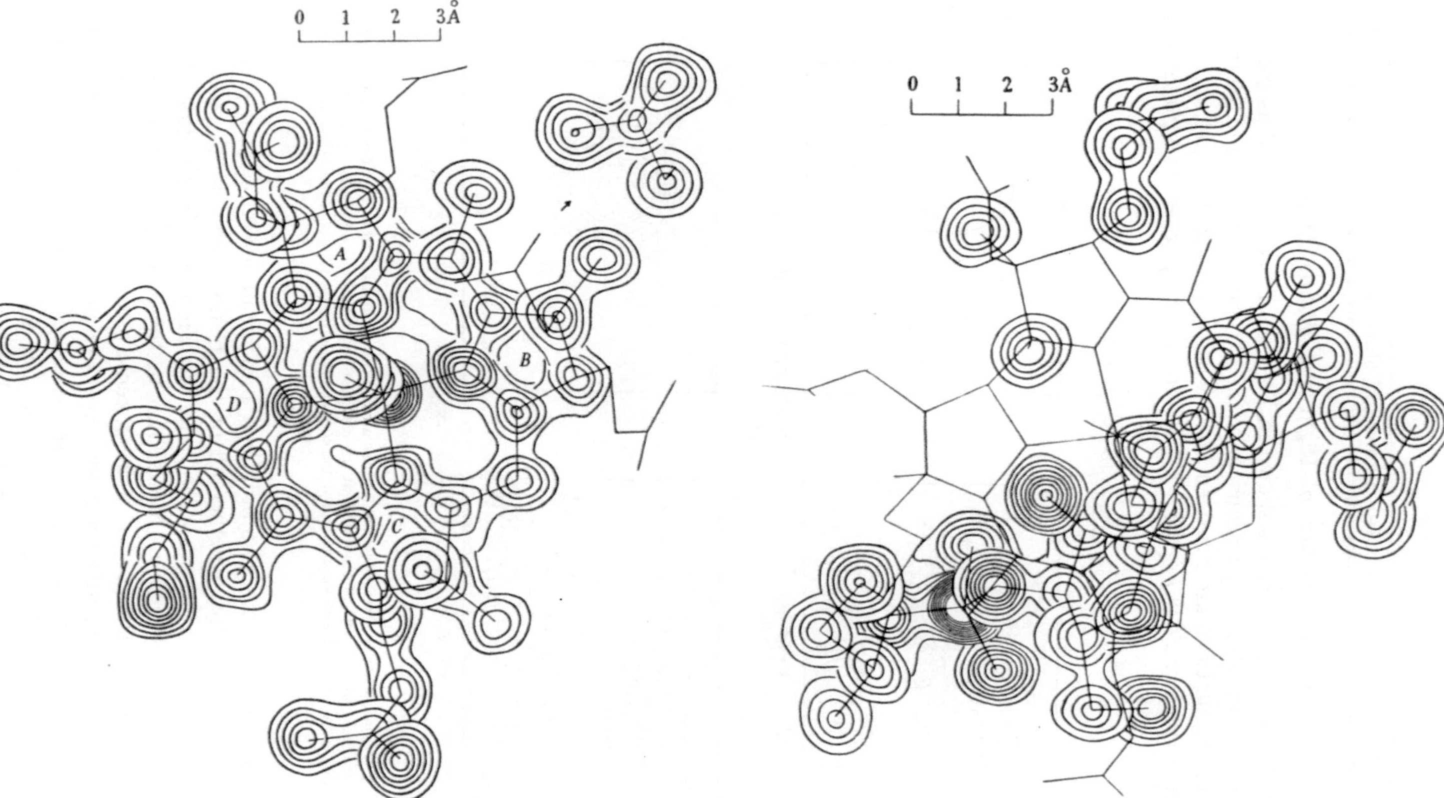

Fig. 19. Electron density levels over the atomic peaks in ϱ_5 for air dried B_{12}. The figure is divided in the same way as Fig. 18. [From: Proc. Roy. Soc. (London) 242 A, 255 (1957).]

3. The Problem of Right and Wrong Atoms.

If the peak distributions shown in Figs. 14–16 are adopted as correct indications of atomic positions and the structure factor and electron density calculations are repeated, new density distributions are obtained which are illustrated in *Figs. 17–19*. Before we accept these as representing

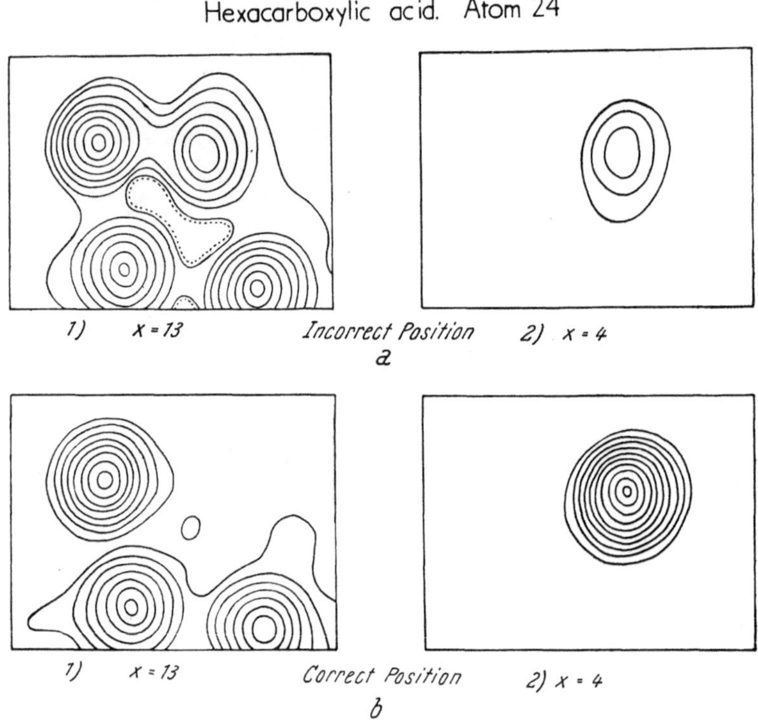

Fig. 20. Electron density levels over right and wrong atoms. Observations on atom 24, of the hexacarboxylic acid (a) sections from ϱ_4, phased for an atom at the incorrect position, $x = 13/60, y, z$. 1) near $13/60, y, z$; 2) near $4/60, y, z$. (b) ϱ_5 phased for an atom at the correct position $4/60, y, z$. 1) near $13/60, y, z$; 2) near $4/60, y, z$.

the complete molecules, two problems, implicit in our refinement process, have to be faced: (a) whether all of the peaks shown in these figures do represent real atoms, and (b) whether there are, in addition atoms in the molecules which are not shown in these peak distributions.

(a) As mentioned earlier, it is extremely easy to "make" atoms by appropriate phasing at almost any position in an asymmetric electron density distribution such as those described here. One particularly good example of this effect is illustrated in *Fig. 20*. In ϱ_4 of the hexacarboxylic acid, an atom, 24, which had the co-ordinate $x = 0.042$, was accidentally given one of $x = 0.420$ in the phasing calculation. As a result a peak of height 5.7 e/A^3 appeared at the incorrect site, very little lower than the surrounding peaks which represent real atoms. At the same time a small peak, 3.6 e/A^3 high, persisted at the site originally selected. The corrected calculation, with atom 24 placed as originally intended, shows no corresponding peak at all at $x = 0.420$ and a peak of 9.2 e/A^3 at $x = 0.042$. The series of calculations does, in fact, provide very strong confirmation of the real existence of atom 24—confirmation which is particularly welcome since this atom is in a curious and unexpected position in the molecule, at the direct junction between rings *A* and *B*. But the calculations also show how easy it would be to build a small spurious peak into an apparently "real" atom if this occurred at a site which seemed chemically reasonable.

Obviously the sites that could most easily be questioned in the atomic distributions of Figs. 14–16 (p. 188–190) are those of the different single substituent atoms, not all of which have been so thoroughly cross-checked as atom 24. One can only say in relation to these that they all appear at the same relative positions within the molecules in four different crystal structures. It seems altogether improbable that similarly placed spurious density could appear, in every case, through the various very different stages of refinement actually carried out for the four structures.

(b) In the four crystal structures studied, the size of the molecules themselves is limited by the repetition of the structure in three dimensions. In many directions, atoms in neighbouring molecules are in direct contact with one another and there is no question of the existence of additional side-chains in these regions. But there are one or two relatively empty regions in the B_{12} crystals, apparently occupied by solvent of crystallisation, where it would be quite possible to attach another atom or two to the molecule. In one such region, that surrounding atom 35 in the air dried B_{12} crystals, additional density has tended to persist through the different refinements. But there is very little to support placing an extra atom here in either the hexacarboxylic acid crystal structure or wet B_{12}, and it seems most likely that the peaks near atom 35 in air dry B_{12} are spurious. They are, in any case, lower than those selected in recent refinements as representing atoms which are certainly part of the crystal structure.

4. The Refinement of the Atomic Positions.

From a formal crystallographic point-of-view the atomic positions so far found in the different B_{12} crystal structures represent a very early stage of structure refinement. Only in the case of the hexacarboxylic acid have definite positions been assigned to every atom believed to be present in the crystal unit cell. And here the first stages of parameter refinement have been carried out—the calculation of electron density series based on both observed and calculated F values and two rounds of least squares refinements. These have produced some significant changes in atomic positions and also shown clearly that the atoms differ in their thermal movements in the crystals—those in the centre, the cobalt atom, for example, have smaller thermal parameters than the atoms terminating the propionic acid side-chains. Even with further calculations it seems unlikely that high precision of atom placing can be reached with structures of the magnitude of the four described here, at least on the intensity data so far collected. At present, the inter-atomic distances within the molecules agree well on the average with accepted values. But there are individual differences from normal distances of as much as 0.20 Å in particular bond lengths in the B_{12} crystals and in the hexacarboxylic acid—which are certainly only significant of the lack of precision so far achieved.

5. The Absolute Configuration of the Molecule.

Vitamin B_{12} includes in the molecule two units, *D*-ribose and $D_{(g)}$-propanolamine, the absolute configuration of which can be regarded as established by the work of PEERDEMAN, VAN BOMMEL and BIJVOET, on rubidium *D*-tartrate (*35*). The arrangement of crystallographic axes adopted for B_{12} shows these groups in the correct absolute configuration and accordingly all the rest of the molecule also. An independent cross-check was made by Dr. A. VOS, on the absolute configuration of the hexacarboxylic acid using the BIJVOET effect. The cobalt atom has an absorption edge in the neighbourhood of the wave length of the copper $K\alpha$ radiation used in the intensity measurements. The observed intensities of hkl and $h\bar{k}l$ reflections as a consequence showed small intensity differences which could be directly correlated with the proposed three-dimensional distribution of the atoms. In general the agreement was good between the calculated and observed intensity differences—some confirmation not only of the absolute configuration but also of the actual atomic arrangement in the hexa-carboxylic acid (*43*).

6. The Chemical Formulae of Vitamin B_{12} and the Hexacarboxylic Acid.

Figs. 21 and *22* show the stereochemical arrangement found for the atoms—cobalt, phosphorus, oxygen, nitrogen, carbon and chlorine—of vitamin B_{12} and the hexacarboxylic acid. If the electron density distributions from which these atomic positions are derived were precisely accurate representations of the electron density, obtained by a method involving no chemical assumptions, we might imagine ourselves at this stage writing the chemical formulae direct, by counting electrons over each atom in the observed electron density peaks. In fact, we cannot solely trust the electron density pattern to this extent. The appearance

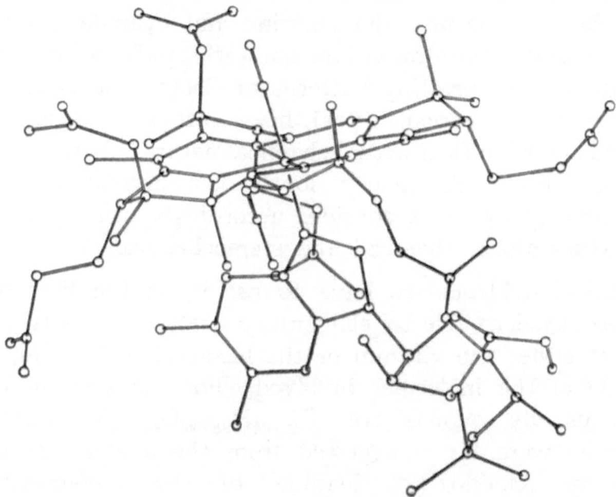

Fig. 21. Atomic positions in the molecule of vitamin B_{12} as seen projected on the *b* plane. [From: Nature (London) *178*, 64 (1956).]

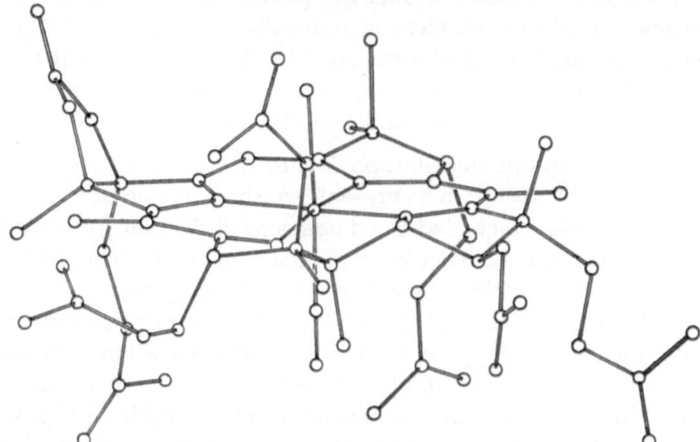

Fig. 22. Atomic positions in the hexacarboxylic acid molecule, projected on the *c* plane. [From: Nature (London) *176*, 325 (1955).] Scale $^4/_3$ that of Fig. 21.

of the peaks, as we have them, does depend on the experimental accuracy of our measurements and also, to some degree, on the assumptions we have made about the nature of the atoms in the preceding phasing calculations.

In practice these assumptions varied in the course of the X-ray analysis. It was convenient in early stages of structure factor calculation to give as many atoms as possible a mean scattering factor equivalent approximately to that of a nitrogen atom—only atoms of very well established chemical nature, the chlorine and cyanide groups of the hexacarboxylic acid or the atoms of the nucleotide in B_{12} being individually distinguished. In the resulting patterns of electron density, the atoms inserted as "nitrogen" varied in peak height often in the direction that would be expected from their actual chemical nature; there were however also variations that could clearly not be accountable in such terms. In formula writing we must consider accordingly other evidence than electron densities alone, chemical and stereochemical.

The chemical evidence we have to use is, in the first place, the molecular formula derivable by elementary analysis. This is not precise in the case of either the vitamin or the hexacarboxylic acid, owing to the large size of the molecules involved. For the vitamin itself, the limits most usually quoted are, $C_{61-64}H_{88-96}O_{13-14}N_{14}PCo$; although narrower limits were later suggested from the analysis of the hexa-perchlorate by ALICINO (*1*), leading to the preferred formula, $C_{63}H_{84}O_{14}N_{14}PCo$. That six perchloric acid groups were present in this derivative correlates well with the evidence from hydrolysis and nitrous acid treatment that six amide groups are present in the vitamin molecule. Other chemical evidence we have is, naturally, that on the structure of the different degradation products. And to this we must add essential background stereochemical knowledge of the general form of saturated and unsaturated carbon chains and ring systems.

Applied to the atomic distribution found, this evidence shows clearly that the six amide groups are present as three acetamide and three propionamide groups attached at the β positions of the four five-membered rings, which form the inner, almost planar, nucleus. The four inner ring atoms directly attached to cobalt are relatively heavy in electron density; both from crystallographic and general chemical considerations, it is impossible not to suppose them to be nitrogen atoms. If we add to these four atoms the six amide nitrogen atoms and four chemically established nitrogen atoms in the benziminazole, cyanide and propanolamine groups, all the fourteen nitrogen atoms of the chemical formula are accounted for. To these we may add 55 carbon atoms in the side-chains, nucleus and chemically known groups and 14 oxygen atoms—six in amide groups, four phosphate, three sugar and one in a seventh amide link with the propanolamine residue.

An overall count at this stage suggests that the remaining atoms, which all appear as single substituent atoms at different points on the nucleus, are most probably carbon atoms, present as methyl groups. This is positively confirmed in the case of the dimethyl group on ring *C* by the presence of dimethyl malonic acid and a dimethyl substituted succinimide among the oxidation products of the vitamin (see p. 204). Certain others, those on ring *A* and *B*, for example, are also strongly supported by the production of methyl succinic acid on oxidation. But the degradation products so far obtained do not establish the nature of all the remaining groups with certainty and we have to fall back on analytical and electron density data, both of which alone seem not quite definite. From the published analytical figures it would seem possible that one or other of these atoms—particularly perhaps 24, 35, or 53—might be oxygen, present as –OH, or in the latter examples, as =O. On the other hand, oxygen atoms in other parts of the molecule usually have electron densities rather greater than these atoms show. Crystallographically, though not analytically, it would be easier to imagine them nitrogen. Between the two lines of evidence it seems best to formulate them as methyl groups—if with a little hesitation.

The analytical data on the hexacarboxylic acid are rather less consistent than those on B_{12}. The first preparation analysed was in very short supply and probably not quite pure; the actual crystals used for the X-ray work were in any case of a different polymorphic modification than those chemically analysed. The first empirical formula suggested from the analytical figures, $C_{47}H_{66}O_{16}N_6CoCl$, differs somewhat from that now preferred, $C_{46}H_{58}O_{13}N_6ClCo$, 2 H_2O which is itself based on the idea that the material analysed still retained some water of crystallisation after drying. Some support for this formulation has been more recently obtained by the analysis of the hexacarboxylic acid in the dicyanide form (*6*)—as against the chlorocyanide which was first studied.

Most of the arguments about the chemical nature of the atoms in the acid follow the same lines as in the case of the vitamin, allowing for the fact that the terminal groups of the side-chains are carboxyl, not amide groups. The most obvious difference is the appearance of a small ring fused to ring *B* which has the geometrical character of a lactam or lactone ring. Since there is an absorption line in the infra-red spectrum of the acid at 1720 $cm.^{-1}$ which is common to other lactam ring carbonyl groups, the lactam formulation is preferred. This also accounts for the appearance of one nitrogen atom in the analytical formula over and above the four surrounding the cobalt atom and that of the cyanide group. Doubts, similar to those on B_{12}, are present here about the identity of the single substituent atoms. Indeed a first correlation with the analytical data on the hexacarboxylic acid suggested that atoms 53 and 35 might be OH groups and atom 24 an extra NH_2 group. Such identifications seem considerably less probable at the present state of refinement of the electron density pattern, and particularly following correlation with the analytical data on B_{12}.

Chemical formula writing requires the insertion of hydrogen atoms and these are only placed by implication from the crystallographic data. Thus clearly the side-chains are saturated and, since the rings are puckered and substituents staggered, all the β positions of the five-membered rings of the corrin nucleus are reduced. The inner ring of atoms in the nucleus is, however, very nearly planar in the hexacarboxylic acid, a

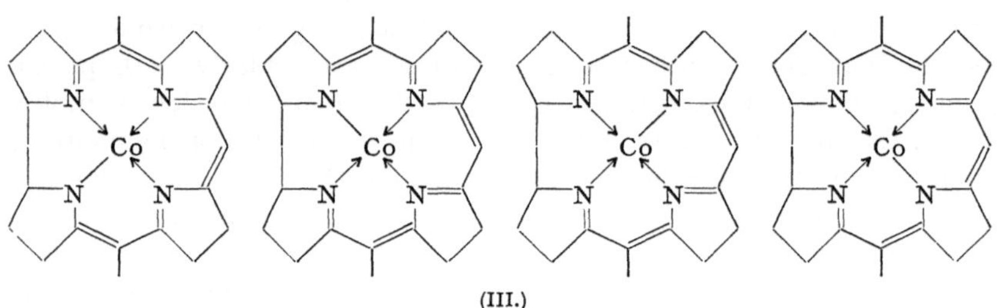

(III.)

little bent in the vitamin. All the interatomic distances in the circle of eleven bonds between $N_{(20)}$ and $N_{(23)}$ are shorter than single bonds, and strongly suggest the placing in this region of a conjugated system of six double bonds. The inter-atomic distances are still far from precisely known as *Fig. 23* (p. 205) shows; within the rather wide limits of experimental accuracy reached at present, they do suggest a resonating system is present in the inner region of the molecule of the kind illustrated in (III).

Some hesitation was felt at first about the existence of such a system in B_{12} itself (*24, 26, 27*). In both wet and dry crystals there is a region of the nucleus which is definitely not planar over atoms $C_{(5)}$, $C_{(6)}$ and $N_{(21)}$. This deformation can however be accounted for in terms of overcrowding in this region due to the position of the benziminazole atoms over the nucleus. If a benziminazole nucleus were placed quite symmetrically over a completely planar nucleus, the hydrogen atom at $C_{(4)}$ of the benziminazole ring would make contacts as short as 1.7 Å with atoms of the nucleus. In the actual molecule the angle Co—B_3—B_9 at the nitrogen atom attached to cobalt is enlarged to 135° and the planar group is buckled. As a result no contact less than about 2.4 Å appears, close to the normal VAN DER WAALS contact distance for hydrogen and aromatic carbon.

The arrangement of atoms attached to the cobalt atom differs rather little from that required by a regular octahedron. The angle between two bonds joining nitrogen atoms in the region of the directly linked rings is a little smaller than 90°, that opposite it correspondingly enlarged.

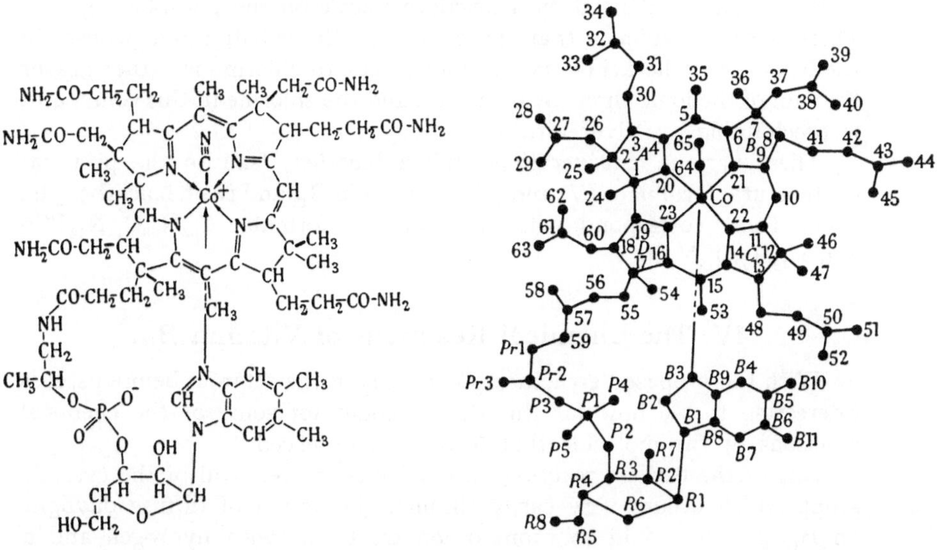

(IV.) Vitamin B_{12}.

Other apparent deviations are probably within the limits of error reached so far. It is clear that the relative arrangement of atoms surrounding the cobalt in both B_{12} and the hexacarboxylic acid is closely similar. The difference in the chemical nature of the atoms attached to cobalt however requires the placing of a formal positive charge on the atom

(V.) Hexacarboxylic acid.

in B_{12} which is balanced by a negative charge on the phosphate group. There is some evidence that the charge on the cobalt atom persists in the hexacarboxylic acid—the distance cobalt to chlorine is rather nearer the sum of the ionic than covalent radii and the chlorine in this compound is precipitable by silver nitrate.

These various considerations, taken together, lead to the proposal of structural formulae (IV) and (V) for vitamin B_{12} and the hexacarboxylic acid. These correspond with the empirical formulae $C_{63}H_{88}O_{14}N_{14}PCo$ and $C_{46}H_{58}O_{13}N_6CoCl$.

IV. The Chemical Reactions of Vitamin B_{12}.

With the proposed structure (IV, p. 201) of the vitamin before us, it is interesting to see how far this does account for some of the chemical reactions of the molecule that have been observed.

One of the earliest reactions studied was the removal of the cyanide group which occurs very easily through the action of diffuse daylight on B_{12} in dilute acid solutions or on treatment with hydrogen and a catalyst. The product of the transformation first obtained is the more brownish red vitamin B_{12b}, in which the cyanide group is probably replaced by an OH group or water molecule; this is readily converted into B_{12} again by treatment with hydrocyanic acid or, with appropriate reagents, into other derivatives where the CN group is substituted by other groups, for example, Br, SCN, SeCN and so on. From the atomic arrangement found it is clear that the cyanide group may enter and leave the molecule very easily, without any general disturbance, and that, as observed, there is room for its replacement by rather larger groups. It is surrounded by the short acetamide groups of the molecule and these may swing into and out of direct contact with it.

A variety of hydrolytic degradations of the molecule have been observed. The mildest of these follows the attack by cold dilute acid or alkali which leads to the evolution of ammonia and the production of a series of acids. The reaction is reversed by treatment in anhydrous conditions in dimethyl formamide with ethyl chloroformate and triethylamine and then ammonia, the vitamin being resynthesised. Careful studies show that four amide groups are broken down during the hydrolysis, two more easily than the others. And by further treatment with nitrous acid, two more carboxyl groups are released, corresponding with two even more difficultly hydrolysable amide groups (*39*). This variation in ease of hydrolysis of the six amide groups present correlates extremely well with the observed structure. It has been observed that the rate of hydrolysis of esters and amides is markedly affected by substitution in attached carbon chains, particularly at the β position (*12, 13*). In B_{12}

the two acetamide groups on ring *A* and ring *B* are fully substituted at the β positions and would be expected to be hard to attack, a third, on ring *D*, partly substituted, might be judged only partly hindered. Of the propionamide groups, two are extended, easily available for reaction, the third, where the chain is in the gauche configuration, might be expected to behave a little differently.

On hydrolysis with warm concentrated hydrochloric acid, the nucleotide as a whole is removed, leaving behind the naturally occurring fragment, factor B. This is further broken down by nitrous acid, which removes the propanolamine residue and releases the last carboxyl group. The resulting heptacarboxylic acid, like factor B itself, has not so far been crystallised. The "nucleotide" is, in its turn, split by stepwise hydrolysis, into phosphoric acid and a "nucleoside" which decomposes into *D*-ribose and 5:6-dimethylbenziminazole. These are the fragments first isolated from the vitamin, the first parts of the molecule to be chemically identified and synthesised (*41*, *19*).

Under alkaline conditions, the reaction takes a different and more complicated course. The first product, obtained in the presence of air, is a red neutral crystallisable compound, dehydro-vitamin B_{12} (*4*), which is extremely similar crystallographically to B_{12} itself and can hardly be distinguished from it except by its inactivity on microbiological assay. It seems likely that this compound is formed by an internal oxidation reaction, in which the cobalt participates, since in the absence of air a brown colour develops during its formation; the reaction appears to involve the interaction of the amide nitrogen atom with position 8 in ring *B* and the formation of a lactam ring. Part of the evidence for this view is that further hydrolysis with alkali, followed by treatment with dilute hydrochloric acid, leads eventually to the production of the hexacarboxylic acid in which such a ring is certainly present.

The preparation and crystallisation of the hexacarboxylic acid was a turning point in the investigation of vitamin B_{12}. It involved separation of a mixture of acids on ion exchange resins in the presence of dilute hydrochloric acid and cyanide ions (*6*). In this process, another change occurs, in addition to the hydrolysis. The cyanide group attached to cobalt in the hexacarboxylic acid is on the opposite side of the ring system from its starting position in B_{12}. Presumably it is ejected from the molecule in the early stages of the hydrolysis, is then replaced by chlorine, and later combines with the cobalt once again. As a result the cyanide group in the hexacarboxylic acid is surrounded by propionic acid, not acetic acid, residues. It seems possible that it is this situation which favours the crystallisation of the hexacarboxylic acid compared with factor B—the only other crystalline compounds representing this hydrolysis stage of the vitamin are the dicyanides of the hexa- and a penta-carboxylic acid, which also have cyanide groups surrounded by the propionic acid residues.

More drastic oxidation of vitamin B_{12} and the hexacarboxylic acid leads to the production of quite small acids. By treatment with chromate in acetic acid, the two acids, (VI) and (VII) were obtained, the structure of which could be established by synthesis (*30*). These clearly arise from ring *C* of the vitamin nucleus and provide excellent confirmation

```
           CH3
           |
   CH3—C————CH—CH2—CH2—COOH
       |  C  |
       C     C
     //  \ /  \\
    O     N     O
          H
```

(VI.)

```
             O                              O
             ‖                              ‖
             C                              C
            / \                            / \
 CH3      O    CH2                      CH2   NH
 |        |     |                        |     |
CH3—C——————C——————CH2            CH3—C——————C—CH2—CH2—COOH
    |  C   |                         |  B   |
    C      C                         C      C
  //  \  /  \\                     //  \  /  \\
 O      N     O                   O      N     O
        H                                H
```

(VII.) (VIII.)

of its structure. The hydroxyl group combined as a lactone in (VII) is presumably introduced during the oxidation since it is not present in the vitamin itself. A third succinimide, (VIII), was obtained later by oxidation of the hexacarboxylic acid; it evidently derives from ring *B*, modified by the formation of the lactam ring (*41*).

All the remaining acids, isolated under various oxidising conditions are quite simple aliphatic acids, acetic, oxalic, succinic, methyl succinic and dimethyl malonic acid (*37*). There is also a large amount of oxamic acid produced when hydrogen peroxide is used as the oxidising agent (*5*). These compounds can clearly all arise by processes of oxidation and hydrolysis from different parts of the nucleus, though they cannot be said in detail to prove its structure.

There are two types of reaction studied for B_{12} the course of which is not yet fully understood, with halogens and with cyanide. The reaction with halogens was first investigated by PETROW and his co-workers (*15*), and later, at Cambridge. It appears that there are several stages. If N-chloramide is used, one molecule reacts first, producing a compound, which is very similar to the vitamin and contains no halogen. It behaves like a lactone, produced with loss of one nitrogen atom from the vitamin and the production of ammonium chloride. On addition of a second molecule of chloramide, the colour of the product deepens to purple, and a chlorine containing compound is obtained; this chlorine atom

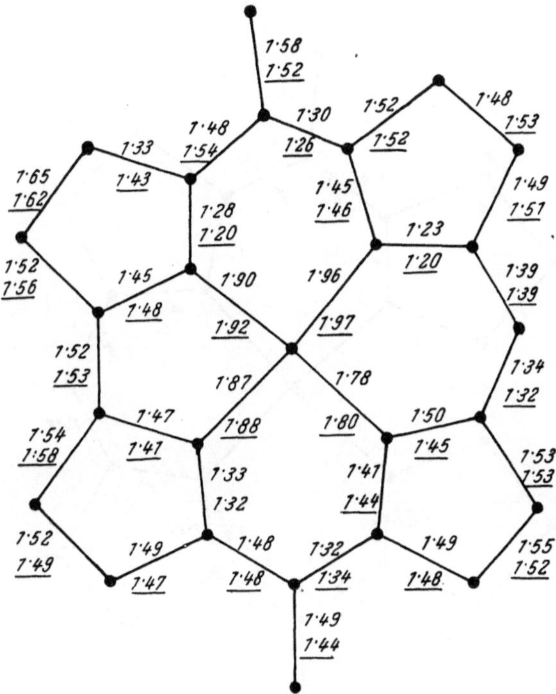

Fig. 23 (a). Interatomic distances found in the nucleus of the hexacarboxylic acid. Below, derived from ϱ_{11} acid, computed on both observed and calculated structure factors; above, from the second least squares refinement.

may perhaps substitute the hydrogen atom in the meso position, at $C_{(10)}$. Further action of chloramide produces deeper blue, so far non-crystalline, products.

Almost certainly the lactone produced in the first reaction with chlorine involves the acetamide group on ring *B* and position 8 in the same ring. The evidence for this is that dehydro-B_{12}, in which position 8 is blocked, gives a chlorine containing compound as the first product of its reaction with N-chloroamide. Further ammonia is easily obtained on hydrolysis of the lactone, suggesting the propionamide group is free (*4*). Position 8 accordingly appears as a rather particularly reactive site. From the structure of the inner nucleus in B_{12} *(Fig. 23)* it might be expected that hydrogen atoms at all three β positions, $C_{(3)}$, $C_{(8)}$, and $C_{(13)}$, all adjacent to C=N, might be nearly equally activated. Of these, $C_{(13)}$ (the least affected) could not be involved in the kind of reaction observed on chlorination and alkaline oxidation since there is no neighbouring acetamide group on $C_{(12)}$. It is attacked, judged by the appearance of the succinimide (VII), in more drastic oxidation reactions. That

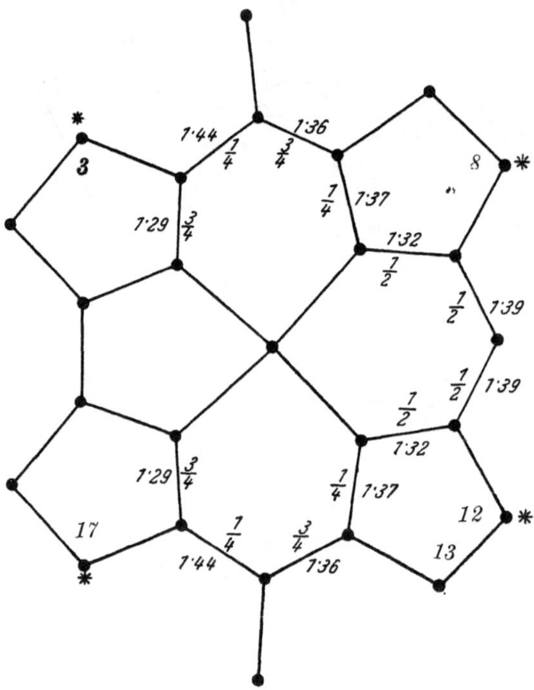

Fig. 23 (b). Diagram of estimated approximate double bond character in the nucleus derived from the formulae in III, (p. 200), and the interatomic distances to be expected from this distribution; * indicates activated positions. [From: Proc. Roy. Soc. (London) *242 A*, 228 (1957).]

position 3 in ring *A* is unaffected seems more surprising. Perhaps the fact that this ring is in a rather different chemical state altogether from rings *B* and *C* affects its reactivity; in addition the substituent atoms $C_{(24)}$ and $C_{(35)}$ may interfere with the approach of reagents.

The reaction of B_{12} with potassium cyanide or hydrogen cyanide is also very puzzling. A deep violet non-crystalline product is obtained, which contains one additional cyanide group and behaves as an acid on electrophoresis. The change in the ultra-violet absorption spectrum of this compound compared with vitamin B_{12} suggests that the co-ordination of the benziminazole nitrogen atom to cobalt has either been broken altogether or very much reduced in strength. Two possibilities have been considered—that the cobalt may be in a seven co-ordination state or that the whole of the benziminazole nucleus has swung clear of the cobalt atom, leaving this in six co-ordination, with two cyanide groups attached *trans* to one another (*15*). The latter conclusion is supported by the similarities of the spectra of the B_{12} and hexacarboxylic acid dicyanides and also by observations of FRIEDRICH and BERNHAUER (*20*) on the preparation of alkyl derivatives of B_{12}. In the presence of cyanide ion—but not without—products can be obtained in which $N_{(3)}$, usually attached to cobalt, carries an alkyl group (*20*). In the circumstances, the most surprising feature of the reaction of excess cyanide with B_{12} is the ease with which it can be reversed in solution (before alkylation). Simply on reducing the pH below 7, or on letting hydrogen cyanide evaporate, the violet colour of the solution changes back to red, and B_{12} is regenerated. One must imagine the extra cyanide group leaving the cobalt atom and the whole nucleotide slipping back into position.

V. Biochemical Problems Connected with the B_{12} Structure.

The discussion of the chemical reactions of vitamin B_{12} leads naturally to a consideration of its biochemical relationships and behaviour. Seen against the pattern of other molecules commonly occurring in living organisms, it has a number of very curious features. Both in the "nucleotide" and in the "porphyrin-like" sections of the molecule there are marked deviations from the atomic arrangements found in normal nucleotides and porphyrins. Yet these deviations lead to a very well composed whole, admirably adapted to make available, as necessary, all the more chemically reactive groups in the molecule.

In the "nucleotide" like section of the molecule, the phosphate group is linked at the 3′ position of *D*-ribofuranose—which is the same position as one of the two links in ribonucleic acids. The 5′ hydroxyl group is free, projecting out of the molecule, the 2′ hydroxyl group turns back towards the central cobalt atom. This arrangement appears because the link between the ribose carbon atom, $C_{(1)}$, and the dimethylbenziminazole nitrogen atom, $N_{(1)}$, is α in B_{12} and not β as it is in adenosine or guanosine derived from ribonucleic acids. In B_{12} the base, dimethylbenziminazole, can be derived from a 4:5-dimethyl-*o*-phenylenediamine residue and has accordingly a possible connection with riboflavine, in which the same residue appears. But in other B_{12}-like factors, isolated from natural sources, other bases are present, including a number of purines (*19*, *9*). Formulae (IX)-(XV) (p. 208) show some of these bases—the very recently discovered 2-methyl-mercaptoadenine seems to be the only example yet found of a sulphur-containing purine in nature (*22*).

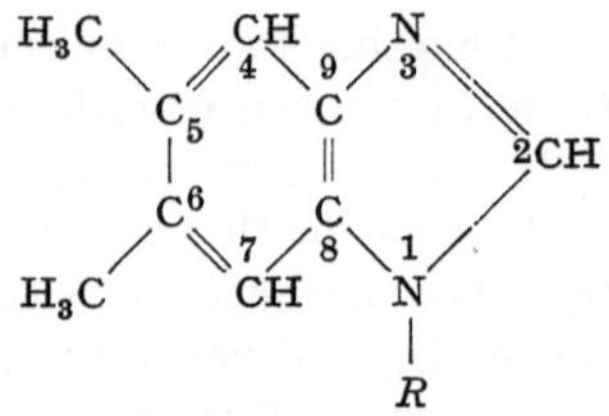

(IX.) 5:6-Dimethyl-benziminazole, in B_{12}.

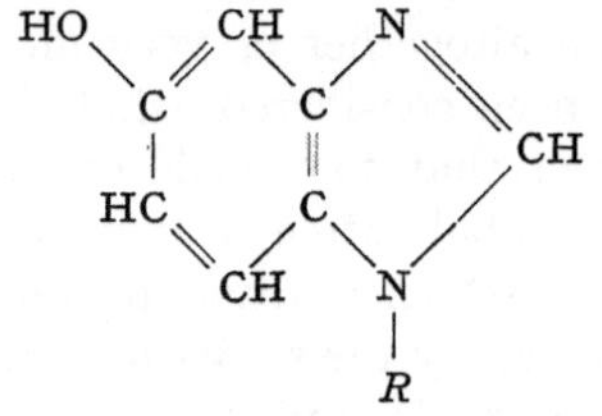

(X.) 5-Hydroxy-benziminazole, in Factor "III".

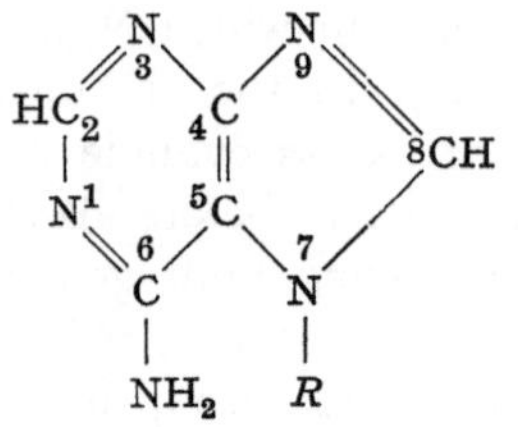

(XI.) Adenine, in ψ-B_{12}.

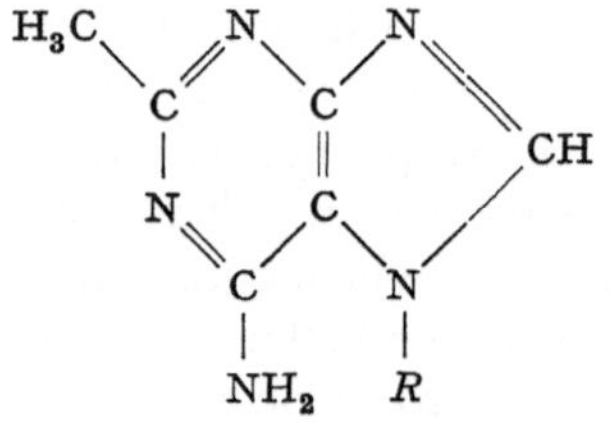

(XII.) 2-Methyl-adenine, in Factor A.

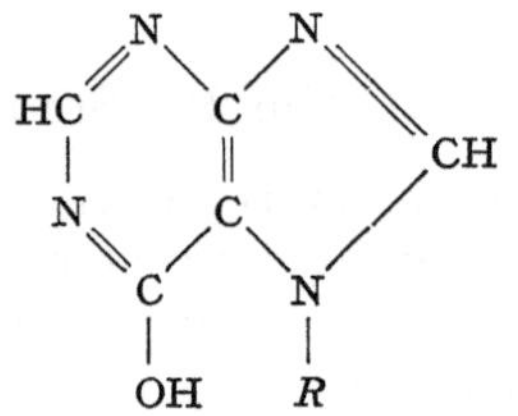

(XIII.) Hypoxanthine, in Factor G.

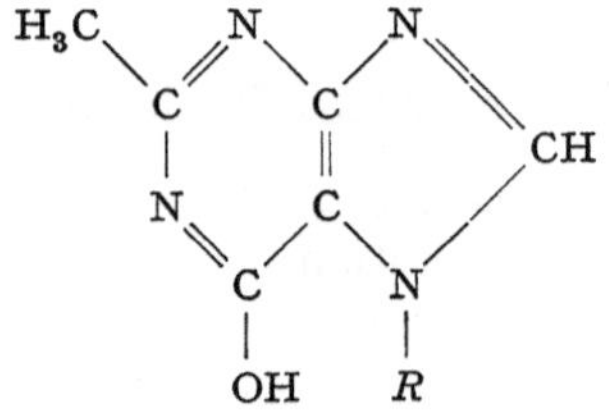

(XIV.) 2-Methyl-hypoxanthine, in Factor H.

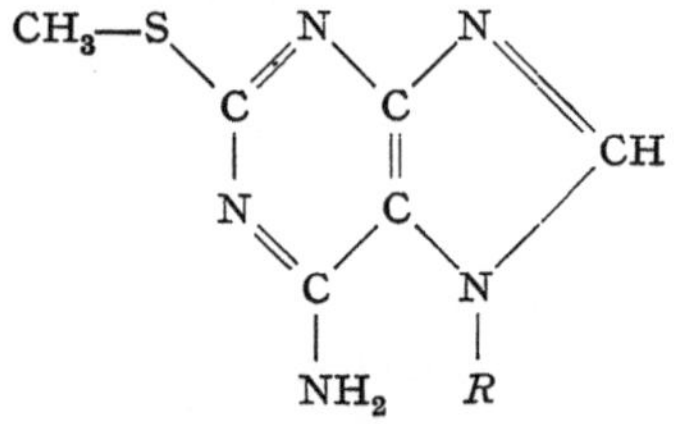

(XV.) 2-Methyl-mercaptoadenine.

Note: *R* indicates the position of ribose in the B_{12} factors.

All these molecules conform with the very rigid space requirements of the atomic arrangement found in B_{12}, provided that the ribose is attached to the purines, such as adenine, at the 7 position, not 9, as in adenosine derived from nucleic acids. That this must be the case, was first indicated by X-ray measurements of the unit cell dimension of Factor A and ψ-vitamin B_{12} *(Table 2)*. These are so much like B_{12} that it is clear that the molecules are very closely similar. Yet in the B_{12} molecule it is already difficult to accommodate a hydrogen atom at $C_{(4)}$ of the benziminazole group in contact with the nucleus; it would be quite impossible to place the amino group at position 6 of adenine at this site. The recent isolation of 7-(*D*-ribofuranosido)-adenine from ψ-vitamin B_{12} by FRIEDRICH and BERNHAUER (*21*) is welcome confirmation of the expected difference between the B_{12} nucleosides and adenosine.

Table 2. Unit Cell Dimensions (Å) of B_{12}-like Factors Compared with B_{12} dry.

	Factor A	ψ-B_{12}	B_{12}
a	22.6	21.4	24.35
b	22.0	21.0	21.29
c	16.1	16.1	16.02

The structure of the cobalt containing nucleus is even more extraordinary. It is obvious that it is closely related biogenetically to porphyrins of Type III and to porphobilinogen—the side-chains at

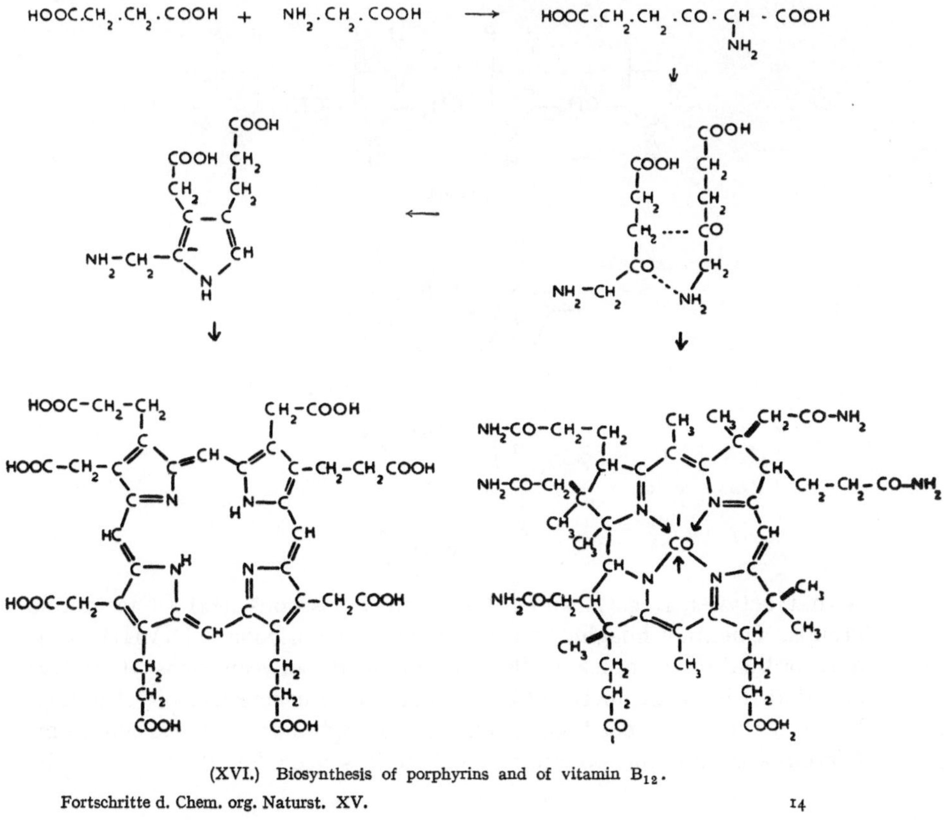

$$HOOC.CH_2.CH_2.COOH + NH_2.CH_2.COOH \longrightarrow HOOC.CH_2.CH_2.CO.CH(NH_2).COOH$$

(XVI.) Biosynthesis of porphyrins and of vitamin B_{12}.

the β positions of the corrin nucleus, substituted acetamide or methyl groups and substituted propionamide groups, are nearer to the porphobilinogen original than those of haematin but follow the same sequence of short and long groups. Biosynthetically the B_{12} molecule appears to be formed, at least initially, by similar routes to the porphyrins as illustrated in (XVI). Marked δ-aminolevulinic acid (*38*) and porphobilinogen (*44*) are incorporated in the B_{12} molecule. And recent experiments of CORCORAN and SHEMIN (*16*) show that the distribution of marked carbon atoms between amide and nucleus carbon atoms in B_{12} is closely that to be expected from its apparent relation to uroporphyrin type III.

It therefore seems likely that the striking differences between the B_{12} nucleus and those of normal porphyrins provide clues to the stages in the formation of both types of molecule. Several proposed mechanisms for the formation of uroporphyrin III involve the production of an intermediate of the type of (XVII) where *P* and *A* stand for substituted propionic and acetic acid side-chains. The structure of B_{12} suggests that the intermediate is of type (XVIII) where the last link to be made

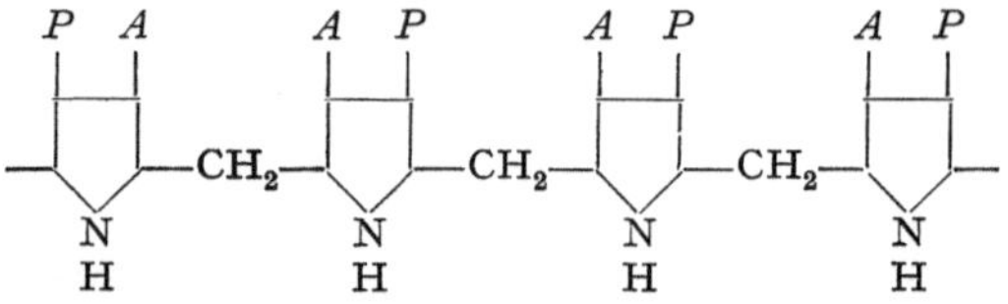

(XVII.)

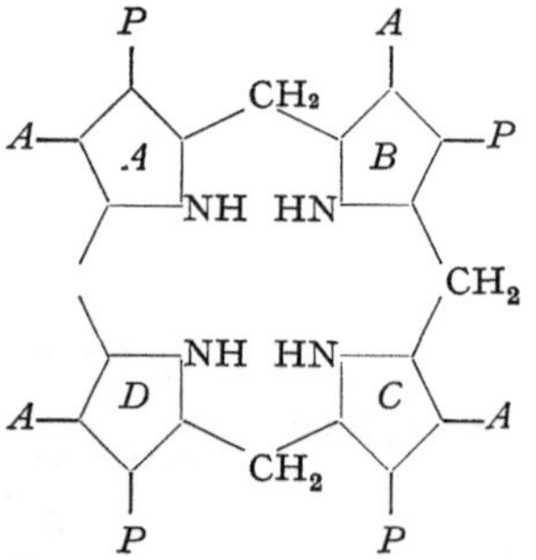

(XVIII.)

is that between rings *A* and *D*, between α positions next to acetamide groups. One may imagine that in the presence of cobalt, (XVIII) forms a co-ordination complex while still unlinked between rings *A* and *D* and that it is the geometry of this complex that encourages direct linking between the two α positions instead of through a methine carbon atom. Microbiologically the presence of cobalt has been found to inhibit the synthesis of free porphyrins by *Propionibacterium Shermanii*, increasing that of vitamin B_{12} (*34*).

The positions of the methyl groups attached to the corrin nucleus also call for an explanation. A possible intermediate in the biogenetic

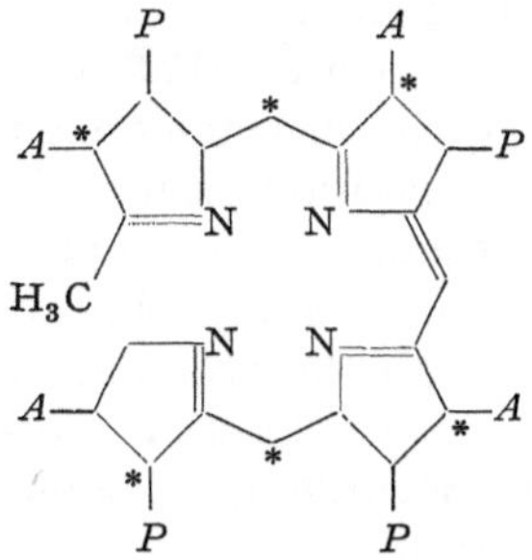

(XIX.)

process that would account for their positions, is (XIX) suggested by BONNETT et al. (*5*). This leaves still to be considered several of the complexities of the actual structure, and particularly the stereochemical relations of the methyl groups. The two which enter rings *A* and *B* are both attached equatorially at the same β positions as the two acetamide groups; in ring *C*, the methyl group enters essentially at the acetic acid side-chain position but since this has (presumably) been decarboxylated to a second methyl group, the conformational relation has been lost; in ring *D* the methyl group enters at the β position carrying the propionic acid chain, is axial and on the opposite side of the nucleus to the methyl groups in rings *A* and *B*. The deviations in the methyl group positions therefore all appear to occur in ring *D*, the orientation of which is already the major problem in porphyrin synthesis. In the B_{12} molecule, these deviations clearly have a function in relation to the whole molecular structure. They are correlated with the axial orientation of the acetamide residues round the cyanide, and propionamide residues round the nucleotide. One almost has an impression that their positions have been dictated by packing relations round the nucleotide during their introduction.

Once constructed, Factor B, the nucleotide-free residue of B_{12}, can exist separately and may react with a number of bases, added to the cultures of suitable microorganisms to produce new B_{12} like compounds. A great number of these have so far been made biosynthetically, and their biological activity examined. So far only the compounds in which the base is a benziminazole derivative—benziminazole itself, 5:6-dimethylbenziminazole and Factor III have been found to be at all markedly active against pernicious anaemia (*3*, *14*).

It is interesting to speculate on the part played by B_{12} in biochemical reactions in nature. At present it seems to have almost too many possible roles, e. g. in the synthesis of methyl groups, in carbohydrate metabolism, possibly through an effect on SH containing enzymes, on the synthesis of nucleic acids, perhaps also in protein synthesis.

Much more work is clearly necessary to discover the actual chemical process or processes involved in the effects observed. But one can see certain features of the B_{12} structure that seem significant. First, it is rather rigid. The whole of the benziminazole-phosphate-propanolamine unit is confined in a definite position, from which it can only move away bodily (as in the cyanide reaction, for example). The negatively charged oxygen atoms of the phosphate group project from the surface, easily available for reaction. Though the acetamide and propionamide chains have greater freedom of movement and may—and do—swing in and out from the centre of the molecule, the distances between them in these processes are unlikely to differ much from the average of about 7 Å. It is quite easy geometrically to see how they might be involved in attaching B_{12} to a protein intrinsic factor or concerned in some scheme for protein synthesis. Lastly, the cyanide group could easily be attached to methyl groups* and lose them again, or be ejected from the molecule altogether, leaving the cobalt atom open to take part in further oxidation-reduction reactions.

VI. The Crystal Structures of Vitamin B_{12} and the Hexacarboxylic Acid.

The X-ray analytical process involves placing atoms not only in the molecules studied but also in the crystals. And so we have detailed evidence of the way in which these large molecules make contact with one another in the different crystal structures examined and their relations to solvent molecules, particularly water of crystallisation, in the spaces between them.

In the case of the hexacarboxylic acid the X-ray analysis has reached a stage at which it seems likely that every atom in the unit cell has been placed reasonably closely. *Fig. 24* shows two projections of the crystal structure found, which make it look complicated enough. The large disc shaped molecules are closely packed together, with the main planes of neighbouring "planar" groups making angles of roughly 45° to one another. There is comparatively little space between them—many of the carboxyl groups make direct hydrogen bonded contacts with one another. Two water molecules assist in bridging rather longer gaps between the active groups; in the one definite hole in the crystal structure, there appears to be an acetone molecule. It is a remarkable fact that of the different atoms capable of forming hydrogen bonds in the crystal,

* As suggested to me by Dr. L. E. ORGEL.

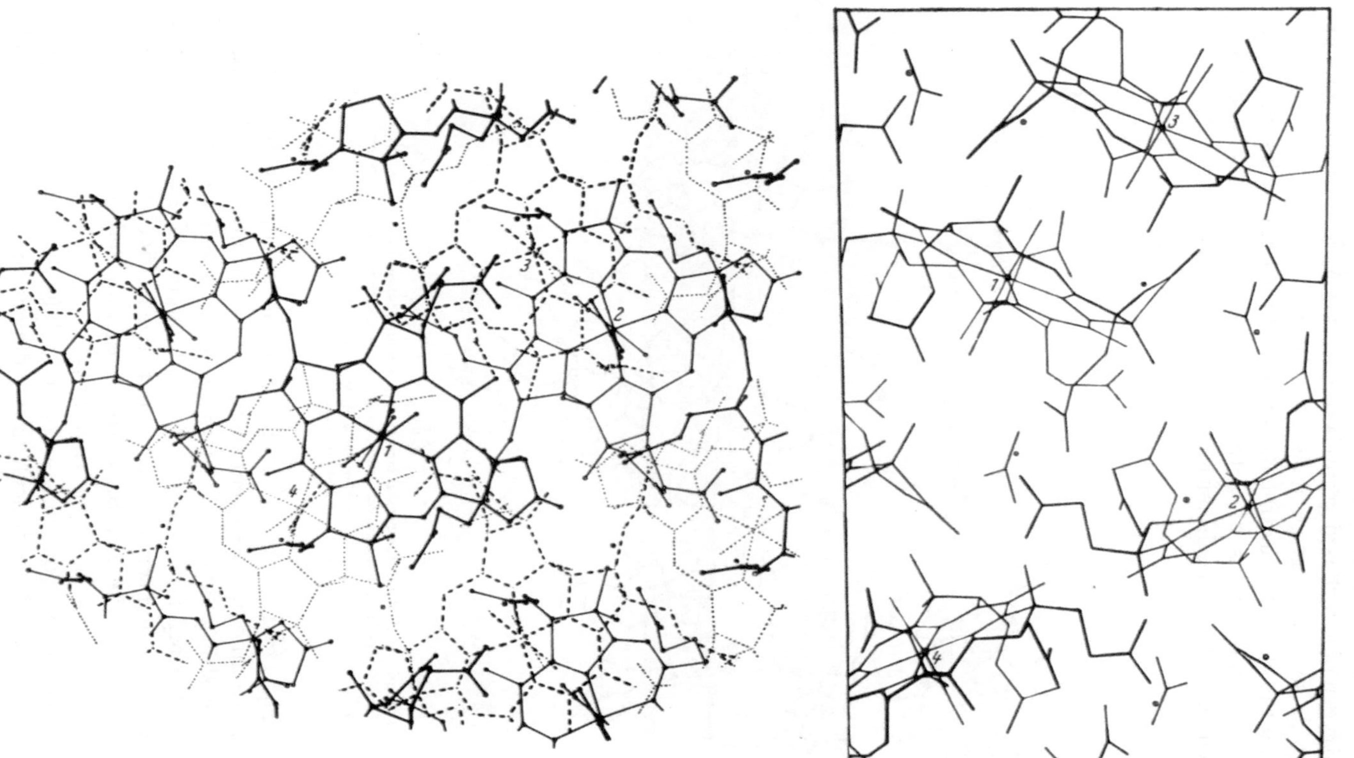

Fig. 24. Projections of the atomic positions found in the crystal structure of the hexacarboxylic acid, (a) projection along the *a* axis; the four symmetry related molecules overlap, and are indicated by different varieties of lines joining atomic positions, (b) projection along the *c* axis. The heavy lines indicate the side of the molecule nearest to the observer. The numbers 1, 2, 3, 4 attached to the cobalt atoms correlate the molecular positions shown in (a) and (b).

only one oxygen of a carboxyl group is too far (3.2 Å) from any neighbour actually to do so. The acetone molecule and one of the water molecules appear from the observed electron density levels to be rather less precisely fixed in the crystal than most of the atoms of the hexacarboxylic acid; one side-chain in their neighbourhood also shows signs of disorder.

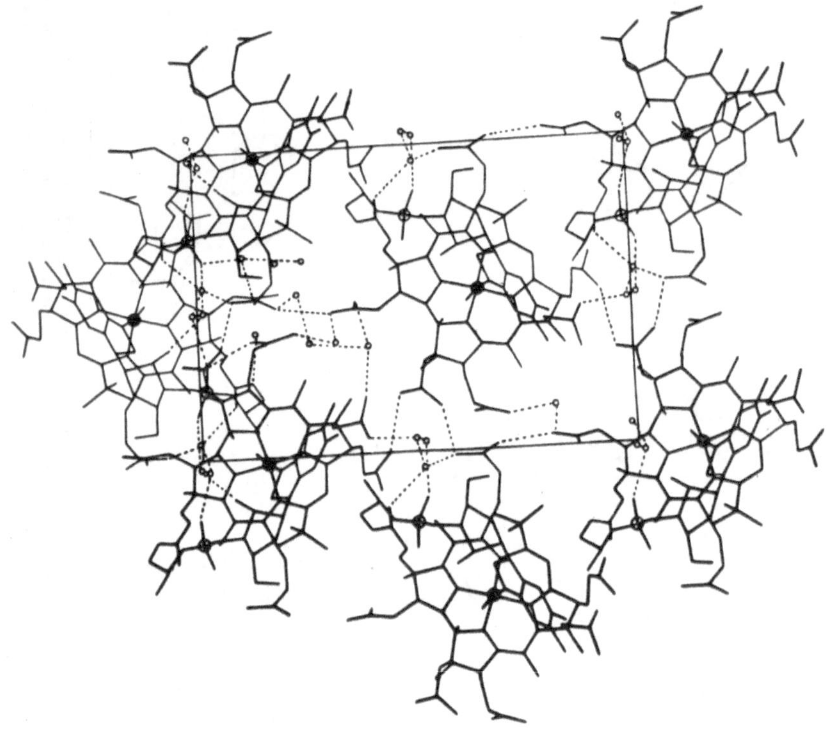

Fig. 25 a.

Fig. 25. Projected atomic positions in the crystal structure of wet B_{12}, (a) on the *a* plane, (b) on the *c* plane. In (a) one layer of molecules is shown complete and a single molecule (thin lines) of the layer above. Only a few water molecules are shown in both projections, particularly most of those in the "pool" are omitted, leaving an apparent empty space in (b).

In the B_{12} crystals the structure analysis is complicated by the relatively large amount of solvent of crystallisation present. Here there is evidence of still greater disorder in the water molecule positions and these are still being investigated. Formally from cell size and density considerations we expect to find about twenty-five water molecules per B_{12} molecule in the wet B_{12} crystal structure and perhaps eighteen in the air dried crystals (Table 1, p. 175).

Fig. 25 shows the positions so far found for atoms in the crystal structure of wet B_{12}. It is difficult in two dimensions to give an accurate impression of the three-dimensional relationships of these large molecules, turning about two fold screw axes of symmetry and settling side by side in the crystal with every atom so placed in relation to every other that they closely conform with all the stereochemical rules found to hold in much simpler crystal structures. The molecules lie in two layers

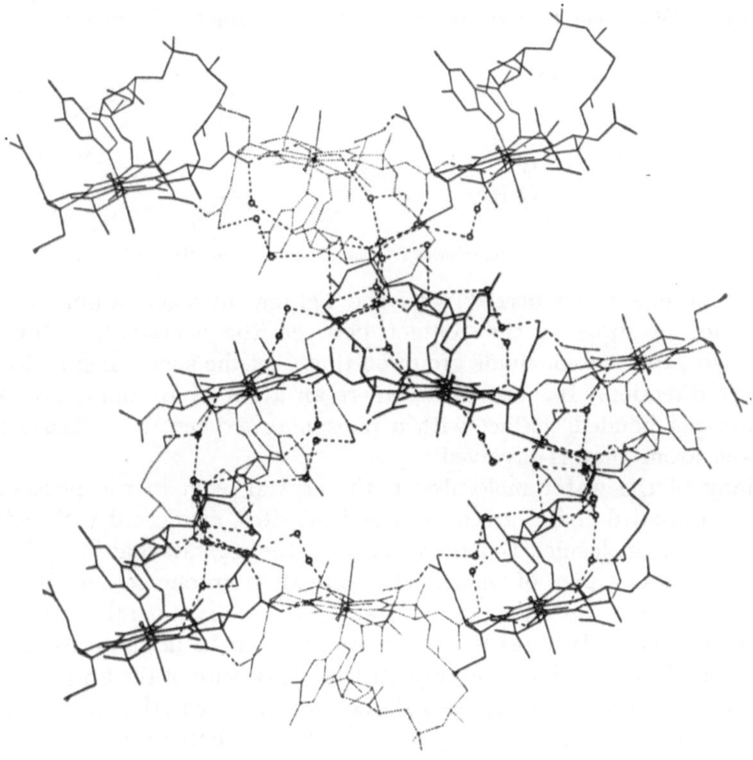

Fig. 25 b.

parallel with the *a* plane and have very approximately a close packed arrangement in these layers—the planar groups themselves of neighbouring molecules within each layer are only slightly tilted out of the same *a* plane. The separate layers of molecules are connected in the crystal through a very regular hydrogen bond system involving the phosphate groups projecting alternately up and down in the *a* direction *(Fig. 25 b)*. This hydrogen bond system is shown diagrammatically in *Fig. 26*—it links the phosphate groups through two intervening water molecules. In other directions in the crystal structure the molecules make a number of direct hydrogen bonded contacts with one another, amide to amide and amide to phosphate. These contacts themselves provide very interesting evidence of the accuracy of the X-ray analysis. In ϱ 3 for wet B_{12}, the oxygen and nitrogen atoms of the amide groups were not distinguished in the phasing calculation but were assigned a mean scattering factor of $7^1/_2$. In the resulting electron density maps, however, the atoms appear in all but one amide group, definitely unequal in weight, and unequal in a perfectly sensible direction. This can be traced throughout the crystal structure. Wherever two groups make direct contact, the heavier atom,

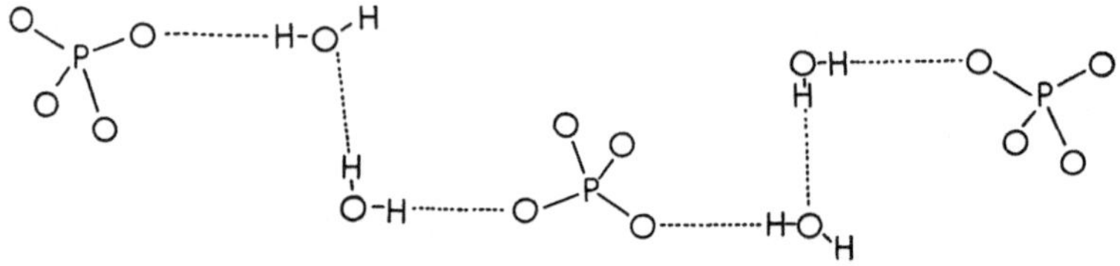

Fig. 26. Phosphate-water molecule chain, projected along the *b* axis.

oxygen of one is connected with the lighter, nitrogen atom, of the other—for example in the contact between the acetamide group on ring *A* and the propionamide group on ring *C* of the succeeding molecule in the *c* direction. In both cases, where an atom of an amide group is in hydrogen bonded contact with a phosphate oxygen, it is clearly the nitrogen atom that is involved.

Many of the water molecules in the crystal, e. g. in the phosphate hydrogen bonded chain, are in well defined sites, connected with active groups on the molecule. But there is also in the crystal what may almost be described as a pool of water. This extends from one side of the unit cell to the other, as Fig. 25 shows, along the *c* axis, parallel with the phosphate chain. It spreads out towards this chain in the direction of the *b* axis. In this region, it is very difficult to be sure of the arrangement of the oxygen atoms. It has been studied by the calculation of a number of difference electron density maps, the latest characterised as $\Delta\,\varrho$ 5. These maps show small peaks of the order of 1 electron/A^3, more than enough peaks to represent the water molecules in the crystal but often conflicting with one another. At present it seems most likely that these peaks represent sites which are sometimes occupied, sometimes not. It is possible among them to select about twenty-two sites reasonably arranged, at distances of about 2.7–3.2 Å from one another, usually roughly 4 co-ordinated, though the angles involved may be far from tetrahedral. To these sites, there are others that seem to be strategically related—places to which particular water molecules might move and make rather different, often quite as sensible, contacts, with another set of atoms. This seems such a reasonable situation, it is likely to be true—but it is somewhat hard to represent in terms of exact X-ray analysis.

When wet B_{12} crystals are picked out of their mother liquor, almost certainly some of the water molecules move out of the crystal along the channel observed. As a result, the B_{12} molecules move to fill the space. They tilt at a rather greater angle to the *a* plane and turn a little in this plane. One acetamide group, on ring *B*, swings round the bond $\gt$C—CH_2—, out of contact with a phosphate group on a neighbouring molecule and into contact with the cyanide group on the same molecule. Another, on ring *A*, turns a little about the bond —CH_2—C. The water molecule pattern in the region of the pool also changes a good deal—it is still being explored. In the drawn-out electron density contours of the atoms in this region one can almost see the turning of the amide groups, the movement of the water molecules. The atomic arrangement is only relatively stable. If the crystals are left exposed to the air, still more water passes out of the structure and this becomes much more disordered, giving very few X-ray reflections. It is tempting to see in the early conflicting analytical results on B_{12} the end of this process. Some of the water molecules, e. g. in the phosphate chain, are so caught in the meshes of the B_{12} molecules they must be very hard to remove except on most drastic drying. There are about six which appear so strongly in electron density maps at all stages of our analysis that in our early speculative period we often attempted to link them by chemical bonds to the molecule itself.

If one looks closely at the positions of the atoms found within each molecule in each crystal, they provide remarkable illustrations of the interplay of the different factors controlling them, chemical, stereochemical, conformational, intermolecular—all the various forces of attraction and repulsion. At first sight, the degree to which the atoms adopt preferred conformations is one of the most convincing features of the structure as a whole—witness, for example, the staggered relations of the substituents at the β position of the five-membered rings or the extended staggered form of the propionamide chains on rings *B* and *D*. But in detail, one can see small deviations, and also why they arise. The propionamide chain, for example, on ring *A*, is turned a little from the preferred orientation of the bond $C_{(30)}$–$C_{(31)}$ to the bonds $C_{(2)}$–$C_{(3)}$ and $C_{(3)}$–$C_{(4)}$ in the five-membered ring. This enables the amide nitrogen atom to come within hydrogen bonded contact of a phosphate oxygen atom in a neighbouring molecule. The actual conformations adopted by the different side-chains differ a little in the hexacarboxylic acid and in the B_{12} crystals—and even from wet to air dried crystals, as described above. Clearly, within a little, they are adjustable in relation to the surrounding country, whether in the crystals or in the living organism.

VII. Conclusion.

To this necessarily imperfect account of vitamin B_{12}, I might perhaps add. All structure analyses, once achieved, seem easy in retrospect. There is nothing about the B_{12} crystal structures that now suggests that they represent the limit of molecular size that can be explored by X-ray analysis. Indeed already promising stages have been reached in the study of larger molecules. There are particular dangers and difficulties in the kinds of operations we have to use in these studies but, with sufficient controls, as the B_{12} analysis illustrates, they do not seem insuperable. That we know so much about B_{12} seems marvellous until we begin to think how much more there still is to know—its precise relations with the molecules around it in living tissues, the reactions by which it prevents pernicious anaemia or promotes growth—before we can know these too, we see before us a vista of still more intimate chemical studies, and more complicated X-ray analyses.

References.

1. ALICINO, J. F.: Perchloric Acid Salt of Vitamin B_{12}. J. Amer. Chem. Soc. **73**, 4051 (1951).
2. BEAVEN, G. H., E. R. HOLIDAY, E. A. JOHNSON, B. ELLIS and V. PETROW: The Chemistry of Antipernicious Anaemia Factors. VI. The Mode of Combination of Component α in Vitamin B_{12}. J. Pharm. Pharmacol. **2**, 944 (1950).
3. BERNHAUER, K., K. BLUMBERGER und P. PETRIDES: Die Wirkung des „Vitamin-B_{12}-Faktors III" bei der perniciösen Anämie. Arzneimittel-Forsch. **5**, 442 (1955).
4. BONNETT, R., J. R. CANNON, V. M. CLARK, A. W. JOHNSON, L. F. J. PARKER, E. LESTER SMITH and A. TODD: Chemistry of the Vitamin B_{12} Group. Part V. The Structure of the Chromophoric Grouping. J. Chem. Soc. (London) **1957**, 1158.
5. BONNETT, R., J. R. CANNON, A. W. JOHNSON, I. SUTHERLAND, A. R. TODD and E. LESTER SMITH: The Structure of Vitamin B_{12} and its Hexacarboxylic Acid Degradation Product. Nature (London) **176**, 328 (1955).
6. BONNETT, R., J. R. CANNON, A. W. JOHNSON and A. TODD: Chemistry of the Vitamin B_{12} Group. Part. IV. The Isolation of Crystalline Nucleotide-free Degradation Products. J. Chem. Soc. (London) **1957**, 1148.
7. BRINK, C., D. C. HODGKIN, J. LINDSEY, J. PICKWORTH, J. H. ROBERTSON and J. G. WHITE: X-ray Crystallographic Evidence on the Structure of Vitamin B_{12}. Nature (London) **174**, 1169 (1954).
8. BRINK, N. G., F. A. KUEHL, Jr. and K. FOLKERS: Vitamin B_{12}. The Identification of Vitamin B_{12} as a Cyano-Cobalt Coordination Complex. Science (Washington) **112**, 354 (1950).
9. BROWN, F. B. and E. LESTER SMITH: New Purines in B_{12} Vitamins. Proc. Biochem. Soc., Biochemic. J. **56**, XXXIV (1954).
10. CALLOMAN, H. J.: Studies in Molecular Spectroscopy. D. Phil. Thesis, Oxford University, 1954.
11. CANNON, J. R., A. W. JOHNSON and A. R. TODD: A Crystalline Nucleotide-free Degradation Product of Vitamin B_{12}. Nature (London) **174**, 1168 (1954).

12. CASON, J., C. GASTALDO, D. L. GLUSKER, J. ALLINGER and L. B. ASH: Branched-Chain Fatty Acids. XXVII. Further Study of the Dependence of Rate of Amide Hydrolysis on Substitution Near the Amide Group. Relative Rates of Hydrolysis of Nitrile to Amide and Amide to Acid. J. Organ. Chem. (USA) **18**, 1129 (1953).
13. CASON, J. and H. J. WOLFHAGEN: Location of Branching Methyl Groups near Carboxyl by Rate Studies of Amide Hydrolysis. J. Organ. Chem. (USA) **14**, 155 (1949).
14. COATES, M. E. and S. K. KON: Biological and Microbiological Activities of Purine and Benziminazole Analogues of Vitamin B_{12}. Europäisches Symposion über Vitamin B_{12} und Intrinsic Factor, p. 72. Stuttgart: F. Enke. 1957.
15. COOLEY, G., B. ELLIS, V. PETROW, G. H. BEAVEN, E. R. HOLIDAY and E. A. JOHNSON: Some Transformations of Vitamin B_{12b}. J. Pharm. Pharmacol. **3**, 271 (1951).
16. CORCORAN, J. W. and D. SHEMIN: On the Biosynthesis of Vitamin B_{12}: the Mode of Utilisation of δ-Aminolevulinic Acid. Biochim. Biophys. Acta **25**, 661 (1957).
17. ELLIS, B., V. PETROW and G. F. SNOOK: The Isolation of the Crystalline Antipernicious Anaemia Factor from Liver. J. Pharm. Pharmacol. **1**, 60 (1949).
18. FANTES, K. H., J. E. PAGE, L. F. J. PARKER and E. LESTER SMITH: Crystalline Anti-pernicious Anaemia Factor from Liver. Proc. Roy. Soc. (London) **136** B, 592 (1950).
19. FOLKERS, K. and D. E. WOLF: Chemistry of Vitamin B_{12}. Vitamins and Horm. **12**, 1 (1954).
20. FRIEDRICH, W. und K. BERNHAUER: Beiträge zur Chemie und Biochemie der „Cobalamine", I. Mitt.: Über die Alkylierung von B_{12}-Faktor III und Vitamin B_{12}. Chem. Ber. **89**, 2030 (1956).
21. — — Beiträge zur Chemie und Biochemie der „Cobalamine", II. Mitt.: Über den Abbau der „Cobalamine" mit Cer(III)-hydroxyd. 7-[*D*-Ribofuranosido]-adenin, ein Abbauprodukt des Pseudovitamins B_{12}. Chem. Ber. **89**, 2507 (1956).
22. — — Zur Chemie und Biochemie der „Cobalamine", VII. Mitt. 2-Methylmercaptoadenin-cobalamin-analogon, ein neuer B_{12}-Faktor des Faulschlammes. Chem. Ber. **90**, 1966 (1957).
23. HEINRICH, H. C. (Editor): Europäisches Symposion über Vitamin B_{12} und Intrinsic Factor. Stuttgart: F. Enke-Verlag. 1957.
24. HODGKIN, D. C., A. W. JOHNSON and A. R. TODD: The Structure of Vitamin B_{12}. Chem. Soc. (London) Special Publications **3**, 109 (1955).
25. HODGKIN, D. C., J. KAMPER, J. LINDSEY, M. MACKAY, J. PICKWORTH, J. H. ROBERTSON, C. B. SHOEMAKER, J. G. WHITE, R. J. PROSEN and K. N. TRUEBLOOD: The Structure of Vitamin B_{12}. I. An Outline of the Crystallographic Investigation of Vitamin B_{12}. Proc. Roy. Soc. (London) **242** A, 228 (1957).
26. HODGKIN, D. C., J. KAMPER, M. MACKAY, J. PICKWORTH, K. N. TRUEBLOOD and J. G. WHITE: The Structure of Vitamin B_{12}. Nature (London) **178**, 64 (1956).
27. HODGKIN, D. C., J. PICKWORTH, J. H. ROBERTSON, K. N. TRUEBLOOD, R. J. PROSEN and J. G. WHITE: The Crystal Structure of the Hexacarboxylic Acid Derived from B_{12} and the Molecular Structure of the Vitamin. Nature (London) **176**, 325 (1955).
28. HODGKIN, D., M. W. PORTER and R. C. SPILLER: Crystallographic Measurements on the Anti-pernicious Anaemia Factor. Proc. Roy. Soc. (London) **136** B, 609 (1950).

29. KAMPER, J. and D. C. HODGKIN: Some Observations on the Crystal Structure of a Chlorine-substituted Vitamin B_{12}. Nature (London) **176**, 551 (1955).
30. KUEHL, F. A., Jr., C. H. SHUNK and K. FOLKERS: Vitamin B_{12}. XXIV. *DL*-3,3-Dimethyl-2,5-dioxo-4-hydroxy-pyrrolidine-4-propionic Acid Lactone and *DL*-3,3-Dimethyl-2,5-dioxopyrrolidine-4-propionic Acid, new Degradation Products. J. Amer. Chem. Soc. **77**, 251 (1955).
31. LUZZATI, V.: Résolution d'une structure cristalline lorsque les positions d'une partie des atomes sont connues: Traitement statistique. Acta Crystallogr. **6**, 142 (1953).
32. MATHIESON, A. McL.: The Direct Determination of Molecular Structure and Configuration of Moderately Complex Organic Compounds. Rev. Pure and Applied Chem. **5**, 113 (1955).
33. MINOT, G. R. and W. P. MURPHY: Treatment of Pernicious Anaemia by a Special Diet. J. Amer. Med. Assoc. **87**, 470 (1926).
34. PAWELKIEWICZ, J. and K. ZODROW: The Synthesis of Free Porphyrins by *Propionibacterium Shermanii*. Acta Biochem. Polonica **3**, 225 (1956).
35. PEERDEMAN, A. F., A. J. VAN BOMMEL and J. M. BIJVOET: Determination of Absolute Configuration of Optically Active Compounds by Means of X-rays. Proc. Acad. Sci. Amsterdam, **B 54**, 16 (1951).
36. RICKES, E. L., N. G. BRINK, F. R. KONIUSZY, T. N. WOOD and K. FOLKERS: Crystalline Vitamin B_{12}. Science (Washington) **107**, 396 (1948).
37. SCHMID, H., A. EBNÖTHER und P. KARRER: Beitrag zur Kenntnis des Vitamins B_{12}. Helv. Chim. Acta **36**, 65 (1953).
38. SHEMIN, D., J. W. CORCORAN, C. ROSENBLUM and I. M. MILLER: On the Biosynthesis of the Porphyrin-like Moiety of Vitamin B_{12}. Science (Washington) **124**, 272 (1956).
39. SMITH, E. LESTER: The Isolation and Chemistry of Vitamin B_{12}. Biochemical Society Symposia **13**, 3 (1955).
40. SMITH, E. LESTER and L. F. J. PARKER: Purification of Anti-pernicious Anaemia Factor. Proc. Biochem. Soc., Biochemic. J. **43**, VIII (1948).
41. TODD, A. R.: Vitamin B_{12}. Österr. Chemiker-Zeitung **58**, 113 (1957).
42. TODD, A. R. and A. W. JOHNSON: Vitamin B_{12}. Rev. Pure and Applied Chem. **2**, 23 (1952).
43. VOS, A.: to be published.
44. WATSON, C. J.: Porphyrin Metabolism in Anemias. GEORGE MINOT Lecture. Arch. Internat. Medicine **99**, 323 (1957).
45. WIJMENGA, H. G., W. L. C. VEER and J. LENS: Vitamin B_{12}. II. The Influence of HCN on Some Factors of the Vitamin B_{12} Group. Biochim. Biophys. Acta **6**, 229 (1950).
46. WOLF, D. E., W. H. JONES, J. VALIANT and K. FOLKERS: Degradation of Vitamin B_{12} to D_g-1-Amino-2-propanol. J. Amer. Chem. Soc. **72**, 2820 (1950).

(Received, December 17, 1957.)

Namenverzeichnis. Index of Names. Index des Auteurs.

Sachverzeichnis. Index of Subjects. Index des Matières.

Manzsche Buchdruckerei, Wien IX.

Weitere Bände siehe nächste Seite!

SPRINGER-VERLAG IN WIEN

Fortsetzung von vorhergehender Seite

Achter Band: Mit 47 Abbildungen. XI, 400 Seiten. Gr.-8⁰. 1951.
Ganzleinen S 427.—, DM 70.50, $ 16.80, sfr. 72.20

Inhalt: **Frey-Wyssling, A.** and **K. Mühlethaler.** The Fine Structure of Cellulose. — **Stacey, M.** and **C. R. Ricketts.** Bacterial Dextrans. — **Leloir, L. F.** Sugar Phosphates. — **Kenner, G. W.** The Chemistry of Nucleotides. — **Schinz, H.** Die Veilchenriechstoffe. — **Asahina, Y.** Neuere Entwicklungen auf dem Gebiete der Flechtenstoffe. — **Galinovsky, F.** Lupinen-Alkaloide und verwandte Verbindungen. — **Pailer, M.** Brechwurzel-Alkaloide. — **Corey, R. B.** X-Ray Diffraction Studies of Crystalline Amino Acids and Peptides. — **Zechmeister, L.** and **M. Rohdewald.** Some Aspects of Enzyme Chromatography.

Neunter Band: Mit 20 Abbildungen. XI, 535 Seiten. Gr.-8⁰. 1952.
Ganzleinen S 498.—, DM 82.50, $ 19.60, sfr. 84.50

Inhalt: **Inhoffen, H. H.** und **H. Siemer.** Synthetische Chemie der Carotinoide. — **Baxter, J. G.** Synthesis and Properties of Vitamin A and Some Related Compounds. — **Meunier, P.** Les Antivitamines. — **Stoll, A.** Recent Investigations on Ergot Alkaloids. — **Tomita, M.** Die Alkaloide der Menispermaceae-Pflanzen. — **Dean, F. M.** Naturally Occurring Coumarins. — **Borsook, H.** The Biosynthesis of Proteins and Peptides, including Isotopic Tracer Studies. — **Kalckar, H. M.** The Enzymes of Nucleoside Metabolism. — **McNutt, W. S.** Nucleosides and Nucleotides as Growth Substances for Microorganisms. — **Campbell, D. H.** and **N. Bulman.** Some Current Concepts of the Chemical Nature of Antigens and Antibodies.

Zehnter Band: Mit 19 Abbildungen. IX, 529 Seiten. Gr.-8⁰. 1953.
Ganzleinen S 498.—, DM 83.—, $ 19.80, sfr. 85.—

Inhalt: **Alder, K.** und **Marianne Schumacher.** Anwendungen der Dien-Synthese für die Erforschung von Naturstoffen. — **Mark, H.** Physical Chemistry of Rubbers. — **Asselineau, J.** et **E. Lederer.** Chimie des lipides bactériens. — **Rosenkranz, G.** and **F. Sondheimer.** Syntheses of Cortisone. — **Chatterjee, A.** Rauwolfia Alkaloids. — **Feinstein, L.** and **M. Jacobson.** Insecticides Occurring in Higher Plants.

Elfter Band: Mit 67 Abbildungen. VIII, 457 Seiten. Gr.-8⁰. 1954.
Ganzleinen S 448.—, DM 74.80, $ 18.—, sfr. 77.40

Inhalt: **Peat, S.** Starch: Its Constitution, Enzymic Synthesis and Degradation. — **Freudenberg, K.** Neuere Ergebnisse auf dem Gebiete des Lignins und der Verholzung. — **Inhoffen, H. H.** und **K. Brückner.** Probleme und neuere Ergebnisse in der Vitamin D-Chemie. — **Schmid, H.** Natürlich vorkommende Chromone. — **Pauling, L.** and **R. B. Corey.** The Configuration of Polypeptide Chains in Proteins. — **Schroeder, W. A.** Column Chromatography in the Study of the Structure of Peptides and Proteins. — **Lemberg, R.** Porphyrins in Nature. — **Albert, A.** The Pteridines.

Zwölfter Band: Mit 15 Abbildungen. X, 550 Seiten. Gr.-8⁰. 1955.
Ganzleinen S 497.—, DM 82.80, $ 19.80, sfr. 85.10

Inhalt: **Haagen-Smit, A. J.** Sesquiterpenes and Diterpenes. — **Jones, E. R. H.** and **T. G. Halsall.** Tetracyclic Triterpenes. — **Tschesche, R.** Neuere Vorstellungen auf dem Gebiete der Biosynthese der Steroide und verwandter Naturstoffe. — **Haxo, F. T.** Some Biochemical Aspects of Fungal Carotenoids. — **Warren, F. L.** The Pyrrolizidine Alkaloids. — **Thompson, E. O. P.** and **A. R. Thompson.** Paper Chromatography in the Study of the Structure of Peptides and Proteins. — **Roche, J.** et **R. Michel.** Acides aminés iodés et iodoprotéines. — **Slotta, K.** Chemistry and Biochemistry of Snake Venoms. — **Beadle, G. W.** Gene Structure and Gene Action.

Dreizehnter Band: Mit 48 Abbildungen. XII, 624 Seiten. Gr.-8⁰. 1956.
Ganzleinen S 645.—, DM 107.50, $ 25.60, sfr. 110.10

Inhalt: **Cole, A. R. H.** Infrared Spectra of Natural Products. — **Schmidt, O. Th.** Gallotannine und Ellagen-Gerbstoffe. — **Tamm, Ch.** Neuere Ergebnisse auf dem Gebiete der glykosidischen Herzgifte: Grundlagen und die Aglykone. — **Nozoe, T.** Natural Tropolones and Some Related Troponoids. — **Price, J. R.** Alkaloids Related to Anthranilic Acid. — **Chatterjee, A., S. C. Pakrashi** and **G. Werner.** Recent Developments in the Chemistry and Pharmacology of Rauwolfia Alkaloids. — **Graßmann, W.** und **E. Wünsch.** Synthese von Peptiden.

Vierzehnter Band: Mit 38 Abbildungen. VIII, 377 Seiten. Gr.-8°. 1957.
Ganzleinen S 450.—. DM 75.—, $ 17.85, sfr. 76.80

Inhalt: **Bohlmann, F.** und **H. J. Mannhardt.** Acetylenverbindungen im Pflanzenreich. — **Tamm, Ch.** Neuere Ergebnisse auf dem Gebiete der glykosidischen Herzgifte: Zucker und Glykoside. — **Brockmann, H.** Photodynamisch wirksame Pflanzenfarbstoffe. — **Birch, A. J.** Biosynthetic Relations of Some Natural Phenolic and Enolic Compounds. — **Sobotka, H., N. Barsel** and **J. D. Chanley.** The Aminochromes. — **Morton, R. A.** and **G. A. J. Pitt.** Visual Pigments. — **Brown, H.** The Carbon Cycle in Nature.

Zu beziehen durch Ihre Buchhandlung